彩图1　辣椒冬春季大棚栽培

彩图2　钢架大棚辣椒秋延后栽培

彩图3　辣椒露地地膜覆盖栽培

彩图4　辣椒穴盘育苗

彩图5　适期采收的青椒

彩图6　黄板诱蚜

彩图7　昆虫性诱剂诱杀

彩图8　茄子冬春季大棚栽培

彩图9　茄子春露地栽培

彩图10　茄子穴盘育苗

彩图11　适期采收的茄子

彩图12　番茄温室长季节栽培

彩图13　番茄春露地栽培

彩图14　番茄营养坨育苗

彩图15　番茄穴盘育苗

彩图16　适期采收的番茄果实

彩图17　黄瓜冬春季大棚栽培

彩图18　黄瓜穴盘育苗

彩图19　采收上市的水果黄瓜

彩图20　黄瓜夏秋露地栽培

彩图21　嫩南瓜上市

彩图22　老熟南瓜上市

彩图23　南瓜爬地栽培

彩图24　南瓜支架式栽培

彩图25　竹架大棚栽培青丝瓜

彩图26　丝瓜穴盘育苗

彩图27　采收上市的青丝瓜

彩图28　丝瓜露地栽培吊泥坨拉直

彩图29　上市的老冬瓜

彩图30　春露地地膜覆盖爬地栽培

彩图31　早春冬瓜搭架栽培

彩图32　苦瓜冬春季大棚栽培

彩图33　苦瓜容器育苗

彩图34　苦瓜春夏露地栽培

彩图35　可采收的瓠瓜商品

彩图36　瓠瓜露地地膜覆盖栽培

彩图37　豇豆冬春季大棚栽培

彩图38　采收的豇豆嫩豆荚

彩图39　豇豆夏秋露地栽培

彩图40　菜豆嫩豆荚上市

彩图41　菜豆夏秋露地栽培

彩图42　秋大白菜露地栽培

彩图43　适期采收上市的大白菜

彩图44　夏大白菜栽培

彩图45　小白菜早春大棚栽培

彩图46　及时采收上市的小白菜

彩图47　小白菜秋冬栽培

彩图48　秋甘蓝露地栽培

彩图49　可适期采收的甘蓝

彩图50　甘蓝裂球现象

彩图51　适期收获的花椰菜花球

彩图52　花椰菜夏季露地栽培

彩图53　等采收的青花菜花球

彩图54　青花菜秋季露地栽培

彩图55　胡萝卜秋播栽培

彩图56　胡萝卜分级上市

彩图57　萝卜秋冬栽培

彩图58　萝卜分杈

彩图59　采收上市的萝卜

彩图60　萝卜冬春保护地栽培

彩图61　越冬芹菜露地栽培

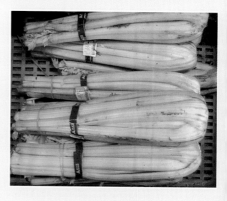

彩图62　在超市销售的西芹

彩图63　越冬莴笋大棚栽培

彩图64　秋莴笋露地栽培

彩图65　秋菠菜露地栽培

彩图66　采收上市的菠菜

彩图67　菠菜早春大棚栽培

彩图68　蕹菜早春大棚栽培

彩图69 苋菜早春栽培

彩图70 大葱小把上市销售

彩图71 青蒜栽培

彩图72 蒜薹

彩图73 独头蒜

彩图74 韭黄

彩图75　青韭

彩图76　洋葱鳞茎膨大期

彩图77　采收上市的葱头

彩图78　马铃薯春露地栽培

彩图79　适期收获的马铃薯块茎

彩图80　露地栽培的生姜

彩图81　生姜收获

彩图82　生姜大棚栽培

彩图83　芋无公害栽培

彩图84　适期收获的芋头

YOUJI SHUCAI
ZAIPEI JISHU

王迪轩　何永梅　王雅琴　主编

有机蔬菜栽培技术

化学工业出版社
·北京·

本书在国家有机食品标准的大框架下，结合作者指导有机农业专业合作社从事有机蔬菜生产的实践，详细介绍了有机蔬菜，如辣椒、茄子、番茄、黄瓜、南瓜、丝瓜、冬瓜、苦瓜、瓠瓜、豇豆、菜豆、大白菜、小白菜、甘蓝、花椰菜、青花菜、胡萝卜、萝卜、芹菜、莴笋、菠菜、蕹菜、苋菜、大葱、大蒜、韭菜、洋葱、马铃薯、生姜、芋头等30种主要蔬菜的有机栽培技术，并重点介绍了其病虫害的综合防治技术。

　　本书适合广大农业科技人员、从事有机蔬菜生产的专业大户、农村合作化组织、有机蔬菜生产农场技术人员、专业蔬菜生产基地菜农等阅读，也可给从事有机农业的科技工作者、开展家庭小菜园生产的居民参考。

图书在版编目（CIP）数据

有机蔬菜栽培技术/王迪轩，何永梅，王雅琴主编．
北京：化学工业出版社，2014.11（2022.5重印）
ISBN 978-7-122-21862-9

Ⅰ．①有… Ⅱ．①王…②何…③王… Ⅲ．①蔬菜园艺-无污染技术 Ⅳ．①S63

中国版本图书馆CIP数据核字（2014）第215605号

责任编辑：刘　军　　　　　　　　　文字编辑：向　东
责任校对：边　涛　　　　　　　　　装帧设计：刘丽华

出版发行：化学工业出版社（北京市东城区青年湖南街13号　邮政编码100011）
印　　装：大厂聚鑫印刷有限责任公司
850mm×1168mm　1/32　印张8½　彩插6　字数253千字
2022年5月北京第1版第6次印刷

购书咨询：010-64518888　　　　　　售后服务：010-64518899
网　　址：http://www.cip.com.cn
凡购买本书，如有缺损质量问题，本社销售中心负责调换。

定　　价：38.00元

本书编写人员名单

主　　编　王迪轩　何永梅　王雅琴

编写人员（按姓氏汉语拼音排序）

陈丽妮　何永梅　李晓平

谭　丽　谭卫健　王　灿

王迪轩　王雅琴　岳云杰

前言

　　有机蔬菜被人们称为"纯而又纯"的食品，从基地到生产，从加工到上市，都有非常严格的要求。有机蔬菜从生产到加工的诸多程序绝对禁止使用农药、化肥、激素、转基因等人工合成物质。在生产和加工有机蔬菜时必须建立严格的生产、质量控制和管理体系。与其他蔬菜相比，有机蔬菜在整个生产、加工和消费过程中更强调环境的安全性，突出人类、自然和社会的持续协调发展。

　　有机蔬菜的好处自不待言，吃过真正有机蔬菜的都有体会，味道要比普通蔬菜绵厚、香甜。在当今时不时有毒韭菜、毒豇豆、毒生姜的新闻报道中，人们对食菜安全有些许的不安，随着人们经济条件的不断提升，对自身健康的要求越来越高，消费者对蔬菜的品质要求也越来越高。有机蔬菜应运而生，近几年也不断发展壮大，有机蔬菜合作社、有机农场不断涌现，有机蔬菜专卖店、有机配送也成为一道靓丽的风景。

　　但有机蔬菜的发展却任重而道远。一是由于受有机蔬菜产量较低的限制，有机蔬菜发展缓慢；二是有机蔬菜栽培技术，目前国家只有一个有机食品总的纲领性标准，没有具体到某种蔬菜的操作技术规程，在一定程度上也制约了有机蔬菜生产的发展；三是有机蔬菜的识别和消费也存在问题，单从生产出来的有机蔬菜品样上难以与一般蔬菜区别，价格难以体现价值，不能以优质优价反哺有机蔬菜生产的健康发展。

　　编者接触有机蔬菜多年，并有指导几个有机蔬菜合作社的实践经验，对有机蔬菜生产过程中的问题进行过探讨和研究，帮助有机蔬菜生产基地制定栽培技术规程，并指导过国家级有机蔬菜标准园创建，取得过较好的效果。为此，编者在国家有机食品标准的大框架下，结合本地有机蔬菜生产，以指导益阳市三益有机农业专业合作社从事有机蔬菜生产的实践为蓝本，对30种主要蔬菜制定了较为详细的栽培技术，并简述了其病虫害的综合防治技术，旨在为我国有机蔬菜生产做出应尽的职责。

在有机蔬菜生产整个流程的实践和本书的编写过程中，湖南省蔬菜协会副会长、益阳市三益有机农业专业合作社董事长曹建安、徐学凡等同志给予了大力支持，谨表谢意！

由于编者水平有限，加上时间仓促，书中不妥之处在所难免，敬请读者批评指正。

王迪轩

2014 年 8 月

目录

第一章

有机辣椒栽培技术

一、有机辣椒栽培茬口安排

长江流域有机辣椒生产的大棚茬口主要有冬春季大棚栽培（彩图1）、秋延后大棚栽培（彩图2）及温室长季节栽培，露地茬口有春露地栽培（彩图3）、秋露地栽培、高山栽培等，具体参见表1。

表1 有机辣椒栽培茬口安排（长江流域）

种类	栽培方式	建议品种	播期	定植期	株行距/厘米×厘米	采收期	亩产量/千克	亩用种量/克
辣椒	冬春季大棚	兴蔬301、辛香2号、湘早秀	10/上～11/上	2/中～3/上	(30～35)×(55～60)	4/上中～7月	3000	75～80
	春露地	湘研11号、19号、兴蔬205	10/下～11/中	3/下～4/上	(35～40)×(50～60)	5/下～7月	2500	40～50
	夏露地	湘研21号、湘抗33、红秀八号	6/上	7/上	(35～40)×(55～60)	8/下～10月	3000	40～50
	秋露地	红秀八号、鼎秀红	7/上	8/上	(35～40)×(55～60)	9/下～11月	3000	40～50
	秋延后大棚	汴椒2号、洛椒早4号、杭椒	7/中下	8/中下	33×40	11/下～2/中	2000	40～50

注：1亩＝667米²。

二、有机辣椒春露地栽培

1. 播种育苗

① 营养土配制 播种床选用烤晒过筛园土1/3，腐熟猪粪渣1/3，炭化谷壳1/3，充分混匀。分苗床选用园土2/4，猪粪渣1/4，炭化

谷壳 1/4。

②种子处理　种子消毒宜使用温汤浸种和干热处理。即先晒种 2～3 天或置于 70℃ 烘箱中干热 72 小时，再将种子浸入 55℃ 温水，经 15 分钟，再用常温水继续浸泡 5～6 小时，再用高锰酸钾 300 倍液浸泡 2 小时，或木醋液 200 倍液浸泡 3 小时，或石灰水 100 倍液浸泡 1 小时，或硫酸铜 100 倍液浸泡 1 小时。浸后用清水洗净，捞出沥干后，置 25～30℃ 条件下的培养箱、催芽箱或简易催芽器中催芽。一般 3～4 天，约 70% 的种子破嘴时播种。在个别种子破嘴时，置 0℃ 左右低温下锻炼 7～8 小时后再继续催芽，可提高抗寒性。不应使用禁用物质处理辣椒种子。

③育苗基质消毒　采用营养基质穴盘育苗（彩图 4）的，育苗基质宜于播种前 3～5 天，用木醋液 50 倍液进行苗床喷洒，盖地膜或塑料薄膜密闭；或用硫黄（0.5 千克/米^3）与基质混匀，盖塑料薄膜密封。不应使用禁用物质处理育苗基质。

④播种　每亩需种 75～80 克，撒播苗床每平方米播种 150～200 克，先浇足底水，待水下渗后，耙松表土，均匀播种，盖消毒过筛细土 1～2 厘米厚，薄洒一层压籽水，塌地盖薄膜，并弓起小拱棚，闭严大棚。基质育苗每平方米播种 5～6 克，穴盘宜选用 50 孔穴盘。

⑤苗期管理　播后至幼苗出土期：白天 28～30℃，夜间 18℃ 左右，床温 20℃，闭棚，70% 幼苗出土后去掉塌地薄膜。破心期：白天 20～25℃，夜间 15～16℃，床温 18℃，注意防止夜间低温冻害，并在不受冻害的前提下加强光照，控制浇水，使床土露白。破心后至分苗期：床温 19～20℃，晴朗天气多通风见光，维持床土表面呈半干半湿状态，露白前及时浇水，床土湿度过大，可撒干细土或干草木灰吸潮，并适当进行通风换气。分苗前 3～4 天适当炼苗，白天加强通风，夜间温度 13～15℃。

苗龄 30～35 天，3～4 片真叶时，选晴朗天气的上午 10 时至下午 3 时及时分苗，间距 7～8 厘米。分苗宜浅。最好用营养钵分苗，分苗时先浇湿苗床，分苗深度以露出子叶 1 厘米为准，速浇压根水，盖严小拱棚和大棚膜促缓苗，晴天在小拱棚上盖遮阳网。

⑥分苗床管理　缓苗期：地温 18～20℃，日温 25～30℃，加强覆盖，提高空气相对湿度。旺盛生长期：加强揭盖，适当降温 2～3℃，每隔 7 天结合浇水喷一次 0.2% 的有机营养液，用营养钵排苗

的，应维持床土表面呈半干半湿状态，防止露白。即使是阴雨天气也要于中午短时通风 1～2 小时。定植前 7 天炼苗，夜温降至 13～15℃，控制水分和逐步增大通风量。

⑦ 壮苗标准 株高 15 厘米左右，茎粗 0.4 厘米以上，8～10 片真叶，叶色浓绿，90% 以上的秧苗已现蕾，根系发育良好，无锈根，无病虫害和机械损伤。

2. 轮作计划❶

有机辣椒栽培地块应合理安排茬口，科学轮作，应与非茄科蔬菜或豆科作物或绿肥在内的至少 3 种作物实行 3～5 年轮作。前茬为各种叶菜、根菜、葱蒜类蔬菜，后茬也可以是各种叶菜类和根菜类，还可与短秆作物或绿叶蔬菜间、套种，如毛豆、甘蓝、球茎茴香、葱、蒜等隔畦间作。

3. 有机肥料准备❷

应在基地内建有机堆肥场，堆肥场容积应满足本基地蔬菜生产的需要。如有机蔬菜生产基地周边有畜禽养殖场，可在基地建立沼气池，将畜禽粪便转化为沼液、沼渣。

应使用主要源于本基地或有机农场（或畜场）的有机肥料，可使用充分腐熟和无害化处理的动植物的粪便和残体、植物沤制肥、绿肥、草木灰和饼肥等。经认证机构许可可以购入一部分农场外的肥料，外购的商品有机肥，应通过有机认证或经认证机构评估许可。

有机肥料应在施用前 2 个月进行无害化处理，将肥料泼水拌湿、堆积、盖严塑料膜，使其充分发酵腐熟。发酵期堆内温度高达 60℃以上，以有效地杀灭肥料中带有的病菌、虫卵、草种等。

4. 整地施肥

应选择含有机质多、土层深厚、保水保肥力强、排水良好、2～3年内未种过茄科作物的壤土作栽培土。水旱轮作，及早冬耕冻土，挖好围沟、腰沟、厢沟。当前茬作物收获后，及时清除残茬和杂草，深翻坑土，整地作厢。黏重水稻田栽辣椒，最底层土块通常大如手掌，切忌湿土整地。

---

❶ 辣椒其他季节的栽培及番茄、茄子栽培的轮作计划与此相同，不再重复叙述。
❷ 本书所涉及所有蔬菜栽培的有机肥料准备工作与此相同，不再另行叙述。

长江流域雨水较多，宜采用深沟高厢（畦）栽培。沟深 15～25 厘米，宽 20～30 厘米，厢（畦）面宽 1.1～1.3 米（包沟）。地膜覆盖栽培要深耕细耙，畦土平整。定植前 7～10 天，整地作畦。

施足基肥（占总用肥量的 70%～80%）。一般每亩施腐熟有机肥 2500 千克，或腐熟大豆饼肥 100～130 千克，或腐熟花生饼肥 150 千克，另加磷矿粉 40 千克及钾矿粉 20 千克。其中，饼肥不应使用经化学方法加工的，磷矿石为天然来源且镉含量≤90 毫克/千克的五氧化二磷，钾矿粉为天然来源且未经化学方法浓缩的，氯含量<60%。另外，宜每 3 年施一次生石灰，每次每亩施用 75～100 千克。

5. 及时定植

一般春季定植于 10 厘米地温稳定在 10～12℃时进行，长江流域早熟品种 3 月下旬至 4 月上旬，晴天定植。株行距，早熟品种 0.4 米×0.5 米，可栽双株，中熟品种 0.5 米×0.6 米，晚熟品种 0.5 米×0.6 米。地膜覆盖栽培定植时间只能比露地早 5～7 天，有先铺膜后定植和先定植后铺膜两种。

6. 田间管理

① 中耕培土　成活后及时中耕 2～3 次，封行前大中耕一次，深及底土，粗如碗大，此后只行锄草，不再中耕。早熟品种可平畦栽植，中、晚熟品种要先行沟栽，随植株生长逐步培土。地膜覆盖的不进行中耕，中、晚熟品种，生长后期应插扦固定植株。

② 追肥　在秧苗返青期，可勤施清淡腐熟猪粪尿水，促进植株生长发育，不宜多施人粪尿。定植成活后至开花结果前，应控制肥水的施用，进行蹲苗。如土壤水分不足，可浇少量淡粪水，利于根系生长发育，防止茎叶生长过旺，促进提早开花结果。进入开花结果盛期，对肥水需求量较大，在行间开窝，重施浓度为 60%的腐熟猪粪尿水 1～2 次，也可在垄间距植株茎基部 10 厘米挖坑埋施饼肥，施后用土盖严，保证植株生长，花蕾发育，开花结果及果实膨大的需要。在结果后期追施浓度为 30%的人畜粪水防止早衰，增加后期产量。追肥宜条施或穴施，施肥后覆土，并浇水。施用沼液时宜灌水进行沟施或喷施。采收前 10 天应停止追肥。不应使用禁用物质，如化肥、植物生长调节剂等。

③ 灌溉　6 月下旬进入高温干旱可进行沟灌，灌水前要除草追肥，且要看准天气才灌，要午夜起灌进，天亮前排出，灌水时间尽可

能缩短，进水要快，湿透心土后即排出，不能久渍，灌水逐次加深，第一次齐沟深1/3，第二次1/2，第三次可近土面，但不可漫过土面。每次灌水相隔10～15天，以底土不现干、土面不龟裂为准。地膜覆盖栽培，定植后，在生长前期灌水量比露地小，中后期灌水量和次数稍多于露地。

④ 地面覆盖　高温干旱前，利用稻草或秸秆等在畦面覆盖一层起保水保肥、防止杂草丛生作用，一般在6月份雨季结束，辣椒已封行后进行，覆盖厚度为4～6厘米。

7. 及时采收，分级上市

青椒（彩图5）一般在开花后25天左右，即果皮变绿色，果实较坚硬，且皮色光亮的嫩果期采收。早熟品种5月上旬始收，中熟品种6月上旬始收，晚熟品种6月下旬始收。应配置专门的整理、分级、包装等采后商品化处理场地及必要的设施，长途运输要有预冷处理设施。有条件的地区建立冷链系统，实行商品化处理、运输、销售全程冷藏保鲜。有机辣椒产品的采后处理、包装标识、运输销售等应符合GB/T 19630—2011有机产品标准要求。有机辣椒商品采收要求及分级标准见表2。

表 2　有机辣椒商品采收要求及分级标准

作物种类	商品性状基本要求	大小规格	特级标准	一级标准	二级标准
辣椒	新鲜；果面清洁，无杂质；无虫及病虫造成的损伤；无异味	长度和横径（厘米）羊角形、牛角形、圆锥形长度 大：>15 中：10～15 小：<10 灯笼形横径 大：>7 中：5～7 小：<5	外观一致，果梗、萼片和果实呈该品种固有的颜色，色泽一致；质地脆嫩；果柄切口水平、整齐（仅适用于灯笼形）；无冷害、冻害、灼伤及机械损伤，无腐烂	外观基本一致，果梗、萼片和果实呈该品种固有的颜色，色泽基本一致；基本无绵软感；果柄切口水平、整齐（仅适用于灯笼形）；无明显的冷害、冻害、灼伤及机械损伤	外观基本一致，果梗、萼片和果实呈该品种固有的颜色，允许稍有异色；果柄劈裂的果实数不应超过2%；果实表面允许有轻微的干裂缝及稍有冷害、冻害、灼伤及机械损伤

续表

作物种类	商品性状基本要求	大小规格	特级标准	一级标准	二级标准
长辣椒	具有同一品种特征,适于食用;果实新鲜洁净,发育成熟,果形完整,果柄完好,不留叶片,果面平滑;无异味,无异常水分;具有适于市场购销和贮存要求的新鲜度和成熟度;无腐烂、雹伤及冻伤等缺陷		具有果实固有色泽,自然鲜亮,颜色均匀;具有果实固有形状,弯曲度在 15°以下;果实丰实,不萎蔫,果柄新嫩;无机械伤及病虫伤;整齐度与平均长度的误差≤±5%;同批次不合格品率不超过10%	具有果实固有色泽,较鲜亮,颜色较均匀;具有果实固有形状,弯曲度在 15°~20°;果实丰实,不萎蔫,果柄较新嫩,略皱;有轻微机械伤及病虫伤;整齐度与平均长度的误差≤±7.5%;同批次不合格品率不超过 10%	具有果实固有色泽,不够鲜亮,略有杂色;具有果实固有形状,弯曲度在20°~30°;果实丰实,无明显萎蔫,果柄不够新嫩;有较明显机械伤及病虫伤;整齐度与平均长度的误差≤±10%;同批次不合格品率不超过15%

注：摘自 NY/T 944—2006《辣椒等级规格》、SB/T 10452—2007《长辣椒购销等级要求》。

8. 生产档案管理要求[1]

应建立严格的投入品管理制度。投入品的购买、存放、使用及包装容器应回收处理,实行专人负责,建立进出库档案。

应详细记载使用农业投入品的名称、来源、用法、用量和使用、停用的日期,病虫草害发生与防治情况,产品收获日期。档案记录保存 5 年以上。

对有机辣椒生产基地内的生产者和产品实行统一编码管理,统一包装和标识,建立良好的质量追溯制度,确保实现产品质量信息自动化查询。

三、有机辣椒夏秋露地栽培

夏秋辣椒的上市期主要是 9、10 月份,可起到补秋淡的作用。

---

[1] 本书所涉及所有蔬菜栽培的生产档案管理要求工作可参照进行,不再另行叙述。

1. 品种选用

选用耐热、耐湿、抗病毒病能力强的中、晚熟品种。

2. 培育壮苗

从播种育苗到开花结果需要 60～80 天，在与夏收作物接茬时，可根据上茬作物腾茬时间、所用品种的熟期等，向前推 70 天左右开始播种育苗，一般在 6 月上旬播种。苗床设在露地，采用一次播种育成苗的方法，可选用前茬为瓜豆菜或其他旱作物、排灌两便的地段作苗床，床宽 1～1.2 米，每 66.7 米^2 苗床施腐熟厩肥 200 千克，火土灰 100 千克，石灰 10 千克，浅翻入土，倒匀，灌透水，第二天按 10 厘米×10 厘米规格用刀把床土切成方块，种子可采用 0.1% 高锰酸钾等药剂浸种消毒，捞出洗净后即可播种，不必催芽，将种子点播在营养土块中间，苗期保证水分供应，防止因缺水影响秧苗正常生长或发生病毒病。前期温度低可采用小拱棚覆盖保温，温度高时可在苗床上搭设 1.2 米高的遮阳网，遇大雨，棚上加盖农膜防雨。有条件的也可采用穴盘育苗，成苗率高。

3. 整地定植

上茬作物收获后及时灭茬施肥，每亩施优质农家肥 4000～5000 千克，另加磷矿粉 40 千克及钾矿粉 20 千克。耕翻整地，起垄或作成小高畦。采用大小行种植，大行距 70～80 厘米，小行距 50 厘米，穴距 33～40 厘米，每穴 1 株。选阴天或晴天的傍晚定植，起苗前的一天给苗床浇水，起苗时尽量多带宿根土，随栽随覆土并浇水。缓苗前还需再浇 2 次水。

4. 田间管理

① 遮阴 七八月温度高，最好覆盖遮阳网，在田间埋若干 1.6 米左右高的杆，将遮阳网固定在杆上，9 月中旬前后可撤去遮阳网。有条件的，可在定植后在畦上覆盖 5～7 厘米厚的稻草，可降低地温、保墒，防止地面长草。

② 追肥 缓苗后立即进行一次追肥浇水，每亩追施腐熟人粪尿 1500 千克，顺水冲施。门椒坐果后追第二次肥，每亩冲施腐熟的人粪尿 2500 千克，结果盛期再追肥 1～2 次，用量同第二次。

③ 浇水 坐果前适当控水，做到地面有湿有干，开花结果后要适时浇水，保持地面湿润，注意水不能溢到畦面，及时排干余水。7～8 月份温度高，浇水要在早、晚进行。遇有降雨田间发生积水时，

要随时排除，遭遇夏季闷雨时，要随之浇井水，小水快浇，随浇随排。降雨多时土壤易板结，要进行划锄。

采收分级参见辣椒春露地栽培。

四、有机辣椒秋延后大棚栽培

辣椒大棚秋延后栽培，是指通过保护设施使辣椒生产延迟到深秋冷凉季节的栽培方式，此种栽培方式前期高温高湿，中后期温度较低，辣椒生长较慢，在管理上应注意以下几点。

1. 品种选择

选择果肉较厚，果型较大，单果重、商品性好、高抗病毒病，且前期耐高温、后期耐低寒的早中熟品种。

2. 培育壮苗

长江中下游地区一般在 7 月中旬播种，以 7 月 20 日左右最适，选用肥沃、富含有机质，未种过茄科蔬菜的沙壤土作苗床。种子可采用 0.1% 高锰酸钾等药剂浸种消毒，捞出洗净后即可播种，不必催芽，播后盖稻草保湿，2 叶 1 心期采用营养钵分苗一次，也可直接播在营养钵上。或采用穴盘育苗。

苗期要用遮阳网覆盖降温防雨，即在盖膜的大棚架上加盖遮阳网，也可在没有盖膜的大棚架上盖遮阳网，然后在棚内架小拱棚，雨天加盖塑料薄膜防雨。及时浇水，一般播种后 1～2 天就要喷一次水，播种后苗床温度控制在 25～30℃，3～4 天即可出苗，出苗后，保持气温白天 20～23℃，夜间 15～17℃。从苗期开始就要注意防治蚜虫、茶黄螨、病毒病等。定植前 5～7 天，施一次送嫁肥。

3. 适时定植

定植地块应早耕、深翻，每亩穴施或沟施腐熟有机肥 2500～4500 千克，磷矿粉 40 千克及钾矿粉 20 千克。

一般在 8 月 15～25 日之间定植，以 8 月 20 日左右定植完较好。选阴天或晴天傍晚天气较凉时移栽，在膜上打孔定植，边移栽边浇定根水，并在大棚膜上加盖遮阳网，一般每亩栽 3500～4000 株。

4. 及时盖揭棚膜

棚膜一般在辣椒移栽前就盖好，但 10 月上旬前棚四周的膜基本上敞开，辣椒开花期适温白天为 23～28℃，夜间 15～18℃，白天温度高于 30℃时，要用双层遮阳网和大棚外加盖草帘，结合灌水增湿保湿降温。

10月上旬气温开始下降，应撤除遮阳网等覆盖物，到10月中下旬，当白天棚内温度降到25℃以下时，棚膜开始关闭。但要注意温度和湿度的变化，当棚温高于25℃以上时，要揭膜通风。阴雨天棚内湿度大时，可在气温较高的中午通风1～2小时。11月中旬第一次寒潮来临之前，气温降至10℃，棚内要及时搭好小拱棚，夜间气温5℃时，小拱棚膜上再覆盖草帘。12月以后，最低气温可达−2℃，要在小拱棚上面再覆盖草帘，这样既保温，又可防止小棚膜上的水珠滴到辣椒上产生冻害。一般上午9时后，揭小拱棚上覆盖物，15：00盖上，原则上不通风。

5. 肥水管理

定植后7～10天追施1～2次稀粪水，切忌过量施用氮肥。第一批果坐稳后，结合浇水，追施腐熟人畜粪尿水一次。定植后棚内土壤保持湿润，11月上旬应偏湿一些，浇水要适时适度，切忌在土壤较热时浇水和大水勤灌，每隔2～3天灌一次小水。结果盛期叶面喷施有机营养液肥1～2次。追肥灌水时，可结合中耕除草、整枝打杈。11月中旬以后，以保持土壤和空气湿度偏低为宜，不需或少浇水，停止追肥。寒冷天气大棚要短时间勤通风降湿。

6. 整枝疏叶

在植株坐果正常后，摘除门椒以下的全部腋芽，对生长势弱的植株，还应将已坐住的门椒甚至对椒摘除。辣椒的侧枝要及时抹除，当每株结果量达到12～15个果实时，应将植株的生长点摘掉。在畦的四周拉绳，可避免辣椒倒伏到沟内。10月下旬至11月上旬植株上部顶心与空枝全部摘除，以减少养分消耗，促进果实膨大，摘心时果实上部留2片叶。

采收分级参见辣椒春露地栽培。

五、早春辣椒大棚栽培

辣椒大棚春提早栽培，可比露地春茬提早定植和上市40～50天。春末夏初应市。盛夏后通过植株调整，还可进行恋秋栽培，使结果期延迟到8月份，每亩再采收辣椒750～1000千克，是提高早春大棚辣椒收入的重要途径。

1. 品种选择

选用抗性好，低温结果能力强，早熟，丰产，商品性好的品种。

2. 播种育苗

长江流域一般 10 月中旬~11 月上旬，利用大棚进行冷床育苗；或 11 月上旬~下旬，用酿热温床或电热线加温苗床育苗。2~3 叶期分苗，加强防寒保温等的管理，培育壮苗。具体育苗技术同辣椒春露地栽培。

3. 适时定植

选择土层深厚肥沃、排灌方便、地势高燥的地块，前茬收获后，每亩施腐熟农家肥 3000~4000 千克、生物有机肥 150 千克，另加磷矿粉 40 千克及钾矿粉 20 千克，底肥充足时可以地面普施，肥料少时要开沟集中施用，开沟时沟距 60 厘米，沟宽 40 厘米，深 30 厘米。施后要把肥料与土充分混匀，搂平沟底等待定植，整成畦面宽 0.75 米，窄沟宽 0.25 米，宽沟宽 0.4 米，沟深 0.25 米的畦，盖上微膜，扣上棚膜烤地。

5~7 天后，棚内最低气温稳定在 5℃以上，10 厘米地温稳定在 12~15℃，并有 7 天左右的稳定时间即可定植。长江流域定植时间一般在 2 月下旬到 3 月上旬，不应盲目提早，大棚内加盖地膜或小拱棚可适当提早。选晴天上午到下午 2 时定植，相邻两行交错栽苗，穴距 30 厘米，每穴栽 1~2 株，栽 2 株苗的，生长点应相距 8~10 厘米。边栽边用土封住栽口，及时浇水定根。定植后，及时关闭棚门保温。

4. 田间管理

① 温湿度管理 定植到缓苗的 5~7 天要闭门闷棚，使幼苗迅速缓苗成活。不要通风，尽量提高温度，闭棚时，要用大棚套小拱棚的方式双层覆盖保温，保持晴天白天 20~30℃，最高可达 35℃，尽量使地温达到和保持在 18~20℃。

缓苗后降低温度，视天气情况适时通风、换气、见光，辣椒生长以白天保持 24~27℃，地温 23℃，夜温控制在 10~15℃为最佳。若遇寒潮低温天气，采用多层覆盖御寒。

4 月气温回暖，可适当掀起大棚四周的裙膜通风，当棚外夜间气温高于 15℃时，大棚内小拱棚可撤去。

5 月上、中旬，当外界气温高于 24℃后才可适时撤除大棚膜，进行露地栽培，也可保留顶膜作防雨栽培。注意防止开花期温度过高易落果或徒长。

② 肥水管理　一般在浇定根水后，在定植 4～5 天后再浇一次缓苗水。此后连续中耕 2 次进行蹲苗，直到门椒膨大前一般不轻易浇肥水，以防引起植株徒长和落花落果。门椒长到蚕豆大小时开始追肥浇水，追施腐熟人畜粪尿水一次，以后视苗情和挂果量，酌情追肥。盛果期 7～10 天浇一次水，一次清水一次水冲肥。一般可根施锌肥 0.5～1 千克＋硼砂 0.5～1.0 千克。进入结果盛期，在行间开窝，重施 60％的浓肥 1～2 次，也可在垄间距植株茎基部 10 厘米挖坑埋施饼肥，施后用土盖严。雨水多时，要注意清沟排渍，做到田干地爽、雨住沟干，棚内干旱灌水时，可行沟灌，灌半沟水，让其慢慢渗入土中，以土面仍为白色、土中已湿润为佳，切勿灌水过度。

③ 植株调整　门椒采收后，门椒以下的分枝长到 4～6 厘米时，将分枝全部抹去，植株调整时间不能过早。

采收分级参见辣椒春露地栽培。

六、有机辣椒病虫害综合防治

有机辣椒生产应从作物-病虫草害整个生态系统出发，综合运用各种防治措施，创造不利于病虫草害滋生和有利于各类天敌繁衍的环境条件，保持农业生态系统的平衡和生物多样化，减少各类病虫草害所造成的损失。采用综合措施防控病虫害，露地蔬菜全面应用杀虫灯和性诱剂，设施蔬菜全面应用防虫网、黏虫色板及夏季高温闷棚消毒等生态栽培技术。

1. 农业防治

冬耕冬灌，冬季白茬土在大地封冻前进行深中耕，有条件的耕后灌水，能提高越冬蛹、虫卵死亡率。

幼苗期，育苗用无病苗床、苗土，培育无病壮苗，露地育苗苗床要盖防虫网，保护地育苗通风口要设防虫网，防止蚜虫、潜叶蝇、粉虱进入为害传毒，出苗后要撒干土或草木灰填缝。加强苗期温湿度管理，改善和改进育苗条件和方法，选择排水良好的地作苗床，施入的有机肥要充分腐熟，采用营养钵育苗、基质育苗，出苗后尽可能少浇水，在连阴天也要注意揭去塑料覆盖，苗床温度白天控制在 25～27℃，夜间不低于 15℃，逐步通风降湿，发现病株及时拔出销毁。在苗床内喷 1～2 次等量式波尔多液。苗期施用艾格里微生物肥，有利于增强光合作用和抗病毒病能力。

定植至结果期，选无病壮苗，高畦栽培，合理密植。施足腐熟有机肥，定植后注意松土，及时追肥，促进根系发育。定植缓苗后，每10～15天用等量式波尔多液喷雾。盖地膜可减轻前期发病。及时摘除病叶、病花、病果，拔除病株深埋或烧毁，决不可弃于田间或水渠内。及时铲除田边杂草、野菜。及时通风、降湿、降温，控制浇水，不要大水漫灌，最好采用软管滴灌法，提倡适时灌水，按墒情浇水，减少灌水次数，田间出现零星病株后，要控水防病，棚室更应加强水分管理，务必降低湿度，通风透光，改进浇水方式，推行膜下渗灌或软管滴灌，应选择晴天的上午浇水，浇水后提温降湿。

2. 实行轮作

与非茄科作物实行 3 年以上轮作，推广菜粮或菜豆轮作。

3. 种子处理

选用抗病、耐病、高产优质的品种，各地的主要病虫害各异，种植方式不同，选用抗病虫品种要因地制宜，灵活掌握。种子消毒，可选用 1% 高锰酸钾溶液浸种 20 分钟，或 1% 硫酸铜液浸种 5 分钟。浸种后均用清水冲洗干净再催芽，然后播种。用 10 亿个/克枯草芽孢杆菌可湿性粉剂拌种（用药量为种子质量的 0.3%～0.5%），可防止枯萎病。

4. 土壤及棚室消毒

棚室消毒，即在未种植作物前，对地面、棚顶、顶面、墙面等处，用硫黄熏蒸消毒，每 100 米^3 空间用硫黄 250 克、锯末 500 克混合后分成几堆，点燃熏蒸一夜。在夏季高温季节，深翻地 25 厘米，撒施 500 千克切碎的稻草或麦秸，加入 100 千克熟石灰，四周起垄，灌水后盖地膜，保持 20 天，可消灭土壤中的病菌。

5. 物理防治

田间插黄板或挂黄条诱杀蚜虫（彩图 6）、粉虱、斑潜蝇。还可用黑光灯、频振式杀虫灯、高压汞灯等诱杀大多数害虫。在害虫卵盛期撒施草木灰，重点撒在嫩尖、嫩叶、花蕾上，每亩撒灰 20 千克，可减少害虫卵量。用糖醋液或黑光灯可诱杀地老虎。还可利用昆虫的性激素诱杀（彩图 7）。在保护地的通风口和门窗处罩上纱网，可防止白粉虱和蚜虫等昆虫飞入。

6. 生物防治

可利用自然天敌，如释放赤眼蜂等，将工厂化生产的赤眼蜂蛹，制成带蜂蛹的纸片挂在菜田内植株中部的叶内，用大头针别住即可，每亩放 5 点。定植前喷一次 10%混合脂肪酸 50～80 倍液。防治棉铃虫，用 2000 单位的苏云金杆菌乳剂 500 倍液，或喷施多角体病毒，如棉铃虫核型多角体病毒等，与苏云金杆菌配合施用效果好。此外，还可选用以下生物药剂防治辣椒病虫害。

鱼藤酮：用 7.5%乳油 1500 倍液喷雾，防治蚜虫、夜蛾类害虫。

苦参碱：用 0.3%水剂 400～600 倍液喷雾，防治蚜虫、白粉虱、夜蛾类害虫。

藜芦碱：用 0.5%可溶液剂 800～1000 倍液喷雾，防治棉铃虫。

氨基寡糖素：种子在播种前用 0.5%水剂 400～500 倍液浸种 6 小时，可预防青枯病、枯萎病、病毒病等。田间发现枯萎病、青枯病、根腐病等时，可用 0.5%水剂 400～600 倍液灌根。

乙蒜素：用乙蒜素辣椒专用型 2500～3000 倍液叶面喷洒可预防辣椒多种病害发生，促进植物生长，提高作物品质。用乙蒜素辣椒专用型 1500～2000 倍稀释液于发病初期均匀喷雾，重病区隔 5～7 天再喷一次，可有效控制辣椒病害的发展，并恢复正常生长。

丁子香酚：用 0.3%可溶性液剂 1000～1500 倍液喷雾，防治辣椒枯萎病。

健根宝：育苗时，每平方米用 10^8 cfu/克健根宝可湿性粉剂 10 克与 15～20 千克细土混匀，1/3 撒于种子底部，2/3 覆于种子上面，可预防辣椒猝倒病和立枯病。分苗时，每 100 克 10^8 cfu/克健根宝可湿性粉剂对营养土 100～150 千克，混拌均匀后分苗。定植时，每 100 克 10^8 cfu/克健根宝可湿性粉剂对细土 150～200 千克，混匀后每穴撒 100 克。进入坐果期，每 100 克 10^8 cfu/克健根宝可湿性粉剂对 45 千克水灌根，每株灌 250～300 毫升。可防治辣椒枯萎病和根腐病。

木霉菌：使用木霉素灌根，可防治根腐病、白绢病等茎基部病害，一般用 1 亿活孢子/克水分散粒剂 1500～2000 倍液，每株灌 250 毫升药液，灌后及时覆土。在辣椒苗定植时，每亩用 1.5 亿活孢子/克可湿性粉剂 100 克，再与 1.25 千克米糠混拌均匀，把幼苗根部沾上菌糠后栽苗，或在田间初发病时，用 1.5 亿活孢子/克可湿性粉剂 600 倍液灌根，可防治辣椒枯萎病。

植物激活蛋白茄科作物专用型：适应于辣椒、番茄等大多数茄科作物。对青枯病、疫病、病毒病、白绢病、炭疽病等有很好的防效，增产 10％ 以上，明显改善品质。浸种：稀释 500 倍，浸种 5～6 小时。叶面喷施：稀释 1000 倍喷雾，移栽成活一周后开始喷药，每次间隔 20～25 天，连续 3～4 次，具体喷药次数根据病情而定。每亩用量 30～45 克。

武夷菌素：用 2％ 水剂 200 倍液喷雾，防治甜（辣）椒白粉病。

井冈霉素：用 5％ 水剂 1500 倍液喷淋植株根茎部，防治甜（辣）椒立枯病

硫酸链霉素：用 72％ 农用可溶性粉剂 4000 倍液喷雾，防治甜（辣）椒软腐病、疮痂病、青枯病、细菌性叶斑病和果实黑斑病。

新植霉素：用 200 毫克/千克浓度的药液，浸种 3 小时后，捞出洗净催芽，可防治辣椒的种传细菌性病害。

嘧啶核苷类抗生素：用 2％ 水剂 200 倍液，防治甜（辣）椒等的炭疽病。用 2％ 水剂 130～200 倍液灌根，每株灌 0.25 千克，隔 5 天再灌一次，重病株可连灌 3～4 次，等药液渗完后，再将土覆盖好，可防治辣椒枯萎病。

枯草芽孢杆菌：每亩用 10 亿个枯草芽孢杆菌/克可湿性粉剂 200～300 克灌根处理，可防治枯萎病。

蜡质芽孢杆菌：防治辣椒青枯病时，从发病初期开始灌根，10～15 天后需要再灌一次。一般使用 8 亿活芽孢/克可湿性粉剂 80～120 倍液，或 20 亿活芽孢/克可湿性粉剂 200～300 倍液，每株需要灌药液 150～250 毫升。

7. 其他可选用无机铜制剂等

硫酸铜浸种：先用清水浸泡种子 10～12 小时后，再用 1％ 溶液浸种 5 分钟，捞出拌少量草木灰，防治种传甜（辣）椒的疫病、炭疽病、疮痂病、细菌性叶斑病。

石硫合剂：用 30％ 固体合剂 150 倍液喷雾，可防止甜（辣）椒白粉病。

波尔多液：用 1∶1∶200 液，防治辣椒褐斑病、叶斑病、霜霉病、黑斑病、炭疽病、叶枯病、疮痂病。

氢氧化铜：用 77％ 可湿性粉剂 400～500 倍液，防治甜（辣）椒的褐斑病、白斑病、叶斑病、黑斑病。

高锰酸钾：防治病毒病，发病初期，用高锰酸钾 800 倍液，每隔 5～7 天喷一次，连喷 3～4 次。

第二章

有机茄子栽培技术

一、有机茄子栽培茬口安排

长江流域有机茄子生产的大棚茬口主要有冬春季大棚栽培（彩图8）、秋延后大棚栽培及温室长季节栽培，露地茬口有春露地栽培（彩图9）、秋露地栽培、高山栽培等，具体参见表3。

表3　有机茄子栽培茬口安排（长江流域）

种类	栽培方式	建议品种	播期	定植期	株行距/厘米×厘米	采收期	亩产量/千克	亩用种量/克
茄子	冬春季大棚	早红茄一号、黑冠早茄、国茄8号	10/下～11/中	2/下～3/上	(30～33)×70	4/中～7月	3500	60
	春露地	亚华黑帅、早红茄一号、国茄8号	11/中下	3/下～4/上	33×60	5/下～7月	3000	60
	夏秋露地	紫龙7号、韩国将军	4/上～5/下	5/下～6/上	(40～60)×60	7～11月	3000	60
	秋露地	黑龙长茄、世纪茄王、紫龙7号	6/上	7/上	33×60	8/下～10月	2500	80
	秋延后大棚	黑龙长茄、黑秀、紫丽长茄	6/中	7/中	33×60	9/下～11/下	2500	80

二、有机茄子春露地栽培

1. 培育壮苗

① 播期确定　露地早春栽培，于11月中下旬电热温床育苗，3月下旬至4月上旬定植。地膜覆盖栽培播期同露地栽培，也可提早

10 天左右。

②苗床制作　培养土用新鲜园土，腐熟猪粪渣，炭化谷壳各 1/3，拌和均匀。也可采用穴盘育苗，穴盘选用 50 孔穴盘，育苗基质宜于播种前 3～5 天，用木醋液 50 倍液进行苗床喷洒，盖地膜或塑料薄膜密闭，或用硫黄（0.5 千克/米^3）与基质混匀，盖塑料膜密封。不应使用禁用物质处理育苗基质。

③浸种催芽　可用 55℃ 温水浸种，不断搅拌保持水温 15 分钟，然后转入 30℃ 的水中继续浸泡 8～10 小时。催芽可采用变温处理，每天在 25～30℃ 下催芽 16 小时，再在 20℃ 下催芽 8 小时，4～5 天可出芽，一般每隔 8～12 小时翻动一次，清水洗净，控干再催，80% 左右种子露白即播。温汤浸种后，还可采用高锰酸钾 300 倍液浸泡 2 小时，或木醋液 200 倍液浸泡 3 小时，或石灰水 100 倍液浸泡 1 小时，或硫酸铜 100 倍液浸泡 1 小时。消毒后再用清水浸种 4 小时，捞出沥干后进行催芽。

④苗床管理要点　播种床管理：先打透底水，再薄盖一层消毒过筛营养土，每平方米苗床播种 20～25 克。播后再盖 1～1.5 厘米厚营养土，塌地盖膜，封大棚门。从播种到子叶微展的出苗期，盖上地膜不要通风，床温控制在 24～26℃。70% 出土时地膜起拱。

从子叶微展到第一真叶破心，白天气温不宜超过 25℃，地温白天 18～20℃，夜间 14～16℃。适当通风降湿，控制浇水。

从破心期到第四片真叶期，床温控制在 16～23℃ 之间，晴天多通风见光。床土尚未露白及时浇水，保持半干半湿。若养分不够，可结合喷水追 0.1% 的有机肥营养液 1～2 次。分苗前应注意对秧苗进行适当锻炼。

分苗：播种后 30～40 天，当幼苗有 3～4 片真叶时，选晴天用营养钵分苗。

分苗床管理：缓苗期加强覆盖，一般不通风，保持白天气温 30℃，夜间 20℃，地温 18～20℃；进入旺盛生长期，控制白天气温 25℃，夜间 15～16℃，白天地温 16～17℃，夜间不低于 13℃，晴天多通风见光，一般视天气情况每隔 2～3 天喷水一次，不使床土露白，每次浇水不宜过多，秧苗缺肥，可结合浇水喷 0.2% 的有机肥营养液 2～3 次。适时松土。定植前 7 天炼苗，白天降至 20℃，夜间 13～15℃，控制浇水和加大通风量。

有条件的最好采用专用育苗基质进行穴盘育苗（彩图 10），不需分苗，一次成苗。

⑤ 壮苗标准　株高 10～15 厘米，7～8 片真叶，叶片大而厚，叶色浓绿带紫，根系多无锈根，全株无病虫害，无机械损伤。

2. 整地施肥

选择有机质丰富、土层深厚、排水良好、与茄果类蔬菜间隔三年以上的土壤。深沟高畦窄畦，深耕晒垡。长江流域宜采用深沟高厢（畦）栽培，沟深 15～25 厘米，宽 20～30 厘米，厢（畦）面宽 1.1～1.3 米（包沟）。露地栽培每亩用腐熟有机肥 2500 千克，或腐熟大豆饼肥 130 千克，或腐熟花生饼肥 150 千克，另加磷矿粉 40 千克及钾矿粉 20 千克。另外，宜每 3 年施一次生石灰，每次每亩施用 75～100 千克。

3. 及时定植

露地栽培在当地终霜期后，日平均气温 15℃ 左右定植，在长江流域一般于 3 月下旬至 4 月上旬，在不受冻害的情况下尽量早栽，中熟品种可与早熟品种同期定植，也可稍迟。地膜覆盖栽培定植期可较露地提前 7 天左右。趁晴天定植。早熟品种每亩栽 2200～2500 株，中熟种约 2000 株，晚熟种约 1500 株。定植方法：先开穴后定植，然后浇水。地膜覆盖定植可采用小高畦地膜覆盖栽培，先盖膜，后定植，畦高 10～25 厘米不等。

4. 田间管理

① 追肥　一般定植后 4～5 天，结合浅中耕，于晴天土干时用浓度为 20%～30% 的人畜粪点蔸提苗。阴雨天可用浓度为 40%～50% 的人畜粪点蔸，3～5 天一次，一直施到茄子开花前。开花后至坐果前适当控制肥水。基肥充足可不施肥，生长较差可在晴天用浓度为 10%～20% 的人畜粪浇泼一次。门茄坐果后至第三层果实采收前应及时供给肥水。晴天每隔 2～3 天可施一次浓度为 30%～40% 的人畜粪，雨天土湿时可 3～4 天一次，用浓度为 50%～60% 的人畜粪。第三层果实采收后以供给水分为主，结合施用浓度为 20%～30% 的人畜粪，采收一次追肥一次。地膜覆盖栽培宜"少吃多餐"，或随水浇施，或在距茎基部 10 厘米以上行间打孔埋施，施后用土封严，并浇水。中后期追施为全期追肥量的 2/3。施肥还可以叶面喷洒 1% 草木灰水浸出液，或质量符合有机生产要求的含氨基酸或含微量元素的叶

面肥。

②浇水　茄子要求土壤湿度80%，生长前期需水较少，土壤较干可结合追肥浇水。第一朵花开放时要控制水分，果实坐住及时浇水。结果期根据果实生长情况及时浇灌。高温干旱季节可沟灌。注意灌水量宜逐次加大，不可漫灌，要急灌、急排。高温干旱之前可利用稻草、秸秆等进行畦面覆盖，覆盖厚度以4～5厘米为宜。地膜覆盖栽培，注意生长中、后期结合追肥及时浇水，可采用沟灌、喷灌或滴灌。

③中耕培土　定植后结合除草中耕3～4次。封行前进行一次大中耕，深挖10～15厘米，土坨宜大，如底肥不足，可补施腐熟饼肥埋入土中，并进行培土。中晚熟品种，应插短支架防倒伏。

④整枝摘叶　茄子一般不整枝，只是门茄在瞪眼以前分次摘除无用侧枝。对于生长健壮的植株，可以在主干第一朵花或花序下留1～2个分枝。对于失去光合作用的衰老叶片，应及时摘除，改善田间通风状况。露地的茄子一般不打顶，但在密植或生长期较短、结果后期，可适时摘顶。

5. 及时采收，分级上市

茄子要果实充分长大，有光泽，近萼片边缘果实变白或浅紫色时采收（彩图11）。应配置专门的整理、分级、包装等采后商品化处理

表4　有机茄子商品采收基本要求及分级标准

商品性状基本要求	大小规格		特级标准	一级标准	二级标准
同一品种或果实特征相似品种；已充分膨大的鲜嫩果实，无籽或种子已少量形成，但不坚硬；外观新鲜；无任何异常气味或味道；无病斑、无腐烂；无虫害及其所造成的损伤	长茄(果长:厘米)	大:>30	外观一致，整齐度高，果柄、花萼和果实呈该品种固有的颜色，色泽鲜亮，不萎蔫；种子未完全形成；无冷害、冻害、灼伤及机械损伤	外观基本一致，果柄、花萼和果实呈该品种固有的颜色，色泽较鲜亮，不萎蔫；种子已形成，但不坚硬；无明显的冷害、冻害、灼伤及机械损伤	外观相似，果柄、花萼和果实呈该品种固有的色泽，允许稍有异色，不萎蔫；种子已形成，但不坚硬；果实表面允许稍有冷害、冻害、灼伤及机械损伤
		中:20～30			
		小:<20			
	圆茄(横径:厘米)	大:>15			
		中:11～15			
		小:<11			
	卵圆茄(果长:厘米)	长:>18			
		中:13～18			
		小:<13			

注：摘自NY/T 1894—2010《茄子等级规格》。

场地及必要的设施，长途运输要有预冷处理设施。有条件的地区应建立冷链系统，实行商品化处理、运输、销售全程冷藏保鲜。有机茄子产品的采后处理、包装标识、运输销售等应符合 GB/T 19630—2011 有机商品标准要求。露地茄子一般在 5 月下旬至 7 月采收。有机茄子商品采收基本要求及分级标准见表 4。

三、有机茄子夏秋栽培

1. 品种选择

选用耐热，抗病性强，高产的中晚熟品种。

2. 培育壮苗

夏秋茄子一般在 4 月上旬至 5 月下旬露地阳畦育苗。苗床经翻耕后，加入腐熟农家混合肥作基肥，畦宽 1.7 米，整土，浇足底水，表面略干后，划成 12 厘米×12 厘米规格的营养土坨，每坨中央摆 2～3 粒种子，覆土 1.0～1.5 厘米厚，1 叶 1 心时，每坨留 1 株。也可把种子播到苗床，待出土长到 2 片真叶后分苗，苗距 12 厘米×12 厘米，浇水或降雨后及时在床面上撒干营养土，苗期不旱不浇水。若提早到 3 月份播种，须注意苗期保温。5 月以后高温时期育苗，应搭荫棚或遮阳网。播种后可在畦面覆盖薄层稻草湿润，开始出苗后揭除，适当控制浇水防徒长，出苗后要及时间苗，2 叶 1 心时分苗，苗距 13 厘米左右，稀播也可不分苗，苗龄 40～50 天后定植。有条件的，最好采用穴盘育苗，一次成苗。

3. 及时定植

选择 4～5 年内未种过茄科蔬菜、土层深厚、有机质丰富、排灌两便的沙壤土。亩施腐熟有机肥 5000 千克以上，另加磷矿粉 40 千克及钾矿粉 20 千克。早播苗龄 60 天左右，迟播苗龄 50 天左右，具 7～8 片叶，顶端现蕾即可定植。深沟高畦，畦宽 1 米左右，沟深 15～20 厘米，栽 2 行，行株距 60 厘米×（40～60）厘米，亩栽植 2500 株左右。

4. 田间管理

① 雨后立即排水防沤根　门茄坐住后及时结合浇水追肥，亩施粪水 1000～1500 千克，以后每层果坐住后及时追一次肥，每次每亩追施人畜粪水 1500 千克左右。高温干旱时期需经常灌水，并在畦面铺盖 4～5 厘米厚稻草或茅草。

② 定植后结合除草及时中耕 3～4 次　封行前进行一次大中耕，深挖 10～15 厘米，土坨宜大，如底肥不足，可补施腐熟饼肥埋入土中，并进行培土。株型高大品种，应插短支架防倒伏。

③ 把根茄以下的侧枝全部抹除　植株封行以后分次摘除基部病、老、黄叶。如植株生长旺盛可适当多摘，反之少摘。

采收分级同茄子春露地栽培。

四、有机茄子冬春季大棚栽培

有机茄子冬春季大棚栽培，是利用大棚内套小拱棚加地膜设施，达到提早定植，提早上市的目的栽培方法，效益较好。

1. 品种选择

选择抗寒性强、耐弱光、株型矮、适宜密植的极早熟或早熟品种。

2. 培育壮苗

① 苗床制作　培养土配方为：新鲜园土，腐熟猪粪渣，炭化谷壳各 1/3，拌和均匀。

② 浸种催芽　用塑料大棚冷床育苗，播种期可提早到先年 10 月，也可采用酿热加温大苗越冬，播种前 7 天进行浸种催芽。浸种可采用温汤浸种或药剂浸种。温汤浸种，即选用 55℃温水浸种，并不断搅拌和保持水温 15 分钟，然后转入 30℃的水中继续浸泡 8～10 小时。药剂浸种，如防止茄子褐纹病，可将种子先在温水中浸 5～6 小时后，选用 1‰高锰酸钾液浸 30 分钟，然后用清水充分漂洗干净。

催芽可在催芽箱中进行。采用变温处理，即每天在 25～30℃条件下催芽 16 小时，再在 20℃条件下催芽 8 小时，4～5 天即可出芽，一般每隔 8～12 小时翻动一次，清水洗净，控干再催，80％左右种子露白即播。

③ 苗床管理要点　播种床管理：播种时要先打透底水，再薄盖一层过筛营养土，然后播种，每平方米苗床可播种 20～25 克。播后再盖 1～1.5 厘米厚过筛营养土，然后塌地盖上地膜，封大棚门。从播种到子叶微展的出苗期，需 4～5 天，盖上地膜不要通风，床温控制在 24～26℃。70％出土时地膜起拱。

从子叶微展到第一片真叶破心，约需 7 天，应降温控湿。白天气温不宜超过 25℃，地温白天 18～20℃，夜间 14～16℃。适当通风降湿，控制浇水，使床土露白。

从破心期到第四片真叶期，床温应控制在 16～23℃ 之间，遇晴天应尽可能多通风见光，加强光照。床土尚未露白时及时浇水，保持床土半干半湿。若床土养分不够，可结合喷水追施有机营养液肥 1～2 次。分苗前应注意对秧苗进行适当锻炼。

播种后 30～40 天，当幼苗有 3～4 片真叶时，选晴天用 10 厘米×10 厘米的营养钵分苗。栽植不宜过深，以平根颈为度。分苗后速浇定根水。

分苗床管理：在缓苗期的 4～6 天，加强覆盖，一般不通风，保持白天气温 30℃，夜间 20℃，地温 18～20℃；进入旺盛生长期，应控温，白天气温 25℃，夜间 15～16℃，白天地温 16～17℃，夜间不低于 13℃，晴天尽可能多通风见光，如遇连续阴雨天可采取人工补光，一般视天气情况每隔 2～3 天喷水一次，不使床土露白，每次浇水不宜过多，发现秧苗有缺肥症状，可结合浇水喷施有机营养液肥 2～3 次。为防止床土板结，要适时松土。定植前一周，应对秧苗进行锻炼，白天降至 20℃，夜间 13～15℃，控制浇水和加大通风量。

有条件的可采用穴盘育苗。

3. 及时定植

① 整地施肥　大棚应在冬季来临前及时整修，并在定植前一个月左右抢晴天扣棚膜，以提高棚温。在前作收获后及时深翻 30 厘米左右。定植前 10 天左右作畦，宜作高畦，畦面要呈龟背形，基肥结合整地施入。一般每亩施腐熟堆肥 5000 千克，优质饼肥 60 千克，磷矿粉 40 千克及钾矿粉 20 千克，2/3 翻土时铺施，1/3 在作畦后施入定植沟中。有条件的可在定植沟底纵向铺设功率为 800 瓦的电加温线，每行定植沟中铺设一根线。覆盖地膜前一定要将畦面整平。

② 定植　在长江流域定植期可在 2 月下旬至 3 月上旬，应选择冷尾暖头的晴天进行定植。采取宽行密植栽培，即在宽 1.5 米包沟的畦上栽 2 行，株行距（30～33）厘米×70 厘米，每亩定植 3000 株左右。定植前一天要对苗床浇一次水，定植深度应与秧苗的子叶下平齐为宜，若在地膜上面定植，破孔应尽可能小，定苗后要将孔封严，浇适量定根水，定根水中可掺少量稀薄粪水。

4. 田间管理

① 温湿度管理　秧苗定植后有 5～7 天的缓苗期，基本上不要通

风，控制棚内气温在 24～25℃，地温 20℃左右，如遇阴雨天气，应连续进行根际土壤加温。缓苗后，棚温超过 25℃时应及时通风，使棚内最高气温不要超过 28～30℃，地温以 15～20℃为宜。生长前期，当遇低温寒潮天气时，可适当间隔地进行根际土壤加温，或采取覆盖草帘等多层覆盖措施保温。进入采收期后，气温逐渐升高，要加大通风量和加强光照。当夜间最低气温高于 15℃时，应采取夜间大通风。进入 6 月份，为避免 35℃以上高气温为害，可撤除棚膜转入露地栽培。

② 水肥管理　定植缓苗后，应结合浇水施一次稀薄的粪肥，进入结果期后，在门茄开始膨大时可追施较浓的粪肥；结果盛期，应每隔 10 天左右追肥一次，每亩每次施用稀薄粪肥 1500～2000 千克，追肥应在前批果已经采收，下批果正在迅速膨大时进行。

在水分管理上，要保持 80％的土壤相对湿度，尤其在结果盛期，在每层果实发育的始期、盛长期以及采收前几天，都要及时浇水，每一层果实发育的前、中、后期，应掌握"少、多、少"的浇水原则。每层果的第一次浇水最好与追肥结合进行。每次的浇水量要根据当时的植株长势及天气状况灵活掌握，浇水量随着植株的生长发育进程逐渐增加。

③ 整枝摘叶　采取"自然开心整枝法"，即每层分枝保留对叉的斜向生长或水平生长的两个对称枝条，对其余枝条尤其是垂直向上的枝条一律抹除。摘枝时期是在门茄坐稳后将以下所发生的腋芽全部摘除，在对茄和四母茄开花后又分别将其下部的腋芽摘除，四母茄以上除了及时摘除腋芽，还要及时打顶摘心，保证每个单株收获 5～7 个果实。

整枝时，可摘除一部分下部叶片，适度摘叶可减少落花，减少果实腐烂，促进果实着色。为改善通风透光条件，可摘除一部分衰老的枯黄叶或光合作用很弱的叶片。摘叶的方法是：当对茄直径长到 3～4 厘米时，摘除门茄下部的老叶，当四母茄直径长到 3～4 厘米时，又摘除对茄下部的老叶，以后一般不再摘叶。

④ 中耕培土　采用地膜覆盖的，到了 5 月下旬至 6 月上旬，应揭除地膜进行一次中耕培土，中耕时，为不损坏电加温线，株间只能轻轻松动土表面，行间的中耕则要掌握前期深、中后期浅的原则，前期可深中耕达 7 厘米，中后期宜浅中耕 3 厘米左右，中后期的中耕要

与培土结合进行。

采收分级同茄子春露地栽培。

五、有机茄子大棚秋延后栽培

茄子大棚秋延后栽培，在9月份以后上市的茄子效益非常可观，但技术难度很大，主要是前期高温季节病虫害为害重，难以培育壮苗。应在整个栽培过程中，加强病虫害的预防，做好各项栽培管理，方能取得理想的效果。

1. 播种育苗

① 品种 选择生育期长、生长势强健、耐热、后期耐寒、抗性强、品质好、耐贮运的中晚熟品种。

② 播期 一般6月10~15日播种，过早播种，开花盛期正值高温季节，将影响茄子产量；过迟播种，后期遇到寒潮，茄子减产。

③ 育苗 可露地播种育苗，最好在大棚内进行。选地势较高、排水良好的地块作苗床，要筑成深沟高畦。催芽播种。撒播种子时要稀一些。播种时浇足底水，覆土后盖上一层湿稻草，搭建小拱棚，小拱棚上覆盖旧的薄膜和遮阳网，四周通风，在秧苗顶土时及时去掉稻草，当秧苗2~3片真叶时，一次性假植进营养钵，假植后要盖好遮阳网。也可直接播种于营养钵或穴盘内进行育苗，但气温高时要注意经常浇水，做到晴天早晚各一次，浇水时可补施稀淡人粪尿。

定期用10%混合氨基酸铜络合物水剂300倍液喷雾或浇根，发现蚜虫及时消灭。此外，还要注意防治红蜘蛛、茶黄螨、蓟马等虫害。

2. 整地施肥

前茬作物采收后清除残枝杂草，每亩施腐熟厩肥6000~7000千克，磷矿粉50千克，钾矿粉20千克，于定植前10天左右施入。整地作畦。

3. 及时定植

定植前一天晚上进行棚内消毒，按每立方米空间用硫黄5克，加锯末20克混合后暗火点燃，密闭熏烟一夜。定植宜选在阴天或晴天傍晚进行。一般苗龄40天，有5~6片真叶时及时定植，每畦种2行，株距40厘米，定植后施点根肥。覆盖遮阳网，成活后揭去遮阳网，在畦面上覆盖稻草以降温保湿。

4. 田间管理

① 肥水管理　定植后浇足定植水，缓苗后浇一次水，并每亩追施腐熟沤制的饼肥 100 千克。多次中耕培土，蹲苗。早秋高温干旱时，要及时浇水，并结合浇水经常施薄肥，保持土壤湿润，每次浇水后，应在半干半湿时进行中耕，门茄坐住后结束蹲苗。

进入 9 月中旬后，植株开花结果旺盛，要及时补充肥料，一般在坐果后，开始 2～3 次以稀薄人畜粪尿水或沼肥为主，每亩每次施 1000～1500 千克。后 2～3 次以饼肥为主，每亩每次用 10～15千克。以后以追施腐熟粪肥为主，10～12 天一次。每次浇水施肥后都要放风排湿。进入 11 月中旬后，如果植株生长比较旺盛，可不再施肥。

② 植株调整　进入 9 月中旬，植株封行后，适当整枝修叶，低温时期适当加强修叶，一般将门茄以下的侧枝全部摘除，将门茄下面的侧枝摘除后一般不整枝。

③ 吊蔓整枝　门茄采收后，转入盛果期，此时植株生长旺盛，结果数增加，要及时吊蔓（插竿），防止植株倒伏。采用吊架引蔓整枝。吊蔓所用绳索应为抗拉伸强度高、耐老化的布绳或专用塑料吊绳，而不用普通的塑料捆扎绳。将绳的一端系到茄子栽培行上方的 8号铁丝上，下端用宽松活口系到侧枝的基部，每条侧枝一根绳，用绳将侧枝轻轻缠绕住，让侧枝按要求的方向生长。绑蔓时动作要轻，吊绳的长短要适宜，以枝干能够轻轻摇摆为宜。

④ 温度管理　前期气温高，多雷阵雨，时常干旱，可在大棚上盖银灰色遮阳网（一般可在缓苗后揭除）。9 月下旬以后温度逐渐下降，如雨水多可用薄膜覆盖大棚顶部，10 月中旬以后，当温度降到 15℃ 以下时，应围上大棚围裙，并保持白天温度在 25℃ 左右，晚上15℃ 左右，11 月中旬后，如果夜间最低温度在 10℃ 以下时应在大棚内搭建中棚，覆盖保温。大棚密封覆盖后，当白天中午的温度在30℃ 以上时，应通风。

5. 适时采收

一般从 9 月下旬前后开始及时采收，以免影响上层果实的生长发育。当棚内最低温度 10℃ 以下时，茄子果实生长缓慢，老熟慢，应尽量延后采收。可一直采收到 11 月，甚至元月。分级标准同茄子春露地栽培。

六、有机茄子病虫害综合防治

1. 农业防治

菜田冬耕冬灌，将越冬害虫源压在土下，菜田周围的杂草铲除烧掉。与非茄科作物轮作 3 年以上，或水旱轮作 1 年，能预防多种病害，特别是黄萎病。苗期，播种前清除病残体，深翻减少菌、虫源；要控制好苗床温度，适当控制浇水，保护地要撒干土或草木灰降湿；摘除病叶，拔除病株，带出田外处理；及时分苗，加强通风；嫁接防治黄萎病接穗用本地良种，砧木用野茄 2 号或日本赤茄，当砧木 4～5 片真叶，接穗 3～4 片真叶时，采用靠接法嫁接。露地栽培要盖地膜，小拱棚栽培要及时盖草帘，防止冻害。定植后在茎基部撒施草木灰或石灰粉，可减少茎部茄子褐纹病、绵疫病等的发生。结果期，及时摘除病叶、病果和失去功能的叶片，清除田间及周围的杂草；在斑潜蝇的蛹盛期中耕松土或浇水灭蛹；适时追肥，大棚注意通风降湿，适当控制浇水，防止大水漫灌。施足腐熟有机肥。

2. 生物防治

利用天敌消灭有害生物，如在温室内释放丽蚜小蜂对防治温室白粉虱有一定的效果。每亩用苏云金杆菌 600～700 克，或 0.65％茴蒿素 400 倍液，或 2.5％苦参碱 3000 倍液喷雾防治温室白粉虱，也可用 20％～30％的烟叶水喷雾或用南瓜叶加少量水捣烂后 2 份原汁液加 3 份水进行喷雾。此外，还可选用以下生物药剂防治茄子病虫害。

印楝素：用 0.3％乳油 1000～1300 倍液防治白粉虱、棉铃虫、夜蛾类害虫、蚜虫等。

鱼藤酮：用 7.5％乳油 1500 倍液防治蚜虫、夜蛾类害虫、二十八星瓢虫等。

氨基寡糖素：种子在播种前用 0.5％水剂 400～500 倍液浸种 6 小时，可预防青枯病、枯萎病、病毒病等。田间发现枯萎病、青枯病、根腐病等时，可用 0.5％水剂 400～600 倍液灌根。

健根宝：育苗时，每平方米用 10^8 cfu/克健根宝可湿性粉剂 10 克与 15～20 千克细土混匀，1/3 撒于种子底部，2/3 覆于种子上面，可预防茄子猝倒病和立枯病。分苗时，每 100 克 10^8 cfu/克健根宝可湿性粉剂对营养土 100～150 千克，混拌均匀后分苗。定植时，每 100 克 10^8 cfu/克健根宝可湿性粉剂对细土 150～200 千克，混匀后每穴撒

100 克。进入坐果期，每 100 克 10^8 cfu/克健根宝可湿性粉剂对 45 千克水灌根，每株灌 250～300 毫升。可防治茄子枯萎病。

井冈霉素：用 5% 水剂 1500 倍液喷淋植株根茎部，防治茄子立枯病。

硫酸链霉素：用 72% 可溶性粉剂 4000 倍液喷雾，防治茄子软腐病和细菌性褐斑病。用 72% 可溶性粉剂 4000 倍液灌根，每株灌 300～500 毫升药液，每隔 10 天灌一次，连灌 2～3 次，可防治茄子青枯病。

新植霉素：用 200 毫克/千克浓度的药液，浸种 3 小时后，捞出洗净催芽，可防治茄子的种传细菌性病害。

蜡质芽孢杆菌：防治茄子青枯病时，从发病初期开始灌根，10～15 天后需要再灌一次。一般使用 8 亿活芽孢/克可湿性粉剂 80～120 倍液，或 20 亿活芽孢/克可湿性粉剂 200～300 倍液，每株需要灌药液 150～250 毫升。

3. 物理防治

利用蚜虫和白粉虱的趋黄性，在田间设置黄色机油或在温室的通风口挂黄色黏着条诱杀蚜虫和温室白粉虱。银灰色反光膜对蚜虫具有忌避作用，可在田间用银灰色塑料薄膜进行地膜覆盖栽培，在保护地周围悬挂上宽 10～15 厘米的银色塑料挂条。为了减轻马铃薯瓢虫对茄子的为害，可在茄田附近种植少量马铃薯，使瓢虫转移到马铃薯上来，再集中消灭。在温室、大棚的通风口覆盖防虫网，可减轻害虫及昆虫传播的病害。

4. 诱杀成虫

斜纹夜蛾、小老虎等，可用黑光灯诱杀和糖、酒、醋液诱杀，后者是用糖 6 份、酒 1 份、醋 3 份、水 10 份，并加入 90% 敌百虫 1 份均匀混合制成糖酒醋诱杀液，用盆盛装，待傍晚时投放在田间，距地面高 1 米，第二天早晨，收回或加盖，防止诱杀液蒸发。棉铃虫，可在成虫盛发期，选取带叶杨树枝，剪下长 33.3 厘米左右，每 10 枝扎成一束，绑挂在竹竿上，插在田间，每亩插 20 束，使叶束靠近植株，可以诱来大量蛾子隐藏在叶束中，于清晨检查，用虫网振落后，捕捉杀死或用黑光灯诱蛾。

5. 其他可选用的无机铜制剂等

硫酸铜浸种：用 0.1% 溶液浸种 5 分钟，可防治种传的茄子枯萎病。

石硫合剂：用 0.2～0.5 波美度液喷雾，可防治茄子白粉病、螨类。

波尔多液：用 1∶1∶200 液，可防治茄子褐纹病、绵疫病、赤星病。

氢氧化铜：用 77％可湿性粉剂 400～500 倍液，可防治茄子疫病、果腐病、软腐病、细菌性褐斑病。用 400～500 倍液，在初发病时，每株灌 0.3～0.5 升药液，可防治茄子青枯病。

高锰酸钾：防治病毒病，发病初期，用高锰酸钾 800 倍液喷雾。

第三章

有机番茄栽培技术

一、有机番茄栽培茬口安排

　　长江流域有机番茄生产的大棚茬口主要有冬春季大棚栽培、秋延后大棚栽培及温室长季节栽培（彩图12），露地茬口有春露地栽培（彩图13）、秋露地栽培、高山栽培等，具体参见表5。

表 5　有机番茄栽培茬口安排（长江流域）

种类	栽培方式	建议品种	播期	定植期	株行距/厘米×厘米	采收期	亩产量/千克	亩用种量/克
番茄	春露地	世纪红冠、宝大903、合作903	12/上中	3/下～4/上	(40～45)×(55～60)	5/下～7/上	3000	40
	夏秋露地	西优5号、火龙、美国红王	3/中～4/下	5/中～6/上中	(25～33)×(60～66)	7～9	2000	40
	秋露地	西优5号、火龙、美国红王	7/中下	8月上中旬	(40～45)×(55～60)	10/下～11/下	2000	40
	冬春季大棚	合作903、改良903、红峰、红宝石	11/上中～12/上中旬	2/上～3/上	25×50	4/中～7/上	4000	40
	秋延后大棚	西优5号、美国红王、世纪红冠	7/中下	8/中下	30×33	10/下～2/中	3000	40

二、有机番茄春露地栽培

1. 品种选择

　　选用抗病、优质、丰产、耐贮运、商品性好、适应市场需求的品种。

2. 培育适龄壮苗

① 播期确定　番茄育苗天数不宜过长，南方 70～80 天可育成带大花蕾适于定植的秧苗。各地应从适宜定植期起，按育苗天数往前推算适宜的播种期。采用电热育苗可在 12 月上、中旬播种，于 3 月下旬至 4 月上旬地膜或露地定植。

② 浸种催芽　种子消毒：一般不用温汤浸种和热水烫种法，以药剂消毒为主。先用清水浸种 3～4 小时，漂出瘪种子，再进行消毒处理。药剂消毒可采取粉剂干拌法或药液浸泡消毒法。用高锰酸钾 300 倍液浸泡 2 小时，或木醋液 200 倍液浸泡 3 小时，或石灰水 100 倍液浸泡 1 小时，或硫酸铜 100 倍液浸泡 1 小时。

浸种催芽：种子经药液浸种消毒后用 20～30℃清水浸种 5～6 小时（粉剂干拌消毒后不能再浸种）。出水后晾干表面浮水，在 25～28℃温度下催芽，隔 4～5 小时翻动一次，每天中午用温水淘洗一次，为增强抗寒性，可在极个别种子破嘴时即停止催芽，转入 0℃左右低温下锻炼 5～6 小时，再逐渐升温至催芽的适宜温度，70% 种子出芽可播。

③ 苗床播种　床土消毒：营养土的配制，由腐熟堆肥 7 份与肥沃园土 3 份，经混合后过筛。也可采用穴盘育苗，育苗基质宜于播种前 3～5 天，用木醋液 50 倍液进行苗床喷洒，盖地膜或塑料薄膜密闭；或用硫黄（0.5 千克/米³）与基质混匀，盖塑料薄膜密封。不应使用禁用物质处理育苗基质。穴盘育苗宜选用 50 孔盘。

播种：将刚露白的种子拌细沙或细土，均匀撒播在床面上，播种后覆盖厚约 1 厘米细土。用营养钵育苗的，装入营养土的钵依次排紧放入床内，趁湿播入发芽种子 2～3 粒，用消毒细土盖没，接着撒土填满钵间空隙，喷一层薄水。用药土播种的底水要大些。每平方米播种 8～10 克为宜，每亩大田用种量 50 克左右。播后盖地膜保温保湿。

④ 苗期管理　出苗前：播种后要盖严棚膜，不要通风，保持白天 25～26℃，夜间 20℃左右。幼芽拱土时撤掉塌地膜受光，拱土前一般不浇水，撤地膜后盖土易干燥，可少量喷水，把盖土湿透。

出苗至破心期：经常擦拭透明覆盖物尽量多见光，间拔过密苗。出现戴帽，可在傍晚盖棚前用喷雾器把种壳喷湿，可自动脱帽，或喷湿后人为帮助摘帽，不能干摘帽，若因覆土过薄出现顶壳，应立即再覆土一次。控制白天气温 16～18℃，夜间 10～15℃。地床播种，一般不浇水。育苗盘播种，床土易干燥，应当在子叶尖端稍上卷时喷透水。注意防止低温多湿，必要时应加温。

破心至分苗期：改善苗床光照，提高床温，水分以半干半湿为宜，育苗盘播种浇水次数要多些。白天气温超过 30℃ 时应在中午前后短期放风，降温排湿。如床土养分不够，可结合浇水喷施有机营养液肥。

分苗：2～3 片真叶前，选冷尾暖头晴天分苗，以容器分苗最好。密度 10 厘米 × 10 厘米。深度以子叶露出土面为度。及时浇定根水。

分苗床管理：分苗后 3～5 天要闷棚不通风促缓苗，晴天还应盖遮阳网，保持高温高湿促缓苗，白天地温 20～22℃，夜间 18～20℃，白天气温 24～30℃，夜间 16～20℃，遇寒潮侵袭时应加强保温和加温，可在大棚内套小拱棚，小拱上加盖草帘等防寒，可用地热线加温，注意不可用煤火或木炭加温。

缓苗后苗床气温、地温应比缓苗期降低 3～4℃，但夜间气温不能低于 10℃。4～5 片真叶时易徒长，容器育苗时应及时拉开苗钵的距离进行排稀，使秧苗充分受光。保持床土表干下湿。秧苗迅速生长期至秧苗锻炼前应注意追肥，及时揭盖保温覆盖物，逐渐加大白天通风量，降温排湿，即使是阴天也要在中午透气 1～2 小时。

定植前 5～7 天炼苗，逐渐加大白天通风量，至昼夜通风，在不发生冻害的前提下，可以昼夜去掉覆盖物，控制浇水使床土露白。

有条件的可采用营养坨育苗（彩图 14）或穴盘育苗（彩图 15），无需分苗，一次成苗。

⑤ 壮苗标准　苗龄 70～80 天，株高 8～12 厘米，茎粗 0.5～0.8 厘米，节间短，呈紫绿色，叶片 7～8 片，叶色深绿带紫，叶片肥厚；第一花穗现花蕾，根系发达，植株无病虫害，无机械损伤。

3. 整地作畦

选用含有机质多、土层深厚、保水保肥力强、排水良好、2～3 年内未种过茄科作物的壤土作栽培土。当前茬作物收获后，及时清除残茬和杂草，深翻 25～30 厘米，多采用起垄、宽窄行、覆地膜栽培。一般定植前 10～15 天开始整地作畦，每亩施腐熟优质有机肥 2500 千克左右，或腐熟大豆饼肥 130 千克，或腐熟花生饼肥 150 千克，另加磷矿粉 40 千克及钾矿粉 20 千克。基肥施用最好采用沟施，也可采用撒施，整平，畦宽 1.3～1.5 米（包沟），定植前 1 周左右铺盖地膜升温。

4. 及时定植

① 定植时间　春番茄露地栽培一般都在当地晚霜期后，耕层 5～10 厘米深的地温稳定通过 12℃ 时立即定植。长江流域一般在 3 月下旬定植。在适宜定植期内应抢早定植。

② 定植密度　早熟品种一般每亩栽 4000 株，提早打顶摘心的，栽 5000～6000 株，中晚熟品种栽 3500 株左右，中晚熟品种双干整枝，高架栽培栽 2000 株左右，早熟品种一般采用畦作，畦宽 1～1.5 米，定植 2～4 行，株距 25～33 厘米，晚熟品种采用畦作，畦宽一般为 1～1.1 米，每畦栽 2 行，株距 35～40 厘米，采用垄栽一般垄距为 55～60 厘米，株距 40～45 厘米，亩栽 3500 株左右。

③ 定植方法　定植最好选择无风的晴天进行。定植的头一天下午，在苗床内灌水，以便第二天割坨。纸袋育苗的可带袋定植，塑料钵育苗的随定植随将塑料钵取下，定植后可先栽苗后灌水，或先灌水后栽苗。栽苗时不要栽的过深或过浅。如果番茄苗在苗床因管理不善而徒长，定植时可进行卧栽（露在上面的茎尖稍向南倾斜）。定植后将地膜的定植孔封严，随即浇定根水。

5. 田间管理

① 中耕除草　番茄栽培除地膜覆盖外，要及时进行中耕除草。浇缓苗水后，或在雨后或灌水后，待土壤水分稍干后均要及时进行中耕除草，整个生育期 3～5 次。第一次中耕要深，并结合培土，将定植孔封严，后期逐渐变浅。地膜覆盖栽培一般不进行中耕，除草时一般就地取土把草压在地膜下，大草要人工拔除。结果期后，结合除草再浅中耕 1～2 次。

② 浇水　定植时浇一次缓苗水，5～7 天后再浇一次缓苗水，浇水量不可过多。缓苗后到第一花穗坐果期间，如不遇特别干旱，一般不浇水，要进行蹲苗，一般早熟品种植株长势弱，花器分化早、开花早、结果早，其蹲苗时间不宜过长，中晚熟品种植株长势旺，长势强要严格控秧，蹲苗时间可适当延长。待第一穗果长到核桃大时，应结束蹲苗。有限生长的早熟品种，结果早，宜及时灌水。进入结果期后，视天气和土质情况，4～6 天浇一次水，灌水量要逐渐增大，整个结果期保持土壤湿润。采用滴灌的田块，每天滴灌一次，每次 2～3 小时。阴天少浇或不浇水。生长中后期高温干旱，有时雨水多，要同时做好灌溉和排水工作，做到雨住沟干，畦内不积水。

③ 追肥　在基肥不足的情况下，早施提苗肥，在浇缓苗水时施入，一般每亩追施腐熟稀薄粪尿 500 千克，或缓苗后结合中耕每亩穴施（穴深 10 厘米，距离植株 15～20 厘米）500 千克腐熟有机肥。第一果穗坐果以后，结合浇水要追施一次催果肥。一般每亩可施用 1000 千克腐熟粪肥和 50 千克草木灰。以后在第二穗果和第三穗果开始迅速膨大时各追肥一次。高架栽培第四穗果开始迅速膨大时也要追肥。拉秧前 15～20 天停止追肥。追肥可以土埋深施，也可随水浇灌。前者要注意深施、封严，后者要注意施肥量，以防烧苗。

④ 插架与绑蔓　番茄多蔓生，一般都要搭架绑蔓。番茄定植后到开花前要进行插架绑蔓，防止倒伏。春旱多风地区，定植后要立即插架绑蔓。插架可用竹竿、细木杆及专用塑料杆。高架多采用人字架和篱笆架，矮架多采用单干支柱、三角架、四角架或六角架等。绑蔓要求随着植株的向上生长及时进行。绑蔓要松紧适度。绑蔓要把果穗调整在架内，茎叶调整到架外，以避免果实损伤和果实日烧，提高群体通风透光性能，并有利于茎叶生长。

⑤ 植株调整　早熟栽培时，自封顶类型番茄和无限生长类型番茄一般采用单干整枝法，自封顶品种进行高产栽培和无限生长番茄幼苗短缺稀植时可用双干整枝、改良式单干整枝或换头整枝法。

结合整枝要进行疏花疏果，摘除老叶、病叶，原则上，除应保留的侧枝以外，其余侧枝应全部摘除，注意第一次打杈不宜过早，特别是生长势弱的幼苗。当侧枝生长到 5～7 厘米长时开始打杈，若侧枝已木质化，应适当留叶摘心。以后打杈，原则上见杈就打，但生长势弱或叶片数量少的品种，应待侧枝长到 3～6 厘米长时，分期、分批摘除，必要时在侧枝上留 1～2 片叶摘心。自封顶品种封顶后，顶部所发侧枝可摘花留叶，防止日灼。

自封顶类型的番茄长到 2～3 个果穗后即自行封顶，不必摘心，但无限生长类型品种在留足果穗数后上留 2 片叶左右摘心。春露地番茄一般留果 4～6 穗，摘心时间在拉秧前 50 天左右。

一般自封顶类型的品种和部分无限生长类型品种，应视生长势，适当疏去一部分花果，弱者多疏少留，强者少疏多留，以疏去花和小果为主。一般第一穗留果 2 个左右，第二穗以后，每穗留 3 个果左右。

第一穗果开始成熟采收时，可及时将下部的叶片打掉，当行间郁闭时，可适当疏除过密的叶片和果实周围的小叶。

6. 及时采收，分级上市

春露地番茄大约在定植后 60 天便可陆续采收（彩图 16）。鲜果上市最好在转色期或半熟期采收。贮藏或长途运输最好在白熟期采收。加工番茄最好在坚熟期采收。有机番茄商品采收要求及分级标准见表 6。

表 6　有机番茄商品采收要求及分级标准

作物种类	商品性状基本要求	大小规格	特级标准	一级标准	二级标准
番茄	相同品种或外观相似品种；完好，无腐烂、变质；外观新鲜、清洁、无异物；无畸形果、裂果、空洞果；无虫及病虫导致的损伤；无冻害；无异味	直径大小（厘米） 大：>7 中：5～7 小：<5	外观一致，果形圆润无筋棱（具棱品种除外）；成熟适度、一致；色泽均匀，表皮光洁，果腔充实，果实坚实，富有弹性；无损伤，无裂口，无疤痕	外观基本一致，果形基本圆润，稍有变形；已成熟或稍欠熟，成熟度基本一致，色泽较均匀；表皮有轻微的缺陷，果腔充实，果实坚实，富有弹性；无损伤，无裂口，无疤痕	外观基本一致，果形基本圆润，稍有变形；稍欠成熟或稍过熟，色泽较均匀；果腔基本充实，果实较坚实，弹性稍差。有轻微损伤，无裂口，果皮有轻微的疤痕，但果实商品性未受影响
小番茄	具本品种基本特征，无畸形，无腐烂，无机械损伤，具有商品价值	单果重（克） 大：15～20 中：12～15 小：7～12	果形标准；无病斑；着色均匀，颜色一致，果粒饱满；到市场成熟度 85%～90%，硬度强；果蒂完整	果形标准；无病斑；着色均匀，果粒饱满；到市场成熟度 80%～90%，硬度强；带果蒂	果形较标准；可有 1～2 处疵点，着色允许不均匀；到市场成熟度 80%～100%，硬度中；允许果肩直径 0.5 厘米的青熟色。允许无果蒂
樱桃番茄	相同品种或外观相似品种；完好，无腐烂、变质；外观新鲜、清洁、无异物；无畸形果、裂果、空洞果；无虫及病虫导致的损伤；无冻害；无异味	直径大小（厘米）：2～3	外观一致；成熟适度、一致；表皮光洁，果萼鲜绿，无损伤，果实坚实，富有弹性	外观基本一致；成熟适度较一致；表皮光洁，果萼较鲜绿，无损伤，果实较坚实，富有弹性	外观基本一致，稍有变形；稍欠成熟或稍过熟；表皮光洁，果萼轻微萎蔫，无损伤，果实弹性稍差

注：摘自 NY/T 940—2006《番茄等级规格》。

三、有机番茄夏秋栽培

1. 品种选择

选用抗病毒病、耐热的中晚熟品种。

2. 播种育苗

高温到来之前植株生长已旺盛，能荫蔽地面，并使产量集中在7～9月。一般3月中旬至4月下旬播种，5月中旬至6月上中旬定植，苗龄30～45天。早播与春番茄后期果实同期上市，价格低，前期效益差，晚播，定植后气温高，光照强，雨水多，易发病毒病。多采用露地营养坨、营养钵育苗或扦插育苗。可按（8～10）厘米×（8～10）厘米的苗距直播，或播种于直径10厘米左右的营养钵，或用50孔的穴盘育苗。育苗时，最好采用寒冷纱、防虫网或无纺布等覆盖，搭成小拱棚。出苗后，留1棵壮苗。播种后晴天要注意遮阴，同时防止雨水淋入苗畦。最好做成遮阴防雨棚育苗，遮阴只是在中午前后高温强光期进行，早晚撤去。夏秋育苗，不宜分苗，也不宜过度控制水分。

3. 小苗定植

一般4～5片真叶时定植。夏番茄定植期正值初夏高温时期，根系伤口容易老化，不易发生新根，且易感病，小苗根量少，移栽时伤根少，缓苗快，可减少病毒病等感染的机会。多采用宽行密植高畦栽培，一般行距60～66厘米，株距25～33厘米。采用双杆整枝时株距适当大一些。选上午10时以前或下午4时以后定植，随定植随浇定植水。

4. 田间管理

① 肥水管理　主要围绕降温、降湿、增强植株长势等进行管理。浇水特点是小水勤浇或浇过膛水，随浇随排，前期浇水应适当控制，浇水应避开中午高温，在早晚天气凉爽时浇水，雨季注意排水，暴雨过后浇凉井水，随浇随排。

果实膨大期后追肥应掌握少量多次的原则。在基肥充足的情况下，一般追施2～3次腐熟粪肥。进入雨季，适当加大施肥量，同时喷施叶面肥。立秋后，可追施1～3次稀粪水。也可用10%草木灰浸出液喷洒叶面1～2次。

② 地面覆盖　进入雨季后，可用地面覆盖，以降低土温，防止土壤板结，促进根系生长，增强吸收能力，还可降低田间湿度和避免

雨水将泥浆溅射到下部叶片和果实上引发病害。一般用麦秸、玉米秆等覆盖地面，或浇施河泥浆，能降低土温 2～3℃，并能减少土壤水分蒸发。也可隔行种植玉米遮阴降温，玉米的密度要小，下部的叶子及时打掉，8 月下旬以后，气温下降，光照减弱，应及时铲除玉米。

③ 整枝打杈　夏季温度高、光照强，易发生果实灼伤和植株生长势衰弱等。可采用双干整枝或改良式单干整枝的方式整枝。改良式单干整枝，即除保留一条主干一直结果外，再留一侧枝结 1～2 穗时后摘除。双干整枝的番茄根系比单干整枝强很多，植株生长健壮，抗逆性较强。果穗周围的侧枝适当留叶摘心，保护果实免受灼伤。一般单株结果 5～6 穗，拉秧前 50 天在最上层花序上留 2～3 片叶打顶。

采收分级等参见番茄春露地栽培。

四、有机番茄冬春季大棚栽培

有机番茄冬春季大棚栽培，是利用先年 11 月播种育苗，翌年采用大棚套地膜的一种栽培方式，可达到提早播种，提早上市的目的，效益较好。

1. 品种选择

应选用耐低温、耐弱光，对高湿度适应性强，分枝性弱，抗病性强（对叶霉病、灰霉病及早疫病、晚疫病有较强抗性），早熟丰产，品质佳，符合市场需求的品种。

2. 培育适龄壮苗

番茄育苗天数不宜过长，南方 70～80 天可育成带大花蕾适于定植的秧苗。各地应从适宜定植期起，按育苗天数往前推算适宜的播种期。越冬冷床育苗一般在 11 月上中旬播种，如采用电热育苗可在 12 月中、下旬播种，于 2 月上中旬定植大棚；元月上中旬可采用大棚温床育苗，秧苗供 3 月中下旬地膜或露地定植。苗期管理参见春露地栽培。

3. 整地施肥

于前作收获后，土壤翻耕前每亩撒施生石灰 150～200 千克，提高土壤 pH，使青枯病失去繁殖的酸性环境。土壤翻耕后，每亩施入腐熟人畜粪 3000 千克，或腐熟大豆饼肥 130 千克，或腐熟花生饼肥 150 千克，另加磷矿粉 40 千克及钾矿粉 20 千克，采用全耕作层施用的方法，即肥与畦土充分混合。土壤翻耕施肥后，立即整地作畦，畦宽 1 米, 畦沟宽 0.5 米, 沟深 0.3 米, 畦面平整, 略呈龟背形, 然后覆盖地膜, 整地施肥工作应于移栽前 10 天完成。

4. 及时定植

番茄大苗越冬后, 应提早在 2 月上、中旬抢晴天定植在大棚或小拱棚内, 每畦栽两行, 株行距 25 厘米×50 厘米, 每亩栽 4000~4500 株。定植后浇定根水, 并用土杂肥封严定植孔。

5. 田间管理

① 温湿度调节 缓苗期, 白天适宜温度最好达 25~28℃, 夜间 15~17℃, 地温 18~20℃。定植后 3~4 天内一般不通风。为保持较高的夜温, 可在棚内加设塑料小拱棚, 遇寒冷天气, 加盖草帘、塑膜等多层保温, 有地热线的, 可进行通电加温, 维持土温 15℃。

缓苗后, 开始通风降温, 随气温升高, 加大通风量。白天控制 20~25℃, 夜间 13~15℃。开花结果初期, 白天 23~25℃, 夜间 15~17℃。空气相对湿度 60%~65%, 低温阴雨天气, 可于上午通电加温 2~3 小时, 维持地温 8~10℃以上。

盛果期, 加大通风量, 保持白天 25~26℃, 夜间 15~17℃, 地温 20℃左右, 空气相对湿度 45%~55%。外界最低气温超过 15℃, 可把四周边膜或边窗全部掀开, 阴天也要进行放风。到 5 月下旬至 6 月上旬后, 随着外界气温升高, 可把棚膜全部撤除。

② 肥水管理 通过灌水与控水维持土壤湿度, 缓苗期 65%~75%, 营养生长到结果初期 80%, 盛果期可达 90%。定植时浇定根水, 土温低不宜过量。缓苗后, 视情况浇 1~2 次提苗水, 一般不追肥, 也可视生长情况轻施一次速效肥。始花到开始坐果, 地不干不浇水。待第一批果的直径长到 3 厘米时结合追肥浇一次水, 盛果期后再浇 2~3 次壮果水, 结合采收追肥 2~3 次, 每亩每次追施浓度为 30% 的人粪尿 200 千克, 还可结合喷药叶面喷施有机营养液肥。灌水宜于上午进行, 忌大水漫灌。灌水后应加强通风, 后期高温, 应保持土壤湿润。

③ 植株调整 缓苗后进入旺盛生长时要及时插架, 方式选用单立架或篱笆架。整枝宜采用单杆整枝法, 只留主杆, 所有侧枝全部摘除, 每株留 3~4 穗果, 也可每株除主杆外, 还保留第一花序下的第一侧枝, 此侧枝仅留 1 穗果后即摘心。摘芽宜在侧芽长 6~10 厘米时选晴天中午进行。摘叶是摘去第一穗果以下的衰老病叶。早熟品种单

杆整枝，留 2～3 穗果，晚熟品种留 5 穗果后摘心，注意留果穗上方两片叶。

采收分级参见番茄春露地栽培。

五、有机番茄秋延后大棚栽培

大棚番茄秋延后栽培，生育前期高温多雨，病毒病等病害较重，生育后期温度逐渐下降，又需要防寒保温，防止冻害。由于秋延后大棚番茄品质好，上市期正处于茄果类蔬菜的淡季，市场销售前景好，经济效益高。

1. 品种选择

选择抗病毒能力强、耐高温、耐贮、抗寒的早、中熟品种。

2. 培育壮苗

① 种子处理　种子浸种消毒催芽处理可参见番茄春露地栽培。

② 苗床准备　选择两年内没有种过茄果类蔬菜、地势高燥、排水良好的地块作苗床。畦宽 1.2 米，耙平整细，铺上已沤制好的营养土 5 厘米。播前浇足底水。

③ 适时播种　应根据当地早霜来临时间确定播期，不宜过早过迟，过早正值高温季节，易诱发病毒病，过迟则由于气温下降，果实不能正常成熟，一般在 7 月中旬播种为宜。每亩栽培田用种 40～50 克。

④ 苗床管理　播种后，在苗床上覆盖银灰色的遮阳网，出苗后要注意防治蚜虫。1～2 片真叶时，趁阴天或傍晚，选择在覆盖银灰色遮阳网的大棚内排苗。最好排在营养钵中。排苗床要铺放消毒后的营养土，苗距 10 厘米×10 厘米，及时浇水。有条件的可采用穴盘育苗，无须排苗。

3. 定植

① 整地施肥　选择阳光充足、通风排水良好、两年内没种过茄果类蔬菜的大棚。定植地附近不要栽培秋黄瓜和秋菜豆，以防互相感染病毒。对连作地，清茬后应及时深耕晒土，在 6～7 月用水浸泡 7～10 天，水干后按每亩施 100～200 千克生石灰与土壤拌匀后作畦，并用地膜全部覆盖，高温消毒。每亩施腐熟有机肥 3000～4000 千克，饼肥 100～150 千克，磷矿粉 40 千克，钾矿粉 20 千克，深施在定植行的土壤深处。高畦深沟，畦宽 1.1 米，棚外沟深 35 厘米以上。

② 及时定植　苗龄25天左右，3~4片真叶时，选择阴天或傍晚定植，长江中下游地区一般在8月中下旬。及时淋定根水，4~5天后浇缓苗水。

③ 定植密度　有限生长类型的早熟品种或单株仅留2层果穗的品种，每亩栽5000~5500株，单株留3层果穗的无限生长类型的中熟品种，每亩栽4500株。每畦种两行，株距25~30厘米。苗要栽深一些。

4. 田间管理

① 遮阴防雨　定植后，在大棚上盖上银灰色的遮阳网，早揭晚盖，盖了棚膜的应将大棚四周塑料薄膜全部掀开，棚内温度白天不高于30℃，夜间不高于20℃。有条件的最好畦面盖草降低地温。

② 肥水管理　在施足基肥的前提下，定植后至坐果前应控制浇水，土壤不过干不浇水，看苗追肥，除植株明显表现缺肥外，一般情况下只施一次清淡的粪水作催苗肥，严禁重施氮肥。果实长至直径3厘米大小时，若肥水不足，应重施一次30%的腐熟人粪水。采收后看苗及时追肥。追肥最好在晴天下午进行，可叶面喷施有机营养液肥。灌水时不要漫过畦面，最好不要大水漫灌，灌水宜在下午进行，若能采用滴灌和棚顶微喷则更好，秋涝时应及时排水。

③ 植株调整　定植成活后，边生长边搭架，防倒伏。发现病株要及时拔除，发病处要用生石灰消毒。及时摘除植株下部的老叶、病叶。采用单干整枝，如密度不足5000株，可保留第一花序下的第一侧枝，坐住一穗果以后，在其果穗上留1~2叶摘除。侧芽3.3~6.7厘米长时及时抹除。主枝坐住2~3穗果后，在最上一穗果上留2~3叶后摘心。

④ 保温防冻　当外界气温下降到15℃以下时，夜间及时盖棚保温，白天适当通风，11月上中旬要套小棚，12月以后遇寒潮还要加二道膜或草帘，保持棚内白天温度20℃，夜间10℃以上。棚内气温低于5℃时，及时采收、贮藏。

采收及分级参见番茄春露地栽培。

六、有机番茄病虫害综合防治

1. 农业防治

实行与非茄科作物3~4年轮作。选用无病壮苗，高畦栽培，合理密植，保护地注意通风。施足腐熟有机肥。盖地膜可减轻前期发病。定植至结果期，及时整枝打杈摘除病叶、病花、病果和下部老叶，带出田外销毁。适时通风降湿，控制浇水。

2. 生物防治

在棉铃虫孵化盛期喷施 200 单位的苏云金杆菌乳剂 100 倍液，可兼治粉虱、斑潜蝇等。有条件的，可在棚内释放丽蚜小蜂控制温室白粉虱、烟粉虱等害虫。用植物源农药，如蚜虫宜用苦参碱或鱼藤酮进行防治。

鱼藤酮：防治茄果类蔬菜蚜虫、菜青虫、害螨、瓜实蝇、甘蓝夜蛾、斜纹夜蛾、蓟马等害虫，对蚜虫有特效。应在发生为害初期，用 2.5% 乳油 400～500 倍液或 7.5% 鱼藤酮乳油 1500 倍液，均匀喷雾一次。再交替使用其他相同作用的杀虫剂，对该药持久高效有利。

苦参碱：防治茄果类蔬菜蚜虫、白粉虱、夜蛾类害虫，前期预防用 0.3% 水剂 600～800 倍液喷雾；害虫初发期用 0.3% 水剂 400～600 倍液喷雾；虫害发生盛期可适当增加药量，喷药时应叶背、叶面均匀喷雾，尤其是叶背。

氨基寡糖素：①浸种，主要可防治番茄青枯病、枯萎病、黑腐病等，可于播种前用 0.5% 水剂 400～500 倍液浸种 6 小时。②灌根，防治枯萎病、青枯病、根腐病等根部病害，用 0.5% 水剂 400～600 倍液灌根，每株 200～250 毫升。③喷雾，防治茎叶病害，用 0.5% 水剂 600～800 倍液，发病初期均匀喷于茎叶上。

银杏提取物：防治番茄灰霉病，用 20% 可湿性粉剂 600～1000 倍液喷雾。对番茄叶霉病、早疫病及其他病害有一定作用。

低聚糖素：防治番茄叶霉病、疮痂病、灰霉病、白粉病、疫霉病、褐斑病、炭疽病和软腐病等。于病害始发期用 0.4% 水剂 250～400 倍液喷湿叶片和枝干。

丁子香酚：防治番茄灰霉病、白粉病，用 0.3% 可溶性液剂 1000～1200 倍喷雾。

健根宝：防治番茄猝倒病、立枯病和枯萎病有效。①育苗时，每平方米用 10^8 cfu/克健根宝可湿性粉剂 10 克与 15～20 千克细土混匀，1/3 撒于种子底部，2/3 覆于种子上面。②分苗时，每 100 克 10^8 cfu/克健根宝可湿性粉剂对营养土 100～150 千克，混拌均匀后分苗。③定植时，每 100 克 10^8 cfu/克健根宝可湿性粉剂对细土 150～200 千克，混匀后每穴撒 100 克。④进入坐果期，每 100 克 10^8 cfu/克健根宝可湿性粉剂对 45 千克水灌根，每株灌 250～300 毫升，以后视病情连续灌 2～3 次。

木霉菌：防治番茄灰霉病，可用 1 亿活孢子/克水分散粒剂600～800 倍液喷雾。

植物激活蛋白茄科作物专用型：适应于番茄等大多数茄科作物。对青枯病、疫病、病毒病、白绢病、炭疽病等有很好的防效，增产 10％以上，明显改善品质。浸种：稀释 500 倍，浸种 5～6 小时。叶面喷施：稀释 1000 倍喷雾，移栽成活一周后开始喷药，每次间隔 20～25 天，连续 3～4 次，具体喷药次数根据病情而定。每亩用量 30～45 克。

武夷菌素：用 1％水剂 100～150 倍液喷雾，防治番茄叶霉病、灰霉病、早疫病和晚疫病。

长川霉素：防治番茄灰霉病，在发病初期，一般是在番茄开花坐果期，每亩用 1％乳油 500～700 毫升对水 60 升叶面喷雾。

井冈霉素：用 5％水剂 500～1000 灌根，可防治番茄白绢病。用 5％水剂 1500 倍液喷雾，防治茄科蔬菜幼苗立枯病、番茄果腐病。

嘧啶核苷类抗生素：用 2％水剂 200 倍液，防治番茄的白粉病和早疫病。

多抗霉素：用 2％可湿性粉剂 100 倍液喷雾防治番茄的叶霉病。

春雷霉素：用 2％水剂 550～1000 倍液喷雾防治番茄叶霉病、灰霉病。

宁南霉素：用 2％水剂稀释 200～300 倍液，或 8％水剂 1000～1200 倍液喷雾防治番茄白粉病。

枯草芽孢杆菌：防治番茄青枯病时，多采用药液灌根方法。从发病初期开始灌药，一般使用 10 亿活芽孢/克可湿性粉剂 600～800 倍液灌根，顺茎基部向下浇灌，每株需要浇灌药液 150～250 毫升。

3. 物理防治

设黄板或黄条诱杀蚜虫、粉虱、潜叶蝇。也可在大棚周围挂银灰膜。用频振式杀虫灯、黑光灯、高压汞灯等诱杀害虫。温汤浸种进行种子消毒。利用防虫网覆盖栽培蔬菜多在夏季进行，可阻止多种害虫的侵入和产卵。用生石灰进行土壤消毒。

4. 铜制剂消毒杀菌

波尔多液：用 1：1：200 液，可防治番茄早疫病、晚疫病、斑枯病、灰霉病、叶霉病、果腐病、溃疡病。

硫酸铜：用 0.1% 溶液浸种 5 分钟，可防治种传的番茄枯萎病、褐色根腐病、叶霉病。

氢氧化铜：用 77% 可湿性粉剂 400～500 倍液喷雾或灌根，可防治番茄的青枯病、疮痂病、细菌性的斑疹病和髓部坏死病。

第四章

有机黄瓜栽培技术

一、有机黄瓜栽培茬口安排

有机黄瓜栽培茬口安排见表 7。

表 7　有机黄瓜栽培茬口安排（长江流域）

种类	栽培方式	建议品种	播期	定植期	株行距/厘米×厘米	采收期	亩产量/千克	亩用种量/克
黄瓜	冬春季大棚	津优 1 号、30 号，津春 4 号、5 号	1/中下～2/中	2/中下～3/上	(20～25)×(55～60)	4/上～7/上	2500	100～150
	春露地	津研 4 号、津优 1 号、津春 4 号、9 号	2/中下～3 月	3/下～4 月	20×60	5～7 月	2000	100～150
	夏露地	津春 8 号、津优 108 号、津优 40、中农八号	5 月～8/上	直播	(20～25)×(55～60)	7～10 月	2500	150～200
	夏秋大棚	津春 8 号、津优 108 号、中农八号、津优 40	6～7/下	直播	(20～25)×(55～60)	8～10 月	2500	150～200
	秋延后大棚	津春 8 号、津优 108 号、津绿 3 号	7/中～8/上	8/上～8/下	25×60	9/中～11/下	2000	100～150

二、有机黄瓜冬春季大棚栽培

有机黄瓜冬春季大棚栽培（彩图 17），产量高，上市早，经济效益特别明显，采用电热加温线育苗，大棚多层覆盖栽培，可提早到 4 月上旬上市。

1. 品种选择

选择早熟性强，雌花节位低，适宜密植，抗寒性较强，耐弱光和高湿，较抗霜霉病、白粉病、枯萎病等病害的品种。不得使用转基因品种。

2. 培育壮苗

① 播期选择　播种期一般在 1 月中下旬，2 月中旬移栽大棚。在湖南，最佳播种期为 1 月 2～15 日，2 月 15 日移栽大棚。

② 种子催芽　种子消毒宜采用温汤浸种和干热处理，或采用高锰酸钾 300 倍液浸泡 2 小时，或木醋液 200 倍液浸泡 3 小时，或石灰水 100 倍液浸泡 1 小时，或硫酸铜 100 倍液浸泡 1 小时。消毒后再用清水浸种 4 小时。不应使用禁用物质处理黄瓜种子。在 28～32℃ 下催芽，一般 1～2 天种子露白后即可播种。

③ 工厂化育苗　有机黄瓜有条件的宜进行工厂化穴盘育苗。

育苗设施：采用精量播种流水线穴盘播种，可在控温调湿的催芽室内催芽，在可调控温度、湿度、光照的育苗温室或塑料大棚内育苗，苗床上部设行走式喷灌系统，保证穴盘每个孔浇入的水分（含养分）均匀。

育苗基质消毒：有机黄瓜栽培育苗应使用泥炭、蛭石、珍珠岩等基质混以腐熟的有机肥料。宜于播种前 3～5 天，用木醋液 50 倍液进行苗床喷洒，覆盖地膜或塑料薄膜密闭；或用硫黄（0.5 千克/米³）与基质混合，盖塑料薄膜密封。不应使用禁用物质处理育苗基质。

播种：工厂化穴盘育苗（彩图 18）宜选用 50 孔或 72 孔穴盘。将露白的种子直接播于装好消毒基质的 50 孔穴盘中，深度为 1 厘米左右。播后用基质进行覆盖，后均匀浇水，浇水量不宜过多，约为饱和持水量的 80%，然后移入催芽室。催芽室温度可采用变温催芽，白天 28℃，夜间 18℃。当 70% 种子拱土时降低温度，保持白天温度 20～25℃，夜间 15～18℃。这一期间温度过高易造成小苗徒长，过低子叶下垂、朽根或出现猝倒。阴天时特别注意温度管理不要出现昼低夜高逆温差。管理要点以温度管理为主，设法创造适宜的生长环境。

④ 保护地育苗　春季黄瓜育苗应注意多见阳光，保持良好的土

壤湿度，做好防寒保温工作。定植前 7～10 天开始炼苗，苗龄 30～35 天，4 叶 1 心前要带土定植。

育苗设施。有机黄瓜保护地育苗应采取营养钵、营养土块等保护根系的措施。在寒冷的季节播种时，最好在大棚或温室内采用酿热温床、电热温床，或进行临时加温等措施，促使其迅速出苗，苗齐苗壮。采取电热加温育苗，电热加温功率选取 60～80 瓦/米^2，其中播种床 80 瓦/米^2，分苗床 60 瓦/米^2。

床土准备及消毒。营养土应提前 2 个月以上堆制，可就地取材。一般要求播种床含有机质较多，可用园土 6 份，腐熟厩肥或堆肥、腐熟的猪粪 4 份相配合；分苗床则是园土 7 份，腐熟粪肥 3 份。有条件的，可每立方米营养土中另加入腐熟鸡粪 15～25 千克、草木灰 5～10 千克，充分拌匀。播种苗床铺 10 厘米厚，分苗床铺 10～12 厘米厚营养土。园土要求用有机农业体系内病菌少、含盐碱量低的水田土或塘土，土质黏重的可掺沙或细炉灰，土质过于疏松的可增加黏土。施用的有机肥必须充分腐熟。床土消毒宜于播种前 3～5 天，用木醋液 50 倍液进行苗床喷洒，盖地膜或塑料薄膜密闭；或用硫黄（0.5 千克/米^3）与基质混合，盖塑料薄膜密封。不应使用禁用物质处理育苗基质。营养土人工配制有困难时，可就地将表土过筛后，施入25～30 千克/米^3 优质有机肥，拌匀耙平后备用。

播种。经催芽的种子，芽长约 0.5 厘米，即露白就可播种。播种前一天浇透水。播种时种子平放，胚根朝下。早春播种，覆土的厚度很关键，若覆土过厚，则不易出苗，若覆土过浅，则出苗容易带帽，一般覆土约为种子厚度的 2 倍。另外，播种后营养土的含水量掌握在 80％左右较为适宜。播种完毕，应选用干净、透光性好的薄膜覆盖，以提高温度。播种应尽量选在晴天上午进行。育苗床上架小拱棚，再盖上薄膜和无纺布（或草片）保温，控温 26～28℃，在出苗前不要揭盖。

苗期管理。温度管理：幼苗刚出土时，下胚轴对温度和湿度非常敏感，在高温和高湿条件下，下胚轴会迅速伸长，形成徒长苗。因此苗出土后的管理目标是促进幼苗下胚轴加粗生长及根系的迅速发展，当幼苗出齐后（子叶顶出土面）及时通风降温、降湿，白天要维持在 25℃左右，夜间 15℃。第一片真叶展开后可适当降低夜温 1～2℃，形成较大的昼夜温差，促进幼苗粗壮和雌花分化，防止胚轴过度伸长。如遇阴雨天气，温度应适当降低。子叶展平后管理上以促进真叶生长、花芽分化和培育壮苗为目标。定植前 10 天左右进入炼苗期。

水分管理：育苗期间尽可能少浇水甚至不浇水。育苗前期也可用覆潮土的方法，来调节水分和降低地温的矛盾。育苗中后期随温度的升高，水分蒸发量加大，用覆潮土的方法已不能满足幼苗对水分的需求，此时可选择温度较高的晴天上午用喷壶洒水。苗期浇水的原则是"阴天不浇，晴天浇，下午不浇，上午浇"。电热温床育苗时，由于床温高，蒸发量大，应注意及时浇水。

光照管理：出苗期应尽可能使苗床多接收阳光，以提高苗床的地温，一般早揭晚盖。育苗期间光照充足有利于培育壮苗，所以在冬季和早春低温日照较差的季节育苗时，在管理上尽可能使幼苗多接收阳光。除早揭晚盖不透明覆盖物以延长光照时间外，管理上要经常清洁薄膜等透明覆盖物，以增加透光量。阴天也要揭开不透明覆盖物，雨、雪天也应短时间地揭开不透明覆盖物。如果遇到连阴、雨、雪天时，幼苗主要消耗自身体内的养分，易造成幼苗黄弱徒长，甚至黄萎死亡，所以，遇到这种天气时，应尽可能揭开不透明覆盖物，使幼苗接收阳光，有条件的可采取补光措施。

3. 轮作计划❶

合理轮作，科学安排茬口，可有效防治黄瓜的连作障碍。瓜类蔬菜同属葫芦科，有许多共同的病虫害，如枯萎病、疫病、霜霉病、炭疽病、白粉病等，这些病害主要在土壤中过冬，或附着在病残体上过冬，因此各种瓜类不应彼此互相连作，应与非葫芦科蔬菜或豆科作物或绿肥在内的至少 3 种作物实行 3 年以上的轮作。

4. 整地作畦

应选择有机质含量高，土层深厚，保水保肥力强，地势较高，排水良好，近 3 年内未种过瓜类蔬菜作物的壤土。当前茬作物收获后，及时清除残茬和杂草，深翻坑土，定植前 20 天，选择晴天扣棚以提高棚内温度。定植前 10 天左右作畦，长江流域雨水较多，宜采用深沟高厢（畦）栽培，沟深 15～25 厘米，宽 20～30 厘米，厢（畦）面

❶ 其他瓜类蔬菜栽培的轮作计划参照黄瓜栽培，不另行叙述。

宽 1.1～1.3 米（包沟）。定植前 7～10 天，整地作畦，施足基肥（占总用肥量的 70%～80%），一般每亩施腐熟有机肥 2500 千克，或腐熟大豆饼肥 200 千克，或腐熟菜籽饼肥 250 千克，另加磷矿粉 40 千克、钾矿粉 20 千克。另外，长江流域酸性土壤宜每 3 年施一次生石灰，每次每亩施用 75～100 千克。土肥应混匀。

5. 及时定植

大中棚套地膜，宜于 3 月上中旬，有 4～5 片真叶时，选晴天的上午进行定植，若是大中棚配根际加温线，定植期可提早到 2 月中下旬。若是双行单株种植，株距 22 厘米，亩栽 3300～3400 株；双株定植，穴距 34 厘米，亩栽 4900～5000 株。若为窄畦单行单株种植，株距 18 厘米，亩栽 3600～3800 株；双株定植，穴距 28 厘米，亩栽 4700～4900 株。定植深度以幼苗根颈部和畦面相平为准，定植时幼苗要尽量多带营养土，地膜上定植，破孔尽可能小，定苗后及时封口，浇定根水，盖好小拱棚和大棚膜。

6. 田间管理

① 温湿度调节　定植后 5～7 天一般不通风，可用电加温线进行根际昼夜连续或间隔加温促缓苗，缓苗后在晴天早晨要使棚内气温尽快升到 20℃ 以上，中午最高温度尽量不超过 35℃，下午 3 时以后，要适当减少通风，使前半夜气温维持在 15～20℃，午夜后 10～15℃。

中后期要注意高温为害。一是利用灌水增加棚内湿度，二是在大棚两侧掀膜放底风，并结合折转天膜换气通风。通风一般是由小到大，由顶到边，晴天早通风，阴天晚通风，南风天气大通风，北风天气小通风或不通风，晴天当棚温升至 20℃ 时开始通风，下午棚温降到 30℃ 左右停止通风，夜间棚温稳定在 14℃ 时，可不关天膜进行夜间通风。5 月上中旬以通风降温排湿为主，可揭棚管理，进行露地栽培，也可保留顶膜作防雨栽培。

② 水肥管理　黄瓜好肥水，在施足基肥的基础上，结合灌水选用腐熟人粪尿进行追肥。追肥应掌握"勤施、薄施、少食多餐"的原则，晴天施肥多、浓，雨天施肥少、稀，一般在黄瓜抽蔓期和结果初期追施 2 次稀淡人粪尿。到结果盛期结合灌水在两行之间再追 2～3 次人粪尿，每次每亩约 1500 千克，注意地湿时不可施用人粪尿。在结果后期追施 30% 的腐熟人畜粪水防止早衰。有机黄瓜追肥宜条施或穴施，施肥后覆土，并浇水。施用沼液时宜结合灌水进行沟施或喷

施。采收前 10 天应停止追肥。不应使用禁用物质，如化肥、植物生长调节剂等。

定植时轻浇一次压根水，3～5 天后浇一次缓苗水，缓苗后至根瓜采收前适当灌水，浇 2～3 次提苗水，保持土壤湿润，采收期中，外界温度逐渐升高，应勤浇多浇，保持土壤高度湿润，但要使表土湿不见水，干不裂缝，不渍水，每隔 3 天左右浇一次壮瓜水。灌水宜早晚进行，降雨后及时排水防渍。

③ 地面覆盖　黄瓜定植缓苗成活后，随着植株生长发育，气温渐高，光照渐强，蒸发量渐大，为了减轻高温干旱的影响，可结合中耕除草，用稻草或地膜覆盖厢面，防止杂草滋生，降低土温，保持土壤湿润，促进生长发育和开花结果。

④ 搭架引蔓　黄瓜要及时搭架引蔓，于幼苗 4～5 片叶开始吐须抽蔓时设立支架，可设人字架，大棚栽培也可在正对黄瓜行向的棚架上绑上竹竿纵梁，再将事先剪好的纤维带按黄瓜栽种的株距均匀悬挂在上端竹竿上，纤维带的下端可直接拴在植株基部处。当蔓长 15～20 厘米时引蔓上架，并用湿稻草或尼龙绳绑蔓，以后每隔 2～3 节绑蔓一次，一般要连续绑蔓 4～5 次，绑蔓时要摘除卷须，绑蔓宜于下午进行。

植株调整应在及时绑蔓的基础上，采取"双株高矮整枝法"。即每穴种双株，其中一株长到 12～13 节时及时摘心，另一株长到 20～25 节摘心。如果是采取高密度单株定植，则穴距缩小，高矮株摘心应相隔进行，黄瓜生长后期，要打掉老叶、黄叶和病叶等，以利于通风。

7. 及时采收，分级上市

按照兼顾产量、品质、效益和保鲜期的原则，适时采收；严格执行农药、氮肥施用后安全间隔期采收，不合格的产品不得采收上市。黄瓜以幼嫩果实供食用（彩图 19），应在雌花开放后 10～15 天及时采收。应配置专门的整理、分级、包装等采后商品化处理场地及必要的设施，长途运输要有预冷处理设施。有条件的地区建立冷链系统，实行商品化处理、运输、销售全程冷藏保鲜。有机黄瓜产品的采后处理、包装标识、运输销售等应符合 GB/T 19630—2011 有机产品标准要求。有机黄瓜商品采收要求及分级标准见表 8。

表 8　有机黄瓜商品采收要求及分级标准

作物种类	商品性状基本要求	大小规格	特级标准	一级标准	二级标准
黄瓜	同一品种或相似品种;瓜条已充分膨大,但种皮柔嫩;瓜条完整、无苦味;清洁、无杂物,无异常外来水分;外观新鲜、有光泽、无萎蔫;无任何异常气味或味道;无冷害、冻害;无病斑、腐烂或变质产品;无虫伤及其所造成的损伤	长度(厘米) 大:>28 中:16～28 小:11～16 同一包装中最大果长和最小果长的差异(厘米) 大:≤7 中:≤5 小:≤3	具有该品种特有的颜色,光泽好;瓜条直,每10厘米长的瓜条弓形高度≤0.5厘米;距瓜把端和瓜顶端3厘米处的瓜身横径与中部相近,横径差≤0.5厘米;瓜把长占瓜部长的比例≤1/8;瓜皮无因运输或包装而造成的机械损伤	具有该品种特有的颜色,有光泽;瓜条较直,每10厘米长的瓜条弓形高度>0.5厘米且≤1厘米;距瓜把端和瓜顶端3厘米处的瓜身与中部的横径差≤1厘米;瓜把长占瓜部长的比例≤1/7;允许瓜皮有因运输或包装而造成的轻微损伤	具有该品种特有的颜色,有光泽;瓜条较直,每10厘米长的瓜条弓形高度>1厘米且≤2厘米;距瓜把端和瓜顶端3厘米处的瓜身横径与中部的横径差≤2厘米;瓜把长占瓜部长的比例≤1/6;允许瓜皮有少量因运输或包装而造成的损伤,但不影响果实耐贮性
水果黄瓜	具本品种的基本特征,无畸形,无严重损伤,无腐烂,瓜顶不变色转淡,具有商品价值	长度(厘米) 大:10～12 中:8～10 小:6～8	果形端正,果直,粗细均匀;果刺完整、幼嫩;色泽鲜嫩;带花;果柄长2厘米	果形较端正,弯曲度0.5～1厘米,粗细均匀;带刺,果刺幼嫩,果刺允许有少量不完整;色泽鲜嫩;可有1～2处微小疵点;带花;果柄长2厘米	果形一般;刺瘤允许不完整;色泽一般;可有干疤或少量虫眼;允许弯曲,粗细不太均匀;允许不带花;大部分带果柄

注:摘自 NY/T 1587—2008《黄瓜等级规格》。

三、有机黄瓜春露地栽培

春季露地栽培上市期接早春大棚设施栽培,投入少,产量高,效益也非常可观。多采用塑料大、中棚或小拱棚播种育苗,终霜后定植于露地,多采用地膜覆盖栽培。

1. 品种选择

露地栽培在完全自然的条件下进行,高温、强光、干热风、暴雨等环境因素变化幅度大，一般要求品种适应性强、苗期耐低温、瓜码密、雌花节位低、节成性好、生长势强、抗病、较早熟、优质、高产，适宜当地栽培和市场要求。

2. 育苗移栽

露地黄瓜播种期应在当地断霜前 35～40 天育苗。在长江流域一般从 2 月中下旬至 3 月育苗，育苗前期低温，后期温暖，要加强农膜和不透明覆盖物的管理。播种至出土，保持白天温度 25～30℃，夜温 16～18℃，此期应注意防止有轻微的霜冻出现。出苗后至炼苗期，白天 25～28℃，夜间 14～15℃，定植前 5～7 天进行炼苗，白天降到 20～23℃，夜间 10～12℃，逐渐撤除塑料薄膜，使之处于露地条件下，提高适应能力。一般不施肥水，发现秧苗较弱时，可叶面喷雾有机营养液肥 1～2 次。在浇足底水的情况下，后期可视情况进行补水，选晴天上午喷淋 20℃ 以上的温水，切忌大水漫灌。

3. 整地施肥

选择 3 年以上没有种植瓜类的地块，要求土壤肥沃、透气性良好、能灌水、排水。耕深 25～30 厘米，结合翻耕施基肥，一般每亩施优质腐熟圈肥 5000 千克，饼肥 100 千克，磷矿粉 40～50 千克，钾矿粉 20 千克。耙平，做成宽 1.2～1.3 米的高畦。

4. 定植

早春露地黄瓜定植应在 10 厘米地温稳定在 13℃ 以上时，选寒尾暖头的晴天定植，阴天定植或定植后遇雨对缓苗和生长十分不利，应尽量避免。在长江流域，一般从 3 月下旬至 4 月定植。定植不能过密，定植过密虽对早期产量有一定作用，但在结瓜盛期常造成行内郁闭，通风不良，化瓜严重，加重病害发生。一般在定植时先在畦内开两条沟，施上肥掺匀后，按 20～25 厘米的株距定植，一垄双行，每亩栽 3500～4000 株。

移苗要带坨，栽植不宜过深，栽后立即浇水，3 天后补浇小水，促进缓苗。也可采用先浇水，在水未渗下时将带坨的秧苗按株距放入沟内，待水渗下后立即封沟，这种先浇水后栽苗的方法有利于提高地温，防止土壤板结，促进缓苗发根。地膜覆盖的因在定植前已浇透水，故多采用开穴点水定植。

5. 田间管理

① 中耕松土　露地春黄瓜定植后，缓苗期为 5 天左右。土壤干

旱时应浇缓苗水，然后封沟平畦，中耕松土保墒。从黄瓜缓苗后到根瓜坐住，应控制浇水，主要以多次中耕松土保墒，提高地温，促进根系生长为主，即蹲苗。出现干旱时也应中耕保墒，不宜浇水。出现雨涝时应及时排水、中耕松土，提高地温。开花前采取细锄深松土，至根瓜坐住期间要粗锄浅松土，结果盛期以锄草为主。一般要中耕3～4次。

②　追施肥水　在根瓜坐住后追一次肥，双行栽植的可在行间开沟，小畦单行栽植的可在小畦埂两侧开沟追肥，一般每亩施腐熟细大粪干或细鸡粪500千克，与沟土混合后再封沟，也可在畦内撒施100千克草木灰，施后进行划锄、踩实，然后浇水。

结果期要根据植株长势及时追肥，露地黄瓜土壤养分易淋失或蒸发，一次性施肥量过大易导致肥料浪费和污染地下水源，因此在施肥盛期应掌握少施勤施的原则，一般7～8天追肥一次，每亩追施腐熟人粪尿300千克左右。后期为了防止植株脱肥，还可叶面喷施有机营养液肥。

一般在定植时浇透水的情况下，前期吸收水少，不需浇水。根瓜坐住后，可结合第一次追肥浇催果水。在实际生产中，除了根据幼果长势加以诊断以外，还要根据黄瓜品种、植株状况、土壤湿度、当时的天气情况等综合判断是否应浇水，不能以根瓜坐住与否作为开始浇催果水的唯一标准，如在未浇缓苗水或基肥造成烧根的情况下，如不及时浇水，专等根瓜坐住，反会误事，这种情况可以在根瓜坐住前浇一次小水，也不致引起化瓜。

在根瓜采收后，要加强浇水，但应小水勤浇，保持地面见干见湿即可，不能一次性浇大水或因等天气下雨而不浇水，一般每隔5～7天浇一次水。结果盛期需水较多，应每隔3～5天浇一次水，浇水量相对较大。结瓜后期适当减少浇水量。每次浇水时间以清晨或傍晚为佳。

③　搭架整枝　一般在蔓长25厘米左右不能直立生长时，开始搭架、绑蔓。搭架所用架材不宜过低，一般用2.0～2.5米长的竹竿，每株插一竿，呈人字形花架搭设，插在离瓜秧约8厘米远的畦埂一面，这样不至伤瓜。第一次绑蔓一般在第四片真叶展开甩蔓时进行，以后每长3～4片真叶绑一次。第一次绑蔓可顺蔓直绑，以后绑蔓应绑在瓜下1～2节处，最好在午后茎蔓发软时进行。瓜蔓在架上要分布均匀，采用S形弯曲向上绑蔓，可缩短高度，抑制徒长。

当蔓长到架顶时要及时打顶摘心。以主蔓结瓜为主的品种，要将根瓜以下的侧蔓及时抹去。主、侧蔓均结瓜的品种，侧蔓上见瓜后，可在瓜的上方留2片叶子打顶。黄瓜卷须对其生长不起作用，可在每次绑蔓时顺手摘掉。当黄瓜进入结瓜盛期后，可摘除下部的黄叶、老叶及病叶，并携出田外集中烧毁。摘叶时要在叶柄1～2厘米处剪断，以免损伤茎蔓。

采收分级标准参见冬春季大棚栽培。

四、有机黄瓜夏秋露地栽培

夏秋黄瓜露地栽培（彩图20），秋淡上市，生产成本低，种植技术简单，无风险，经济效益也较好，但由于受天气影响较大，有时也导致失收。搞好夏秋黄瓜栽培应掌握如下关键技术。

1. 品种选择

5月上中旬至6月下旬播种的，有的称为夏黄瓜，选用植株长势强、抗病、耐热、耐涝、丰产的品种。在7月上中旬直播或育苗移栽的，有的称为秋黄瓜，应选用适应性强，苗期较耐高温，结瓜期较耐低温，抗病性较强的品种。

2. 播种育苗

采用浸种催芽播种比干籽点播好，在高畦两边用小锄各开10～12厘米宽、10～15厘米深的小沟，沟内灌足水，待水将要渗完时，将催好芽的种子，按株距25厘米点播2粒齐芽，覆湿土，然后耧平。若是雨涝天，宜播种后盖沙。播种后遇雨，应用铁锄划松畦面。

3. 整地施肥

选择能灌能排、透气性好的壤土种植。最好能多施腐熟的圈肥、堆肥或粉碎的作物秸秆，一般每亩施腐熟农家肥5000～7500千克作基肥，条施饼肥100千克、磷矿粉50千克、钾矿粉20千克。精细整地，做成1.2～1.5厘米宽高畦或半高畦。

4. 培育壮苗

直播苗在幼苗出土后抓紧中耕松土。幼苗表现缺水时，及时浇水，配合浇水追施少量提苗肥。雨后地面稍干时，要及时中耕松土和除草。苗期追肥，应在雨前或浇水前进行，每亩施腐熟粪肥500千克。如雨水过多，土壤养分流失，幼苗表现黄瘦，可结合田间喷药根外追施有机营养液肥。出苗后，为降低地温，可采取覆草（稻草、麦秸等）措施，晴天可使 10 厘米下地温降低 1～2℃，阴天降低 0.5～1.0℃，并能防止土壤板结，减少松土用工。有条件的，还可在架顶覆盖防虫网，既能遮光降温，又能防治地上害虫。

5. 肥水管理

夏秋露地气温高，土壤水分蒸发快，黄瓜植株蒸腾作用大，应注意增加浇水次数，但每次灌水量不宜太大，浇水要在清晨或傍晚进行，最好浇井水，比未灌的 10 厘米地温可降低 5～7℃。下过热雨后要及时排水，并立即用井水冲灌一遍，俗称涝浇园。

根瓜坐瓜后追肥，每亩撒施大粪干或腐熟鸡粪 400～500 千克，然后中耕。根瓜采收后第二次追肥，以后每采收 2～3 次追一次肥，每次每亩施人粪尿 500 千克。

6. 搭架绑蔓

当黄瓜苗长至 7～8 片叶时，植株已有 20～25 厘米高，必须及时插架，插架应插篱笆花架，每根竹竿至少与 4 根交错，有利于瓜蔓遮阴。夏秋黄瓜植株生长较快，要及时绑蔓，下部侧蔓一般不留，中上部侧蔓可酌情多留几叶再摘心。及时打去下部老叶及病叶。此外，夏秋灌水多，易生杂草，应注意及时拔除。

五、有机黄瓜秋延后大棚栽培

秋延后大棚黄瓜栽培，是指利用大棚设施，于 7 月中旬至 8 月上旬播种，8 月上旬至 8 月下旬定植，9 月中旬至 11 月下旬供应市场的栽培方式，一般价格较高，经济效益好。因为后期气温低，大棚提温保温能力有限，所以要注意播种期不要太迟，否则达不到理想产量。

1. 品种选择

选择前期耐高温后期耐低温、雌花分化能力强、长势好、抗病力强、产量高、品质好的品种。

2. 培育壮苗

① 搭建遮阳棚　秋延后黄瓜育苗，应在大棚、中棚或小拱棚内进行，四周卷起通风。在大棚内育苗，揭开前底脚，后部外通风口，形成凉棚。也可直接在地面做成宽 1.0～1.2 米、长 6 米左右的育苗畦。按每畦撒施过筛的优质有机肥 50 千克作育苗基肥，翻 10 厘米深，粪土掺匀，耙平畦面即可移苗或直播，畦上搭起 0.8～1.0 米高的拱架，覆上旧膜，起遮雨和夜间防露水作用。

② 育苗移植　秋延后黄瓜可以直播，但最好采用育苗移植的形式育苗，一般不采用嫁接苗。做好黄瓜播种沙床，播种床铺 8～10 厘米厚的过筛河沙，耙平，浇透水，把黄瓜籽均匀撒播在沙上。再盖上 2 厘米厚的细沙，浇足水，始终保持细沙湿润，3～4 天后两片子叶展开即可移植。在育苗畦内由一端开始，按 10 厘米行距开沟，沟内浇足水，按 10 厘米株距进行移苗。目前采用更多的是营养钵或穴盘育苗。

③ 苗期管理　幼苗期高温多湿，易发生霜霉病和疫病，应在黄瓜出苗后开始加强防治。苗期气温高，蒸发量大，要保持畦面见干见湿，浇水在早晨、傍晚进行，每次浇水以刚流满畦面为止。

3. 整地施肥

前作收获后，及时整地施肥，一般每亩施用优质腐熟圈肥 5000 千克，磷矿粉 50 千克，钾矿粉 20 千克（或草木灰 50 千克）作为基肥。然后灌水，待土壤干湿适宜时翻地，整平后起垄，整成畦底宽 80 厘米的大畦，中间开 20 厘米的小沟，形成两个宽 30 厘米、高 10 厘米的小垄。两个大畦间有 40 厘米的大沟，每个小垄栽植一行。也可做成 40 厘米等行距小高畦，单行栽植。

4. 定植或直播

定植前，在育苗畦灌大水，然后割坨，选择生长健壮、大小一致的秧苗，株距 20～25 厘米，每亩栽植 4500～5000 株。栽植时先把苗摆入沟中，覆土稳坨，沟内灌大水，1～2 天后土壤干湿合适时先松土再封埋。定植深度以苗坨面与垄面相平为宜，不宜过深。

也可采用露地直播的方法，在扣棚前直播，能节省育苗移栽用工，也不会移栽伤根，而且苗壮。按大行距 70 厘米，小行距 50 厘米，高畦或起垄栽培，播种前 2～3 天浇透水，开沟 3 厘米深，将催好芽的种子按 25 厘米株距点播，每穴播种 2～3 粒，播后覆土 1.5 厘米。如果墒情不足，出苗前要灌水催苗。若遇雨天，应盖草防止土壤板结，一般播后 3 天可出苗，2 片真叶后定苗。发现缺苗、病苗、畸形苗及弱苗时，应挖密处的健苗补栽。

5. 田间管理

① 温湿度调节　结瓜前期气温高，应将棚四周的薄膜卷起只留棚体顶部薄膜，进行大通风。及时中耕划锄，降低土壤湿度。

结瓜盛期，到 10 月中旬时，外界气温下降较快，当月平均气温下降到 20℃，夜间最低温度低于 15℃ 时要及时扣棚，覆膜初期不要盖严，根据气温变化合理通风，调节棚内温度，白天棚内温度宜保持在 25～30℃，夜间 13～15℃。当最低温度低于 13℃时，夜间要关闭通风口。

结瓜后期，外界气温急剧下降，要加强保温管理。盖严棚膜，当夜间最低温度低于 12℃时要按时盖草苫；白天推迟放风时间，提高温度；积极采取保温措施，使夜间保持较高温度，尽量延长黄瓜生育时间。当棚内最低温度降至 10℃时，可采取落架管理，即去掉支架，将茎蔓落下来，并在棚内加盖小拱棚，夜间再加盖草苫保温，可延长采收期。

②肥水管理　定植后因高温多雨，应防止秧苗徒长，控制浇水，少灌水或灌小水，少施氮肥，增施磷、钾肥，或用有机营养液肥根外追施 2～3 次。插架前可进行一次追肥，每亩施腐熟人粪尿 500 千克或腐熟粪干 300 千克。施追肥后灌水插架或吊蔓。盛瓜期一般追肥 2～3 次，每次每亩用腐熟人粪尿 500～750 千克，随水冲施。还可结合防病喷药，喷施有机营养液肥 2～3 次。温度高时浇水可每隔 4 天浇一次，后期温度低时可每隔 5～6 天浇一次，10 月下旬后每隔 7～8 天浇一次。11 月份如遇连阴天、光照弱时，可用 0.1％硼砂溶液叶面喷洒，有防止化瓜的作用。

③中耕与植株调整　从定植到坐瓜，一般中耕松土 3 次，使土壤疏松通气，减少灌水次数，控制植株徒长，根瓜坐住后不用再中耕。盛瓜期及后期应适当培土。秋延迟栽培黄瓜易徒长，坐瓜节位高，应及时上架和绑蔓，可采用塑料绳吊蔓法吊蔓，当植株高度接近棚顶时打顶摘心，促进侧枝萌发。一般在侧蔓上留 2 片叶 1 条瓜摘心，可利用侧蔓增加后期产量。

秋延后黄瓜的采收分级上市参见黄瓜冬春季大棚栽培。

六、有机黄瓜病虫害综合防治

有机黄瓜生产应从"作物-病虫草害-环境"整个生态系统出发，综合运用各种防治措施，创造不利于病虫草害滋生和有利于各类天敌繁衍的环境条件，保持农业生态系统的平衡和生物多样化，减少各类病虫草害所造成的损失。采用综合措施防控病虫害，露地黄瓜全面应用杀虫灯和性诱剂，设施黄瓜全面应用防虫网、黏虫板及夏季高温闷棚消毒等生态栽培技术。黄瓜主要病害有猝倒病、立枯病、霜霉病、白粉病、细菌性角斑病、炭疽病、黑星病、枯萎病、蔓枯病、灰霉病、病毒病、根结线虫病。主要虫害有蚜虫、黄守瓜、叶螨、白粉虱、烟粉虱、潜叶蝇、蓟马等。

1. 合理轮作

进行合理轮作，选择 3～5 年未种过瓜类及茄果类蔬菜的田块、棚室种植，可有效减少枯萎病、根结线虫及白粉虱等病虫源。

2. 土地及棚室处理

消灭土壤中越冬病菌、虫卵，入冬前灌大水，深翻土地，进行冻垡，可有效消灭土壤中有害病菌及害虫。春季大棚栽培，提早扣棚膜、烤地，增加棚内地温。选用流滴薄膜。棚室栽培的要对使用的棚室骨架、竹竿、吊绳及棚室内土壤进行消毒。在播种、定植前，每亩棚室可用硫黄粉 1～1.5 千克、锯末 3 千克，分 5～6 处放在铁片上点燃熏蒸，可消灭残存在其上的虫卵、病菌。

3. 种子处理

播种前对种子进行消毒处理。可用 55℃ 温水浸种 15 分钟。用 100 万单位硫酸链霉素 500 倍液浸种 2 小时后洗净催芽可预防细菌性病害。还可进行种子干热处理，将晒干后的种子放进恒温箱中用 70℃ 处理 72 小时能有效防止种子带菌。

4. 嫁接育苗

嫁接育苗可防止枯萎病等土传病害的发生。如培育黄瓜，砧木采用黑籽南瓜、南砧 1 号等。嫁接苗定植，要注意埋土在接口以下，以防止嫁接部位接触土壤产生不定根而受到侵染。

5. 培育壮苗

育苗床选择未种过瓜类作物的地块，或专门的育苗室。从未种植过瓜类作物和茄果类作物的地块取土，加入腐熟有机肥配制营养土。春季育苗播种前，苗床应浇足底水，苗期可不再浇水，可防止苗期猝倒病、立枯病、炭疽病等的发生。适时通风降湿，加强田间管理，白天增加光照，夜间适当低温，防止幼苗徒长，培育健壮无病、无虫幼苗，苗床张挂环保捕虫板，诱杀害虫。夏季育苗，应在具有遮阳、防虫设施的棚室内进行。

6. 田间管理

定植时，密度不可过大，以利于植株间通风透气。栽培畦采用地膜覆盖，可提高地温，减少地面水分蒸发，减少灌水次数。棚室内栽培，灌水以滴灌为好，或采用膜下暗灌，以降低空气湿度。禁止大水漫灌。棚室内浇水寒冷季节时应在晴天上午进行，浇水后立即密闭棚室，提高温度，等中午和下午加大通风，排除湿气。高温季节浇水，在清晨或下午傍晚时进行。采收前 7～10 天禁止浇水。多施有机肥，增施磷、钾肥，叶面补肥，可快速提高植株抗病力。设施栽培中，棚室要适时通风、降湿，在注意保温的同时，降低棚室内湿度。冬春季节，开上风口通风，风口要小，排湿后，立即关闭风口，可连续开启几次进行。秋季栽培，前期温度高，通风口昼夜开启，加大通风，晴天强光时，应覆盖遮阳网遮阴降温。及时进行植株调整，去掉底部子蔓，增加植株间通风透光性。根据植株长势，控制结瓜数，不多留瓜。

7. 清洁田园

清洁栽培地块前茬作物的残体和田间杂草，进行焚烧或深埋，清理周围环境。栽培期间及时清除田间杂草，整枝后的侧蔓、老叶清理出棚室后掩埋，不为病虫提供寄主，成为下一轮发生的侵染源。

8. 日光消毒

秋季栽培前，可利用日光能进行土壤高温消毒。棚室栽培的，利用春夏之交的空茬时期，在天气晴好、气温较高、阳光充足时，将保护地内的土壤深翻 30～40 厘米，破碎土团后，每亩均匀撒施 2～3 厘米长的碎稻草和生石灰各 300～500 千克，再耕翻使稻草和石灰均匀分布于耕作土壤层，并均匀浇透水，待土壤湿透后，覆盖宽幅聚乙烯膜，膜厚 0.01 毫米，四周和接口处用土封严压实，然后关闭通风口，高温闷棚 10～30 天，可有效减轻菌核病、枯萎病、软腐病、根结线虫、红蜘蛛及各种杂草的为害。

9. 高温闷棚

黄瓜霜霉病发生时，可采用高温闷棚抑制病情发展。选择晴天中午密闭棚室，使其内温度迅速上升到 44～46℃，维持 2 小时，然后逐渐加大放风量，使温度恢复正常。为提高闷棚效果和确保黄瓜安全，闷棚前一天最好灌水提高植株耐热能力，温度计一定要挂在龙头处，秧蔓接触到棚膜时一定要弯下龙头，不可接触棚膜。严格掌握闷棚温度和时间。闷棚后要加强肥水管理，增强植株活力。

10. 物理诱杀

① 张挂捕虫板　利用有特殊色谱的板质，涂抹黏着剂，诱杀棚室内的蚜虫、斑潜蝇、白粉虱等害虫。可在作物的全生长期使用，其

规格有 25 厘米×40 厘米、13.5 厘米×25 厘米、10 厘米×13.5 厘米三种，每亩用 15～20 片。也可铺银灰色地膜或张挂银灰膜膜条进行避蚜。

② 张挂防虫网　在棚室的门口及通风口张挂 40 目防虫网，防止蚜虫、白粉虱、斑潜蝇、蓟马等进入，从而减少由害虫引起的病害。

③ 安装杀虫灯　可利用频振式杀虫灯诱杀多种害虫。

11. 生物防治

有条件的，可在温室内释放天敌丽蚜小蜂控制白粉虱虫口密度，即在白粉虱成虫低于 0.5 头/株时，释放丽蚜小蜂黑蛹 3～5 头/株，每隔 10 天左右放一次，共 3～4 次，寄生率可达 75％以上，防治效果好。宜采用病毒、线虫、微生物活体制剂控制病虫害。可采用除虫菊素、苦参碱、印楝素等植物源农药防治虫害。用除虫菊素或氧苦·内酯防治蚜虫。黄守瓜，可在黄瓜根部撒施石灰粉，防成虫产卵；泡浸的茶籽饼（20～25 千克/亩）调成糊状与粪水混合淋于瓜苗，毒杀幼虫；烟草水 30 倍液于幼虫为害时点灌瓜根。

鱼藤酮：可防治瓜类蔬菜蚜虫、菜青虫、害螨、瓜实蝇、甘蓝夜蛾、斜纹夜蛾、蓟马、黄曲条跳甲、黄守瓜等害虫，对蚜虫有特效。应在发生为害初期，用 2.5％乳油 400～500 倍液或 7.5％乳油 1500 倍液均匀喷雾，再交替使用其他相同作用的杀虫剂，对该药持久高效有利。

蛇床子素：防治黄瓜白粉病，用 1％水乳剂 400～500 倍液喷雾防治。

浏阳霉素：当黄瓜叶片上发生红蜘蛛及茶黄螨时，应在点片发生时用 10％乳油 1000～1500 倍液喷雾，可在 1～2 周内保持良好防效。

丁子香酚：用 0.3％可溶性液剂 1000～1200 倍喷雾，防治瓜类霜霉病、灰霉病、白粉病。

儿茶素：预防黄瓜黑星病时，用 1.1％可湿性粉剂 600 倍液喷雾。

竹醋液：在黄瓜上应用，每立方米育苗基质中竹醋液添加量为 250～500 毫升，或苗期用 200 倍竹醋液灌根，或是在每立方米基质中使用 500 毫升竹醋液处理育苗基质和栽培基质，并在定植后定期用 200 倍液灌根综合处理，能够有效地促进黄瓜叶片、茎粗和株高的生长。竹醋液综合处理可以显著提高黄瓜产量，降低黄瓜中硝酸盐的含量。

　　健根宝：对黄瓜猝倒病、立枯病和枯萎病有效，主要在育苗、定植及坐果期使用。①育苗时，每平方米用 10^8 cfu/克健根宝可湿性粉剂 10 克与 15～20 千克细土混匀，1/3 撒于种子底部，2/3 覆于种子上面。②分苗时，每 100 克 10^8 cfu/克健根宝可湿性粉剂对营养土 100～150 千克，混拌均匀后分苗。③定植时，每 100 克 10^8 cfu/克健根宝可湿性粉剂对细土 150～200 千克，混匀后每穴撒 100 克。④进入坐果期，每 100 克 10^8 cfu/克健根宝可湿性粉剂对 45 千克水灌根，每株灌 250～300 毫升。

　　木霉菌：防治瓜类白粉病、炭疽病可用 1.5 亿活孢子/克可湿性粉剂 300 倍液在发病初期喷雾；防治黄瓜灰霉病、霜霉病等，可用 1 亿活孢子/克水分散粒剂 600～800 倍液喷雾。

　　多抗霉素：防治黄瓜霜霉病、白粉病，用 2% 可湿性粉剂 1000 倍液土壤消毒，或用 10% 可湿性粉剂 500～800 倍液喷雾防治。防治黄瓜枯萎病，用 0.3% 水剂 60 倍液浸种 2～4 小时后播种，移栽时用 80～120 倍液蘸根或灌根，盛花期再用 80～120 倍液喷 1～2 次。也可于发病初期用 10% 可湿性粉剂 400～500 倍液灌根，每株灌药液 250 毫升。

　　春雷霉素：防治黄瓜炭疽病、细菌性角斑病，用 2% 水剂 400～750 倍液喷雾。

　　中生菌素：防治黄瓜细菌性角斑病，用 3% 可湿性粉剂 1000～1200 倍液喷雾。

　　水合霉素：防治黄瓜枯萎病，可叶面喷雾 88% 可湿性粉剂 1000 倍液预防，对有病株的小畦采取灌根处理控制扩散为害。

　　宁南霉素：防治黄瓜等瓜类白粉病，用 2% 水剂稀释 200～300 倍液，或 8% 水剂 1000～1200 倍液喷雾 1～2 次。

　　枯草芽孢杆菌：防治黄瓜的灰霉病及白粉病时，从病害发生初期开始喷药，一般每亩使用 10 亿活芽孢/克可湿性粉剂 600～800 倍液喷雾，喷药应均匀、周到。

　　核苷酸：防治黄瓜霜霉病、炭疽病、白粉病，用 0.05% 水剂 600～800 倍液喷雾。

　　此外，还可用春雷·氧氯铜、高酯膜、武夷菌素、嘧啶核苷类抗生素等防治霜霉病、白粉病。用新植霉素或硫酸链霉素、琥胶肥酸铜、氢氧化铜、春雷·氧氯铜、波尔多液等预防细菌性病害。

第五章

有机南瓜栽培技术

一、有机南瓜栽培茬口安排

有机南瓜栽培茬口安排见表9。

表9　有机南瓜栽培茬口安排（长江流域）

种类	栽培方式	建议品种	播期	定植期	株行距/厘米×厘米	采收期	亩产量/千克	亩用种量/克
南瓜	冬春季大棚	一串铃、五月早	2/上中	3/上中	(45～50)×(90～100)	4～6/上	2500	250
	小拱套地膜	蜜本南瓜	2/下～3/上	3/下～4/上	(40～45)×250	5～7月	2500	250
	春露地	春润大果、汕美33号等蜜本南瓜、板栗南瓜	3月20日左右	4月20日左右	(50～80)×(150～200)	7～10月	2500～3000	250
	秋延后大棚	一串铃、五月早、板栗南瓜	7月上中旬	7月中下旬	50×(100～150)	9/中下～11/上	1500～2000	250

二、有机南瓜冬春季大棚栽培

1. 品种选择

宜选用早熟、容易坐瓜、耐阴雨的品种。

2. 培育壮苗

有机南瓜大棚、小棚等设施栽培于2月上中旬播种育苗，将种子放入55℃温水中，边浸烫边搅拌，待水温降到30℃时浸泡4～6小时，搓净种皮上的黏液后，用湿布包好放入28～32℃条件下催芽，

36～48 小时后，芽长 0.5 厘米即可播种。播种前整好苗床，浇透水，将苗床划成（7～10）厘米×（7～10）厘米的小方格，然后将种子平放在方格中，上盖营养土 1～2 厘米厚。

也可用 72 孔穴盘育苗，装盘前用清水喷洒营养土，使其含水量达 70%。营养土装至离穴盘口 1 厘米处，每穴孔播 1 粒发芽的种子，上覆 2 厘米厚的膨化蛭石。然后用地膜盖严育苗盘，密封苗床。

播种后保持昼温 25～30℃，夜温 12～15℃。当有 20%左右的芽开始顶土时，再撒 0.6 厘米厚的细潮土保墒。出苗后，放风降温，白天 20～25℃，夜间 10℃左右。

3. 整地施肥

选择有机质含量高，土层深厚，保水保肥力强，排水良好，近 3 年内未种过瓜类蔬菜作物的壤土。当前茬作物收获后，及时清除残茬和杂草，深翻坑土，整地作厢，长江流域雨水较多，宜采用深沟高畦，畦宽连沟 1.3～1.4 米，沟宽 0.35 米，畦面呈龟背形。定植前 15 天灌水造墒，定植前 5 天扣棚膜，提高棚内温度。施足基肥，每亩施腐熟有机肥 3000 千克，或腐熟大豆饼肥 200 千克，或腐熟菜籽饼肥 250 千克，另加磷矿粉 40 千克，钾矿粉 20 千克。深翻细耕，肥土混合均匀。酸性土壤宜每 3 年施一次生石灰，每次每亩施用 75～100 千克。

4. 及时定植

当 10 厘米土温稳定在 12～15℃以上时定植。长江流域一般在 3 月上中旬，选壮苗带坨定植于大、中棚内，用薄膜覆盖 15～20 天。一畦栽一行，每两畦将苗栽在离两畦中间的沟较远的畦边上，对应栽，栽苗深度以子叶距地面 3 厘米左右为宜。选晴天定植，按 50 厘米左右株距在畦上开穴，每穴栽 1 株，栽植后再浇水，待水渗下后用湿润细土封严。然后覆盖地膜，并破孔出苗。也可先铺膜，后按照行株距用刀片划开薄膜呈十字形，挖穴种植，最后封严苗穴。

5. 田间管理

① 温度管理　南瓜定植后 2～3 天内闭棚促缓苗。缓苗后，棚室内温度控制在白天 25～30℃，若高于 32℃时，要放顶风，若低于

26℃，则应关闭通风口；夜温维持在 12～15℃，不能低于 10℃。若遇阴雨严寒天气，采取临时加温措施，大棚内要加小拱棚，夜间小拱棚上加盖草苫，使夜温不低于 8℃。

②肥水管理　有机南瓜追肥要掌握早、勤、巧的原则，以促进植株早发、中稳、后健。当幼苗发新根开始生长时，浇一次透水。植株长到 5 叶 1 心时，可施稀淡人粪水或沼液一次，促进植株生长发育。抽蔓后，严格控制施肥浇水。开花坐瓜期控制浇水，防止化瓜。当植株进入生长中期，坐瓜后和嫩瓜采收期间每 10 天左右追施一次腐熟人畜粪水。采收前 10 天应停止追肥。不应使用禁用物质，如化肥、植物生长调节剂等。

③整株调整　植株抽蔓后，将吊绳吊在南瓜苗的基部，随茎蔓的生长使吊绳与茎蔓缠绕在一起。注意不能让龙头一次爬到棚顶，等龙头长到接近棚顶时，进行落蔓，每次下落 40 厘米，落下的茎蔓要均匀有规律地绕在地面。大棚栽培应及时除侧蔓，只在第一瓜上方保留 1～2 条健壮侧蔓。若采食嫩瓜，每株可留 2～4 个瓜，在最后一个瓜的前面留下 5～6 片叶打顶；若摘老瓜，每株可留 1～2 个瓜。

④地面覆盖　南瓜定植缓苗成活后，随着植株生长发育，气温渐高，光照渐强，蒸发量渐大，为了减轻高温干旱的影响，可结合中耕除草，用稻草或地膜覆盖厢面，防止杂草滋生，降低土温，保持土壤湿润，促进生长发育和开花结果。

⑤辅助授粉　有机南瓜栽培不应使用保花保果的植物生长调节剂，大棚早熟栽培，由于气温低，棚门开启少，棚内少有昆虫传粉，应采取人工辅助授粉或棚室放养蜜蜂辅助授粉，促进果实正常授粉受精，克服化瓜，以使其果形端正，商品性好。授粉宜在 7：00～9：00进行，阴雨天气大棚内可延至 10：00～12：00。采摘当天开放的雄花，去掉花冠，将雄花花药轻轻地涂抹在雌花柱头上，一朵雄花最多涂 3 朵雌花。

6. 及时采收，分级上市

以嫩南瓜（彩图 21）上市，应在雌花开放后 10～15 天及时采收，以老熟南瓜（彩图 22）果实供食用，应在果实充分成熟时采收，确保食用品质。老熟南瓜商品采收要求及分级标准见表10。

表 10　老熟南瓜商品采收要求及分级标准（供参考）

作物种类	商品性状基本要求	大小规格	特级标准	一级标准	二级标准
南瓜	具本品种的基本特征，无腐烂，具商品价值	单果重（千克）大：1.3～1.5中：1.1～1.3小：0.8～1.1	果形端正；无病斑，无虫害，无机械损伤；色泽光亮，着色均匀；果柄长 2 厘米	果形端正或较端正；无机械损伤；瓜上可有 1～2 处微小干疤或白斑；色泽光亮，着色较均匀；果柄长 2 厘米	果形允许不够端正；瓜上允许有干疤点或白斑；色泽较光亮；带果柄

三、有机南瓜小拱棚套地膜覆盖栽培

南瓜小拱棚套地膜覆盖栽培，可在 5 月底至 6 月初上市，达到早熟栽培的目的，效益较好。

1. 品种选择

选用早熟、耐低温、外形美观、商品性好，单瓜重 1～1.5 千克，肉质糯、粉、甜，口感佳的优良品种。

2. 培育壮苗

① 播种期　一般在大拱棚内于 2 月下旬至 3 月初育苗，若天气寒冷，可在大拱棚内再加盖小拱棚。

② 营养土准备　可用大田土 6 份、腐熟厩肥 4 份，分别过筛混匀，每立方米营养土中加入优良腐熟细鸡粪 10 千克，充分混合均匀后装入营养钵内密排在苗床上。苗床是平畦，畦宽 1.2 米，深度以放入营养钵与地面持平或略低便可。

③ 催芽播种　播种前晒种 1～2 天，然后将种子放入 55～60℃的热水中不断搅拌，直到水温降到 30℃，浸泡 8 小时，捞出沥干。然后再将浸泡好的种子稍晾干后用湿布包好放在 25～30℃下催芽，36～48 小时后开始出芽，当芽长到 0.5 厘米左右时开始播种。播前先将营养钵浇透水，水渗完后播种，先在营养钵中央按一个种穴，种子平放，每钵播种 1 粒，播种后盖 1～1.5 厘米厚的湿润细土。将营养钵在苗床上码好，畦面上盖薄膜保温保湿。

④ 苗期管理　出苗前保持白天 25～30℃，夜间 15～18℃。出苗后温度白天控制在 20～25℃，夜间 15～18℃。为培育壮苗，可在幼苗长至 3 叶 1 心时喷施有机营养液肥 1～2 次。定植前 7～10 天炼苗。

白天温度控制在 20～22℃，夜间开始控制在 13～15℃，后几天夜温逐渐降至 10～13℃。

3. 整地施肥

定植前先整地，施底肥起垄。挖宽 60 厘米、深 40 厘米的施肥沟，将 20 厘米厚的熟土翻到一边，把熟土下 20 厘米厚的生土翻起与施入的肥料混合均匀。双膜栽培南瓜，应一次性施足底肥。每亩地施腐熟有机肥 1500～2000 千克（或鸡粪 1000 千克），饼肥 50 千克，磷矿粉 30～40 千克，钾矿粉 10～15 千克。之后再将熟土填回沟内整平地面起垄。双行定植起小垄，垄高 15～20 厘米，垄宽 40 厘米，垄距 40 厘米，起垄后在定植前一周铺地膜，搭 1.5 米宽小拱棚以提高地温为定植做准备。

4. 及时定植

3 月底至 4 月初定植。定植适期为外界气温稳定在 10℃以上，小拱棚内 10 厘米深地温 15℃以上，选择晴天上午定植，株距 40～45 厘米，行距 2.5 米。把苗坨放入挖好的穴中，先埋土到苗坨一半，定植不宜过深，浇暗水，埋土盖住苗坨即可。边定植边扣棚膜，棚膜要拉紧，四周要压严。

5. 田间管理

① 温度管理　定植后 5 天内尽量不通风，保持棚温白天 25～30℃，夜晚 15～18℃促缓苗。此后随天气变化管理棚温，使棚内最高温不超过 35℃，最低温不低于 10℃。开花结果期控制白天 25～27℃。温度过高通风时要逐步加大通风量，先由两头揭膜通风，再到中间通风，通风口也由小到大，切勿猛揭通风口，防止小苗遭受寒害。当日平均气温到 18℃时，可昼夜通风，外界最低气温超过 12℃可撤除小拱棚。

② 肥水管理　定植前施足底肥后，至南瓜伸蔓期一般不追肥。一般在每次坐果后果实膨大至 250 克左右时进行，结合浇水每亩追施腐熟的干鸡粪 200 千克。南瓜生长期可浇水 3～4 次，坐果后要保持地面见干见湿。

③ 植株调整　南瓜主蔓和侧蔓均可结瓜，但主蔓坐果力强，一般采用单蔓整枝或双蔓整枝。单蔓整枝只留主蔓，侧蔓全部摘除。双蔓整枝除留主蔓以外，再从茎基部选留一健壮侧蔓作营养蔓。这两种整枝方法都是主蔓留果，一株 2～3 个，主蔓坐果时，第八片叶以下

的雌花不要留果，以后均可留果。当瓜蔓长到 50 厘米长时，要结合整枝进行压蔓，可以土块压蔓，也可直接将瓜蔓一部分埋入土中固定，促发不定根，增强肥水吸收。

四、有机南瓜春露地栽培

1. 播种与育苗

南瓜栽培有育苗移栽和露地直播两种。早熟栽培或大面积栽培的一般集中育苗，中、晚熟栽培或零星种植的一般直播。

① 育苗　应选地势高燥、避风向阳处建苗床。可用温床或电热畦育苗、冷床育苗或塑料薄膜小拱棚育苗等方式育苗。一般采用塑料小拱棚冷床育苗。

苗床准备：播种前 10～15 天，将床土翻耕晒白。整平作畦，地苗畦宽 1.5 米包沟，畦高 20 厘米左右；容器苗作畦宽 1.2 米，畦高 10 厘米，不必翻耕。床土配制，可用肥沃无病虫害的园田土 5 份、腐熟堆肥 3 份、细沙或草炭 2 份、适量草木灰拌匀过筛，铺成 7～8 厘米厚的床土。播种前 1～2 天，将床土耙细整平，浇足底水，待水渗下后，再撒上 1～2 厘米厚过筛培养土，按（8～10）厘米×（8～10）厘米规格划块，在土块中央挖一小穴待播。最好用纸袋、塑料筒或营养钵育苗。

种子处理：除去瘪籽和畸形籽后，选晴天晒 1～2 天。将种子先用冷水浸湿，再放入 50℃ 水中，可杀灭附在种子上的菌核，烫种时不断搅拌，待水温降至 30℃ 时，再浸 7～12 小时，可直接播种或催芽。如催芽，搓净种皮上的黏液后用湿布包好，置于 25～30℃ 下，经 36～48 小时，芽长 3～5 毫米时，即可播种。

适时播种：在长江流域一般于 3 月 20 日左右采用营养钵（块）播种，双膜覆盖育苗。营养钵（块）播种，每穴 1～2 粒，播后撒一层 2 厘米厚营养土盖种，用细水轻浇，床面上铺一层稻草或塑料薄膜保温保湿。盖好棚膜，夜间加盖草帘保温。

苗期管理：播后保持白天床温 25～30℃，夜间 12～15℃。子叶拱土时及时揭去床面上覆盖物，同时放风降温防徒长，白天保持 20～25℃，夜间控制在 10℃ 左右。当大部分幼苗出土时，可覆盖 1 厘米厚的培养土保湿。后期应炼苗，在没有霜冻的夜间，苗床可以不盖草席，并适当控制水分。棚内的湿度大时，要注意通风透光，适当换气。晴天温度高，应由小到大逐步揭膜放风。阴雨天少通风。风大天冷时要在避风方向开，或边开边关，以换风透气为主。

囤苗：为抑制幼苗徒长，促进根系发达，增强抗性，2～3片真叶时，可进行囤苗。囤苗前一天浇透水，以土坨不散也不过湿为宜。翌日，以幼苗为中心，将土坨按（7～9）厘米×（7～9）厘米规格切块，切后放一天，再按苗距10～12厘米排好，用细土将苗坨之间空隙填满。如遇阴雨天，要继续盖好塑料薄膜。一般囤苗后7～10天即可定植。

壮苗标准：露地栽培，小苗适应性强，根系操作少，容易成活。壮苗标准为2～3片真叶，株高10厘米或稍高，叶片深绿，茎秆粗壮，根系发达，无病虫害。

② 露地直播 中、晚熟栽培，宜在4月上中旬先催芽后直播，或干籽直播。在播种前先开穴，浇足底水，每穴直播种子3～4粒，水渗后再覆盖2厘米厚细土。1～2片真叶时间苗，每穴选留2株壮苗。有的在播种后夜间扣一泥碗，白天揭开见光，或在播种时将土覆得厚一些，出苗前再去掉多覆的土，可保湿促长。苗期一般不浇水，应多次中耕、松土，并向幼苗周围培土。缺水时可在距主茎基部20厘米处开沟浇暗水，水渗后再覆土。

2. 整地施肥

① 选地 按有机蔬菜栽培的环境条件进行选地。南瓜虽植株长势强，吸收水肥能力强，对土壤条件要求不严格，栽培技术亦比较简单，不论园田，还是在粮区、果园中均可种植，但最好将其种植在近2～3年未种过瓜类蔬菜的沙壤土或壤土中。在前茬作物收获后，及时清洁田园，翻耕土地。

② 施基肥 以有机肥为主，每亩撒施腐熟有机肥4000～5000千克。基肥有撒施和集中施用两种方法。撒施时结合深耕，均匀撒施有机肥以后，反复耙2次，使肥料与土壤均匀混合。然后开排水沟和灌水渠，即可作畦。在肥料较少时，一般采用开沟集中条施，将肥料施在播种行内。

③ 作畦 南瓜最主要方式是爬地栽培（彩图23），爬地栽培中又有露地栽培和早熟小拱棚覆盖栽培。畦面宽3米，在畦的一侧按50～60厘米的株距定植，成蔓后向一个方向引蔓，也可将两畦并为小区，使两边的瓜蔓相对引蔓，或在畦中间种一行，使其向两边分蔓。其间

可点种玉米、高粱等以提高土地利用率，并起到遮阳、防蚜作用。每亩栽 700～800 株。

其次为支架式栽培（彩图 24），畦宽 1 米或 2 米，宽畦栽 2 行，窄畦栽 1 行，株距 0.75～1 米，两株间设一支柱，柱高 2～2.5 米，于 1.3 米处绑一横架，呈篱形，引蔓于立柱处上升，绕于横架上，每株结一瓜，吊于横架上。适于早熟栽培。

还可以采用棚架式栽培，搭成平棚架，畦宽 2.7～3.3 米，沟宽 0.7 米，于畦面两侧对栽瓜苗两行。每亩栽 300 余株。较适于庭院栽培。

不论采用哪种方式，均应深沟高畦，畦高 20～30 厘米。

3. 及时定植

① 定植时间　定植的时间一要根据当地的终霜期早晚而定，在长江流域，早熟栽培的多在 4 月中下旬，2～3 片真叶时定植，如果定植时有地膜覆盖或地膜加小拱棚覆盖的设施，可提早 7～10 天定植。露地中、晚熟栽培多在 5 月上中旬，于 2 片真叶展平时定植。抢冷尾暖头天气带土定植，或用营养钵、营养土块育苗至 2～3 片叶时移栽。

② 定植方法　定植时要挑选健壮的苗，淘汰弱苗、无生长点的苗、子叶不正的苗、散坨伤根苗和带病黄化苗。栽的深度不能过深、过浅，以子叶节平地面为宜。及时覆土，浇定根水。定植时，还应在田边角处留一些备用苗，以供日后补苗之用。

4. 田间管理

① 补苗　缓苗期，要加强查苗、补苗，发现死苗缺株及时补上，拔除生长不良、叶片萎蔫发黄、缓苗困难的苗，及时补栽新苗。补苗时要挖大土坨，少伤根系，栽后及时浇水。

② 温度管理　南瓜生长适温为 18～32℃，开花结瓜温度不能低于 15℃。若温度高于 35℃，则花器官不能正常发育。果实发育最适温度为 25～27℃。因此前期要做好保温管理，加强光照，后期正值夏季高温期，阳光强烈，生长受阻，易造成严重萎蔫，结果停歇，可适当套种高秆作物，降温遮阴。

③ 肥水管理　肥水管理时不能一次性下足肥料，前期下足肥料植株易疯长，推迟坐瓜时间，明显影响前期产量，但南瓜是一种需肥量较大的作物，一定要加大中期的量，防止植株早衰；同时，充分利用中后期阳光充足、雨水较少、多施肥不易疯长的特点，争取中后期

多坐瓜，增加中后期产量。实践中采用分批追肥效果最好，头批瓜追坐瓜肥，后追采瓜肥。

　　缓苗后，一般不追肥，如果苗势较弱，叶色淡而发黄，可结合浇水每亩追施浓度为 20％～30％ 的淡粪水 250～300 千克，应靠近植株基部施用。如果肥力足而土壤干旱，也可只浇水不追肥。

　　定植后到伸蔓前，如果墒情好，尽量不灌水，应抓紧中耕。开花坐果前，主要防止茎、叶徒长和生长过旺。

　　当坐稳一两个幼瓜时，应在封行前重施追肥，每亩追施 50％ 的粪水 1000～1500 千克，一般进行条施，并向畦的两侧移动，也可在根的周围开一环形沟，或用土做一环形圈，然后施入人畜粪和堆肥，这个时期如果无雨，应及时浇水，并结合追肥。

　　开始采收后，每亩追施粪肥 300 千克左右，可防止植株早衰，增加后期产量。如果不收嫩瓜，收老瓜，后期一般不追肥，根据土壤干湿情况浇一两次水即可。多雨季节及时排涝。

　　施肥量应按南瓜植株的发育情况和土壤肥力情况来决定，如瓜蔓的生长点部位粗壮上翘、叶色深绿时不宜施肥，否则会引起徒长、化瓜。如果叶色淡绿或叶片发黄，则应及时追肥。

　　④ 中耕　第一次是在浇缓苗水后，中耕 7～10 厘米深，离根系近处浅一些，离根远的地方深一些，以不松动根系为好。第二次应在瓜秧开始抽蔓向前爬时进行，并适当地向瓜秧根部培土成小高垄。瓜秧倒蔓逐渐盖满地面时不宜再中耕。一般中耕 3～4 次。

　　⑤ 除草　南瓜栽培时一定要搞好杂草防治工作，根据蔓的生长情况，采用分批除草，做到草除哪蔓长哪，不能一次性全除净，不然会造成蔓未爬到杂草又已萌发的情况，以免进行二次防除。有机南瓜栽培杂草要用人工拔除。

　　5. 植株调整

　　① 整枝　爬地栽培的南瓜，一般不整枝，放任生长，特别是生长势弱的植株更不必整枝。对生长势过旺，侧枝发生多的可以整枝，去掉部分侧枝、弱枝、重叠枝，改善通风透光条件。整枝宜早不宜迟，最好是抹芽，以减少养分消耗。

　　一般早熟品种，特别是密植栽培的南瓜，及利用支架种植的南瓜多采用单蔓式整枝，即摘除全部侧枝，只留主蔓结瓜，在留足一定数目的瓜后，进行摘心。

中、晚熟品种采用多蔓式整枝。即在主蔓第五至第七节时摘心，而后留下 2～3 个侧枝，每条侧枝留 1～2 个果，在第二果上留 2～6 片叶摘心，其余摘除，以侧蔓结瓜为主。主蔓也可以不摘心，而在主蔓基部留 2～3 个强壮的侧蔓，把其他的侧枝摘除，主侧蔓都能结瓜。

②压蔓　压蔓有固定叶蔓的作用。压蔓前要先行理蔓，使瓜蔓均匀地分布于地面，当蔓伸长 0.6 米左右时第一次压蔓，即在蔓旁挖一个 7～9 厘米深的浅沟，将蔓轻轻放入沟内，再用土压好，生长顶端要露出 12～15 厘米，以后每隔 0.3～0.5 米压蔓一次，共 3～4 次。南方多雨，可用土块压在地面，使南瓜顶端 12～15 厘米露出土面即可。

对于实行高度密植栽培的早熟南瓜，可压蔓一次或不压蔓，支架式栽培需压蔓 1～2 次。

③引蔓　对于南瓜支架式栽培的，上架前让基部瓜蔓在地上生长，经压蔓 1～2 次后才引上支架，方法有交叉式引蔓和圈藤式引蔓两种。交叉式引蔓，即将瓜蔓互相往其相邻植株的架材上牵引。圈藤式引蔓即将瓜蔓在其架材周围环绕一圈，然后牵引上架。

6. 人工授粉

南瓜是雌雄异花授粉植物，依靠蜜蜂、蝴蝶等昆虫授粉。人工授粉对提高南瓜的结瓜率极为有利，特别是在南方栽培南瓜，开花时期多值梅雨季节，湿度大，光照少，温度低，往往影响南瓜的授粉与结瓜，造成僵蕾、僵果或化果。所以，采用人工授粉的方法，可以防止落花，提高坐果率。

一般南瓜花在凌晨开放，早晨 4～6 时授粉最好，所以，人工授粉应选择晴天上午 8 时前，采摘几朵开放旺盛的雄花，用蓬松毛笔轻轻地将花粉刷入干燥的小碟子内，蘸取混合花粉轻轻涂满开放雌花的柱头，授粉以后，再顺手摘张瓜叶覆盖。也可将雄花采摘后，去掉花瓣直接套在雌花上，或把雄蕊在雌花柱上轻轻涂抹。如遇阴雨天，可把翌日欲开的雌花、雄花用硫酸纸制成的小袋套住花冠，或用发夹或细保险丝束住花冠，待次日雨停时，将花冠打开授粉，并用叶片覆盖授过粉的雌花。南瓜雌花比雄花早开 3～5 天，第一朵雌花开放后，可用西葫芦雄花替代授粉。

7. 老株翻秋

夏播的南瓜，8 月中旬摘去全部老嫩瓜，剪去枯老叶和部分侧枝，亩施 2000 千克腐熟粪肥，在行间深中耕 15～20 厘米，将肥翻入土中，同时伤其部分老根，刺激发新根，即为老株秋翻。接着灌足水，经常保持土壤湿润，10 月上旬前后可大量结秋瓜。

8. 采收贮藏

南瓜的嫩瓜和老熟瓜均可采收，早期瓜和早熟种南瓜在花谢后 10～15 天可采收嫩瓜；中晚熟种在花谢后 35～60 天采收充分老熟的瓜。

采收嫩瓜要注意不损伤叶蔓，并通过加强肥水管理，促进植株继续开花结果，分批分期上市。老熟瓜的表皮蜡粉增厚，皮色由绿色转变为黄色或红色，用指甲轻轻刻划表皮时不易破裂。

对选留贮藏的瓜，采瓜时，选晴天在留瓜柄 2～3 厘米长的瓜把处剪下，一般根瓜（第一个瓜）不宜作贮藏用，可先摘除，留主蔓上第二个瓜作贮藏用。选择无伤、无病、肉厚、水分少、质地较硬、颜色较橙、果面布有蜡粉的九成熟活藤瓜。贮藏的瓜不能遭霜冻，早播以保证霜前能适当成熟。生育期间最好不使瓜直接着地，可在瓜下垫砖或吊空，并要防止阳光暴晒。采瓜时要轻拿轻放，不要碰伤，谨防内瓤振动受伤导致腐烂。收瓜时最好是在连续数日晴天后的上午采收，阴雨天或雨后采收的瓜由于含水量高，不易贮藏。采收后宜在 24～27℃下放置 2 周，使果皮硬化。

五、有机南瓜病虫害综合防治

参见有机黄瓜病虫害综合防治。

第六章

有机丝瓜栽培技术

一、有机丝瓜栽培茬口安排

有机丝瓜栽培茬口安排见表 11。

表 11　有机丝瓜栽培茬口安排（长江流域）

种类	栽培方式	建议品种	播期	定植期	株行距/厘米×厘米	采收期	亩产量/千克	亩用种量/克
丝瓜	冬春大棚	早佳、兴蔬运佳、早冠 406、三比 2 号	1/底～2/上中	3/上中	(40～50)×65	4～10 月	3000～4000	200～300
	小棚早熟	育园 105、兴蔬美佳	2/下	4/上中	30×(80～100)	5～10 月	3000～4000	200～300
	春露地	白玉霜、冠军、早帅 201、益阳白丝瓜	3/上～4/上	4/上～5 月	60×150	6～10 月	3000～4000	150～200
	秋露地	新美佳、长沙肉丝瓜	5 月中旬	6 月中旬	60×150	7/下～10 月	2000～3000	150～200

二、有机丝瓜冬春大棚栽培

1. 品种选择

丝瓜冬春大棚栽培（彩图 25）宜选择耐寒性较强、第一朵雌花节位低、雌花率高、果实发育快、商品性极佳的早熟品种。

2. 播种育苗

① 播期安排　在长江流域播期一般在元月底至 2 月上中旬。

② 配制营养土　选用 3 年以上未种过瓜类蔬菜的肥沃菜园土 1 份，人畜粪或厩肥 1 份，炭化谷壳或草木灰 1 份，拌和堆制腐熟发酵配制营养土。

③ 种子处理　种子消毒宜采用温汤浸种和干热处理，或采用高锰酸钾 300 倍液浸泡 2 小时，或木醋液 200 倍液浸泡 3 小时，或石灰水 100 倍液浸泡 1 小时，或硫酸铜 100 倍液浸泡 1 小时。消毒后再用清水浸种 4 小时。清水冲洗 2～3 遍后催芽或直接播种。不应使用禁用物质处理丝瓜种子。

④ 催芽播种　将消毒浸泡处理好的种子用湿纱布包好置于 30～35℃温度下催芽，2～3 天，芽长 1.5 厘米时播种。采用大棚内加盖小拱棚育苗，播种时先浇透底水，再铺 5 厘米厚的消毒营养土，然后播种，播后盖上筛细土 1 厘米厚，薄洒一层水后盖上地膜，出苗后将地膜揭开起拱。也可采用营养钵育苗，把营养钵装入大半钵营养土，将催芽种子播入，将钵放在铺有地膜的苗床上，上盖地膜和小拱棚保温，出苗后揭地膜起拱，不需分苗。

⑤ 苗期管理　播发芽籽 2～3 天可出苗，播湿籽的需 15～25 天出苗。1 叶 1 心时分苗，每钵 1 株，分苗后浇定根水，盖小拱棚增温保湿促缓苗。从播种到子叶微展，保持床温 25～30℃，床土湿润，空气相对湿度 80% 以上。子叶展开到分苗前，白天 25～30℃，床温 16～20℃，分苗至缓苗床温 10～28℃，缓苗到定植床温 10～20℃。地发干或苗出现萎蔫现象时才浇水。定植前 7 天应开始炼苗，床温降到 10～12℃。幼苗长出 3～4 片真叶时定植。

有条件的可采用专用育苗基质进行穴盘育苗（彩图 26）。

⑥ 壮苗标准　秧苗矮壮，节间短，茎粗 0.4～0.5 厘米；子叶厚实肥大，完好无损，叶缘稍微上卷，向斜上方生长；4 叶 1 心，叶片水平伸展，大小适中，肥厚，色浓绿，无病虫为害，根系发达，根色洁白。

3. 整地定植

整地前深翻耙碎，亩施腐熟有机肥 1000 千克左右，充分混匀，整平起畦，畦宽 2 米，沟宽 30～40 厘米，畦高 20～30 厘米。起畦后，在畦中央开沟施基肥，亩施腐熟有机肥 1500 千克，磷矿粉 40 千克，钾矿粉 20 千克，施后覆土，浇足底水，盖膜升温。3 月上中旬，当日平均气温稳定在 8℃以上，苗龄 45 天左右时，选冷尾暖头的下午定植，每畦2行，每穴1株，株距40～50厘米，行株65厘米，每亩定植1200～2000株。浇足定根水，盖好小拱棚和大棚膜。

4. 田间管理

① 温度管理　定植后5～7天闭棚促缓苗，缓苗后3月底前保温防冻，夜晚加盖遮阳网，白天适当通风。4月底前注意夜间保温，白天降温。4月中旬撤除小拱棚。5月以通风降温排湿为主，上午棚温达到30℃时开始通风，下午棚温降至25℃时停止通风，5月下旬撤除棚膜。

② 水分管理　浇足定植水，5～7天后浇缓苗水，以后要适当中耕蹲苗。前期适当控制水分，必须浇水时，应选晴天中午前后进行。开花结果期，需水量大，应确保水分的供应，经常保持土壤湿润，尤其是高温伏旱期间，更应早晚浇水。但遇雨天应注意排水，防止积水。

③ 追肥管理　掌握前轻后重原则。因生长期长，应多次追肥。在施足基肥的基础上，在第一朵雌花出现至头轮瓜采收阶段，以控为主，看苗施肥。头批瓜采摘后，开始大肥大水，结合松土、培土每亩施腐熟猪牛粪200～250千克（一般在结果期每隔5～7天追施一次，整个生长期每亩需猪牛粪约5000千克）。

④ 地面覆盖　丝瓜定植缓苗成活后，随着植株生长发育，气温渐高，光照渐强，蒸发量渐大，为了减轻高温干旱的影响，可结合中耕除草，用稻草或地膜覆盖厢面，防止杂草滋生，降低土温，保持土壤湿润，促进生长发育和开花结果。

⑤ 搭架　当丝瓜苗高30厘米左右就可搭架，棚架要搭得牢固，防止被大风吹倒，也可用竹竿搭人字形篱笆架。爬蔓后，每隔2～3天要及时绑蔓理蔓，松紧要适度。绑蔓可采用之字形上引。大棚套种，引蔓上棚架后可任其自由生长。引蔓上架时要将侧枝全部去除，以集中养分供应幼瓜，若植株生长过旺，叶片繁茂，要适当打老叶。中后期拔除部分植株来降低密度。

⑥ 植株调整　一般未上架前侧蔓均需摘除，上架后原则上不摘除侧蔓，如侧蔓过多，可适当摘除。上架后待出现2～3个瓜蕾即应摘心，并剪除过多的雄花序（留部分授粉）。生长中后期，适当摘除基部的枯老叶、病叶。在整枝的同时要摘除卷须、大部分雄花及畸形幼瓜。结果盛期，要及时摘除过密的老叶及病叶，开花坐果后，要及

时理瓜，必要时可在幼瓜开始变粗后，在瓜的下端用绳子吊一块石头或泥坨（100克左右），使丝瓜长得更直、更长，商品性好。全部植株调整工作宜于晴天下午进行，以免损伤蔓叶。

⑦辅助授粉　有机丝瓜栽培不应使用保花保果的植物生长调节剂，大棚早熟栽培，由于气温低，棚门开启少，棚内少有昆虫传粉，应采取人工辅助授粉或棚室放养蜜蜂辅助授粉，促进果实正常授粉受精，克服化瓜，以使其果形端正，商品性好。授粉宜在7：00～9：00进行，阴雨天气大棚内可延至10：00～12：00。采摘当天开放的雄花，去掉花冠，将雄花花药轻轻地涂抹在雌花柱头上，一朵雄花最多涂3朵雌花。

5. 及时采收，分级上市

丝瓜以幼嫩果实供食用，应在雌花开放后10～15天及时采收，一般1～2天采收一次，用剪刀采收。早期人工授粉后10～12天即可采收，盛瓜期开花后6～7天就可采收（彩图27）。应配置专门的整理、分级、包装等采后商品化处理场地及必要的设施，长途运输要有预冷处理设施。有条件的地区建立冷链系统，实行商品化处理、运输、销售全程冷藏保鲜。有机丝瓜产品的采后处理、包装标识、运输销售等应符合GB/T 19630—2011有机产品标准要求。有机丝瓜商品采收要求及分级标准见表12。

表12　有机丝瓜商品采收要求及分级标准

作物种类	商品性状基本要求	大小规格	特级标准	一级标准	二级标准
丝瓜	同一品种或相似品种；形状基本一致，清洁，无杂物，无开裂；外观新鲜，完整，鲜嫩；表面有光泽，不脱水，无缩皱；完好，无腐烂、发霉、变质，无异味；无异常的外来水分；无严重机械损伤；无病虫害造成的损伤，无活虫；无冷害、冻害伤	长度（厘米）有棱丝瓜：长：>70 中：50～70 短：<50 长度（厘米）无棱丝瓜：长：>50 中：35～50 短：<35	具有本品种特有的颜色，瓜色均匀；具有本品种特有的形状特征，瓜条匀直，无膨大、细缩部分；无畸形果	种子未完全形成，瓜肉中未呈现木质脉络；具有本品种特有的颜色，瓜色较均匀；部分果实轻微变形，瓜条有较小弯曲，无明显膨大、细缩部分；畸形果率≤2%	种子开始形成，但不坚硬，瓜肉中未呈现木质脉络；基本具有本品种特有的颜色，瓜面允许有少量黄色条纹；部分果实轻微不规则，允许少量有膨大、细缩部分；畸形果率≤5%

注：摘自NY/T 1982—2011《丝瓜等级规格》。

三、有机丝瓜春露地栽培

1. 品种选择

根据当地习惯，选用优质、高产、抗病虫、抗逆性强、适应性强、商品性好的品种。在长江流域一般应于 3 月上旬浸种催芽后播种，4 月上旬地膜覆盖定植。作度夏、度秋淡季栽培，播种期可延至 4 月。每亩栽 250～350 穴，每穴 2～3 株。

2. 整地施肥

选择土质肥沃、排灌方便的地块。定植前每亩撒施农家肥1000～2500 千克，深翻细耙，作 1.5～1.6 米宽平畦。在作畦的同时应再沟施磷矿粉 50 千克、钾矿粉 20 千克作基肥。夏丝瓜生长时期气温高，易徒长，一般基肥要少施或不施。

3. 水分管理

浇足定植水，5～7 天后浇缓苗水，以后要适当中耕蹲苗。前期适当控制水分，必须浇水时，应选晴天中午前后进行。开花结果期，需水量大，应确保水分的供应，但遇雨天应注意排水，防止积水。干旱季节每 10～15 天灌水一次，保持土壤湿润。

4. 追肥管理

因生长期长，应多次追肥。在施足基肥的基础上，在第一朵雌花出现至头轮瓜采收阶段，以控为主，看苗施肥。头批瓜采摘后，开始大肥大水，结合中耕培土每亩施腐熟猪牛鸡粪 200～250 千克。一般在结果期每隔 5～7 天追施速效腐熟粪尿水 200 千克。

5. 引蔓绑蔓

蔓长 30～50 厘米时及时搭架，多用杉树尾作桩，用草绳交叉连接引蔓，也可用竹竿搭人字形篱笆架。爬蔓后，每隔 2～3 天要及时绑蔓理蔓，松紧要适度。绑蔓可采用之字形上引。若是大棚套种，在引蔓上棚架后可任其自由生长。

6. 人工授粉

每植株留足一定的雄花量，授粉时间以早上 8～10 时为好，授粉前，要检查当天雄花有无花粉粒，雌雄授粉配比量，一般要 1：1 以上。

7. 植株调整

原则上，上架后不摘除侧蔓，如侧蔓过多，可适当摘除。生长中后期，适当摘除基部的枯老叶、病叶。在整枝的同时要摘除卷须、大部分雄花及畸形幼果。结果盛期，要及时摘除过密的老叶及病叶，开花坐果后，要及时理瓜，必要时可在幼瓜开始变粗后，在瓜的下端用绳子吊一块石头或泥坨（100 克左右）（彩图 28），使丝瓜长得更直、更长，商品性好。

四、有机丝瓜病虫害综合防治

参见有机黄瓜病虫害综合防治。

第七章

有机冬瓜栽培技术

一、有机冬瓜栽培茬口安排

有机冬瓜栽培茬口安排见表13。

表 13　有机冬瓜栽培茬口安排（长江流域）

种类	栽培方式	建议品种	播期	定植期	株行距/厘米×厘米	采收期	亩产量/千克	亩用种量/克
冬瓜	春小拱棚	白星101、黑冠	1/下～2/上中	3月中旬	33×40	6～10月	4000～5000	150～250
	春露地	青皮冬瓜、粉皮冬瓜、白星	3～5月	4～6月	(100～120)×(180～200)	7～10月	4000～5000	150～250
	春露地搭架	广东黑皮冬瓜、衡阳扁担冬瓜	3月中下旬	4月中下旬	700～800株每亩,株距50～60厘米	7～10月	4000～5000	800粒
	早秋露地	广东青皮冬瓜	6/上～7/上	6/下～7/下	1000～1200株架栽	9月收贮至2月	4000	50～100
迷你冬瓜	春露地	春丰818,黑仙子1号、2号,甜仙子	3～4月	4～5月	(60～80)×(120～150)	5～10月	2500	600粒
	秋延后大棚	春丰818,甜仙子、黑仙子	8/上	8月底	(40～50)×(60～80)	9/下～11/下	4000	600～1000粒

二、有机冬瓜春小拱棚栽培

冬瓜塑料薄膜小拱棚早熟栽培，设施建造简单，用材灵活，适合当前菜区的经济条件和生产水平。缺点是塑料小棚矮小，操作管理不便，故仅能栽培茎蔓短的小瓜型冬瓜。

1. 品种选择

选用生育期短、早熟性强、雌花着生节位低、植株生长势较弱、叶面积小、耐低温、耐阴性较强、适宜于密植的品种。

2. 培育壮苗

① 精选种子　选择新鲜的种子，种子表面洁白而具光泽，发芽率高，筛选种子时应清除杂籽、秕籽及虫蛀、带病伤的种子，选留籽粒饱满、完整的种子，一般每亩用种量 150～250 克。

② 浸种催芽　将精选的种子用 50～60℃ 的热水浸泡，不停地搅拌，直至水温降至 30℃ 左右时，停止搅拌，继续浸泡 12～14 小时，使种子充分吸足水分，然后淘洗几遍，将种子表面的黏液污物洗去，沥干水分，用纱布或毛巾包裹好，放于恒温箱或其他温暖处，保持在 30～35℃ 下催芽，每天将种子翻动 1～2 次，使种子堆内外层温度均匀一致，或每天用温水清洗一次，除去表面的沾污物，使水分和氧气容易透进种子。经过 5～7 天，大部分种子萌发白芽时播种。也可在浸种前用 0.1%～0.2% 的高锰酸钾溶液浸种 30 分钟，消毒后用清水冲洗几遍，除去药液。

③ 播种　塑料小棚栽培早熟冬瓜，在长江流域应于 1 月底至 2 月上中旬在棚室内铺有加温电热线的苗床上育苗。播种方法有分苗播种法和不分苗播种法两种。

分苗播种法：将育苗场地施好基肥，平整好苗床，浇足底水，浇水量以水深 6～9 厘米为宜，待水渗下后，撒上 0.5～1 厘米厚的过筛干细土，将催芽种子密播在苗床上，种子间的距离为 2～4 厘米。播后覆盖过筛细土 3～5 厘米厚，用塑料薄膜盖严，保持温度 30～35℃，经一周左右即可出苗。当 70%～80% 的幼苗顶出土面时，即可开始通风，白天撤去薄膜，晚上再盖上，待第一片真叶显现时即可分苗。分苗前，先将苗床土喷湿，湿土深度为 5～8 厘米，然后按约 3 厘米×3 厘米规格切坨起苗移栽。移栽的株行距为 9 厘米×10 厘米，栽植深度以幼苗土坨与地表面相平为宜。

不分苗播种法：即播种后不再进行分苗，在原地长成适于定植的壮苗。一般用于播期晚、气温高、生长快、苗龄短的晚熟栽培冬瓜育苗，其整地、作畦、浇水等同分苗播种法。在畦面上按（9～10）厘米×（9～10）厘米规格切成方格，或用规格为 10 厘米×10 厘米的营养钵进行育苗，每格（钵）点播1粒已催出芽的种子。播后用过筛的细土覆盖，使种子上呈土堆状，土堆高3～5厘米。全部点播完毕后，再在全畦普遍撒一层土，使土堆面的厚度大体一致。定植前一周左右先浇足水，以防止起苗散坨，切坨后加强保温、炼苗，促进根系恢复后定植。

④ 苗期管理　温度管理：播种至子叶充分扩展阶段，应控制适宜的土温，一般白天保持30～35℃，夜晚不低于13℃，覆盖苗床保温的塑料薄膜应扣严密，不留通风口，及时揭去苗床遮盖物，使苗床接收更多的阳光，提高床温，黄昏时及时盖覆盖物保温，当天气寒冷或寒流来时，应采取多层覆盖的方式保温。移苗至缓苗期，白天控制适宜床温为30℃左右，夜间13～15℃。缓苗后至2叶1心阶段，控制床温白天25～28℃，夜间10～15℃，对苗床内温度偏高的部位，可适当开口透气通风，降低温度，抑制幼苗徒长，每天早晚揭盖覆盖物可适当提前和延后，争取增加光照时间。2叶1心至定植前，白天控制22～26℃，夜间控制在10～13℃，在晴朗无风天气，可逐步将覆盖的薄膜全部揭去，加强通风，夜间仍盖覆盖物，但可留出通风小口，以后随着天气逐渐变暖而不断加大通风口。到定植前2～4天，覆盖物备而不盖，以促幼苗进行耐寒性锻炼，提高适应能力。

水分管理：播种前或分苗时浇足水分后，一般在正常情况下，可不再浇水，主要采取分次覆土保墒的办法，保持土壤水分，将过筛的潮细土撒于床面，填补土壤裂缝，防止土壤水分蒸发，每次覆土厚度为0.5厘米左右。

光照管理：当幼苗出土后，特别是在2～4片叶阶段，在保证适宜的温度条件下，尽可能早揭晚盖覆盖物，使每天有更长的光照时间和更强的光照强度，让幼苗得到充足的光照。

中耕松土：在浇过播种水或分苗水后，土壤不发黏时，要及时中耕松土，中耕深度为4～6厘米，以近根处浅、离根远处深和不松动幼苗根系为原则。

幼苗锻炼：一般在定植前一周停止浇水和施肥，除去覆盖物，使幼苗在不良环境中得到锻炼。即先浇一次水，使根群土层湿透，然后切坨起苗，摆回原苗床并在周围用细土盖严，白天让阳光充分照射，夜间也不覆盖，使幼苗在低温、干旱环境中进行锻炼，提高其适应能力和抗逆能力。

3. 整地施肥

选择有机质含量高，土层深厚，保水保肥力强，排水良好，近3年内未种过瓜类蔬菜作物的壤土。当前茬作物收获后，及时清除残茬和杂草，深翻坑土，整地作厢。长江流域雨水较多，宜采用深沟高厢（畦）栽培，沟深15～25厘米，宽20～30厘米，厢（畦）面宽1.1～1.3米（包沟）。定植前7～10天，整地作畦，施足基肥（占总用肥量的70%～80%），一般每亩施腐熟有机肥2500千克，或腐熟大豆饼肥200千克，或腐熟菜籽饼肥250千克，另加磷矿粉40千克，钾矿粉20千克。酸性土壤宜每3年施一次生石灰，每次每亩施用75～100千克。

4. 适时定植

在塑料小棚内栽培早熟冬瓜，在长江流域应在3月中旬左右，当冬瓜幼苗长到3叶1心至4叶1心时，选晴天中午定植。定植的密度为33厘米×40厘米，每亩栽苗约5500株。定植栽苗深度，以土坨与畦面持平为宜。定植后立即浇水，夜间加强防寒保温，尽可能加盖双层草帘，防止寒流冻害。

5. 田间管理

① 温度管理　温度主要是通过揭盖薄膜、通风透光等手段来控制和调节的。定植至缓苗，应尽可能地提高棚内的气温和地温，增加光照，使棚内气温白天保持28～32℃，夜间12～15℃，直到缓苗后，新的心叶长出，可选在晴天逐步开始通风，中午适当降温。开花坐果期，要求白天25～28℃，夜间15～18℃，如果温度过高，特别是夜温过高，会使幼苗徒长而过多地消耗营养，影响开花授粉，必须加大通风量，必要时可在中午揭开薄膜，傍晚延迟覆盖。瓜发育膨大期，要加强光照强度，延长光照时间，保证光合作用所需的适温，白天28～30℃，夜间15～18℃。白天可全部揭去覆盖物，夜间如达到适温范围便可不盖，造成昼夜明显的温差，以利于光合产物的积累，促进瓜充分膨大。

② 水肥管理　定植缓苗后根据土壤墒情第一次浇水。第一次浇水后便中耕蹲苗，中耕深度以3～5厘米为宜，以不松动幼苗根部为原则，近根处浅些，距根远处可深些，达到5～10厘米。控制植株徒长，在正常情况下可持续到开花坐果后，此间一般不进行中耕，但要及时拔除杂草。果实膨大期浇第二次至第四次水。

一般到果实采收前，要追肥 3～4 次。在瓜苗长有 5～6 片真叶时，开沟施肥，每亩施粪干 500～750 千克，或优质腐熟圈肥 1500 千克，施肥后盖沟浇水。植株雌花开放前后要控制水肥，水肥太大容易落花落瓜。抽蔓结束摘心定瓜后，果实开始旺盛生长，需要加强追肥。追肥的原则是前轻后重，先稀后浓。追肥的种类主要是人粪尿。冬瓜采收前 7～10 天，应停止追肥浇水。

③ 地面覆盖　定植缓苗成活后，随着植株生长发育，气温渐高，光照渐强，蒸发量渐大，为了减轻高温干旱的影响，可结合中耕除草，用稻草或地膜覆盖厢面，防止杂草滋生，降低土温，保持土壤湿润，促进生长发育和开花结果。

④ 插架整枝　当植株长出 5～7 片大叶，开始爬蔓时，用竹竿插架，并将经过盘条的瓜蔓逐步引上架，植株发生的侧枝，应及时清除掉。当主蔓伸长到 13～16 片大叶时摘心，不宜放秧过长。

⑤ 辅助授粉　冬瓜在开花坐果期，气温在 20℃ 以上时，可任由蜜蜂传播花粉，如果气温在 18℃ 以下时，蜜蜂活动少，须用人工授粉，人工授粉以早晨 9：00 以前为宜，人工授粉不仅可以使坐瓜率高，而且可以使瓜长得快，均匀，籽粒整齐饱满。授粉时应小心，不可擦伤幼瓜的茸毛。以免影响瓜果发育，茸毛受伤后，冬瓜发育中途会发生黄萎而落果。

⑥ 留瓜定瓜　早熟冬瓜品种，第一朵雌花分化的节位一般是第四至第六节，间隔 2～3 片真叶再分化雌花，有时 2～3 朵雌花接连出现。留瓜时，要兼顾高产与早熟两个方面。一般选留第二至第三朵雌花结的瓜。开花时每天上午 8～10 时进行人工授粉。可在最上的小果上方 4～5 片叶处摘心，每株可只保留 15～20 片叶，不宜让瓜蔓生长过长。瓜坐住后，到弯脖开始迅速膨大时，根据需要每株选留 1～3 个子房膨大、茸毛多而密、果形周正的果实，其余的果实均摘除。

6. 采收

保护地早熟冬瓜栽培的目的，在于提早上市，所以，一般以采收嫩瓜为主，当果实长到 1～2 千克时便开始，同时还应采取多留瓜的办法，以兼顾产量和经济效益的提高。

老冬瓜商品（彩图 29）要求大小均匀，瓜形周正，无病，老熟，不伤，不软，不烂，并带有 13 厘米左右的瓜把，如果瓜不带把，无白霜，瓜肉太嫩，不受欢迎，也不易保管。冬瓜肉质要松（做瓜条蜜饯者除外），肉厚，空膛应小。

应配置专门的整理、分级、包装等采后商品化处理场地及必要的设施，长途运输要有预冷处理设施。有条件的地区建立冷链系统，实行商品化处理、运输、销售全程冷藏保鲜。有机冬瓜产品的采后处理、包装标识、运输销售等应符合 GB/T 19630—2011 有机产品标准要求。

三、有机冬瓜春露地爬地栽培

爬地冬瓜（彩图 30），即冬瓜植株始终爬在地面上完成生长、开花、结瓜全过程，不需搭支架。适于缺架材，劳力少，雨量小，栽培面积大的地方采用。栽培需有栽培畦和爬蔓畦两部分，以方便间作套种。在早春低温季节，可先在爬蔓畦内间作小白菜、小油菜、茼蒿等速生蔬菜，或先移栽莴笋、芹菜、油菜等，待气温上升，冬瓜苗大小适宜时，再定植到栽培畦上。

1. 品种选择

选择植株生长势较好，叶片较少，分蔓能力较差，特别是抗日烧病能力强，瓜面被白色蜡粉的中熟或晚熟大瓜型品种。一般青皮冬瓜抗日烧病的能力低，不适宜于爬地栽培。3～5 月育苗，育苗方法可参考冬瓜小拱棚栽培。

2. 整地作畦

选择地势高燥，排水良好，土壤疏松的地块。定植前施基肥，如果肥量多，可先满田撒施，然后在定植沟里条施；如果肥量少，只集中在定植畦条施。然后整地作畦。爬地冬瓜的栽培畦，一般由定植畦和爬蔓畦两部分构成，定植畦与爬蔓畦间隔排列。作畦方法分为单向畦与双向畦两种。

① 单向畦　按畦宽 83 厘米，南北两畦并列为一组，北畦为栽培畦，南畦为爬蔓畦，要求北边畦埂筑得高一些，畦面略向南倾斜，以阻拦北风防寒。爬蔓畦可留空等待，也可先播种或栽植速生菜，在瓜蔓延伸到畦边时收获腾地，让瓜蔓继续伸长。

② 双向畦　按东西延长方向作 1.3～1.5 米宽的栽培畦，再在其南旁和北旁各作 1 个平行的爬蔓畦，畦宽为 83 厘米左右。在栽培畦中线处开沟条施基肥，在基肥上定植南行和北行两行冬瓜，以后南行向南伸延，北行向北延伸。

3. 田间定植

定植时间必须在当地春季晚霜过后，定植深度以埋没瓜苗土坨为宜。定植方法分为普通栽法和水稳苗法两种。

① 普通栽法　在栽培畦内，按 60～66 厘米挖定植穴，将苗轻轻放入穴内，同时用花铲填土埋没土坨，然后浇定根水。

② 水稳苗法　即在栽培畦内先开出一条深 13～16 厘米、宽 20 厘米左右的浅沟，往沟内浇水，待水渗下约一半时，将带土坨的冬瓜苗按株距要求摆放入沟内，待沟水全部渗下后培土封沟。

4. 田间管理

① 中耕培土　浇过定植水后，进行中耕，以不松动幼苗基部为原则，在中耕过程中适当地在幼苗的基部培成半圆形土堆。如果土壤墒情好，可在中耕 2～3 次后再浇水。

② 盘条、压蔓　当茎蔓伸长到 60～70 厘米时，应进行有规则的盘条和压蔓，即沿着每一棵秧根部北侧先开出一条半圆弧形的浅沟，沟深 6～7 厘米，然后将瓜蔓向北盘入沟内，同时埋上土并压实。压蔓时要注意使茎先端的 2～3 片小叶露出地面，不能把生长点埋入土内。盘条的半圆弧形沟的大小，应根据植株茎的长度来确定，茎蔓长的盘条沟的弧度可大些，茎蔓短的则可小些。通过盘条可控制植株的生长方向，使同一畦内的植株生长整齐一致，叶片分布均匀合理。当茎蔓继续向前伸长 60～70 厘米时，可用同样方法在南侧开浅沟，进行第二次盘条、压蔓。一般每棵植株每隔 4～5 叶节压蔓一次，在整个生长期可压 3～4 次。每次盘条、压蔓时，都要注意将多余的侧蔓、卷须、雄花摘除干净。盘条压蔓，最好选在晴天中午以后进行。一般对生长势旺的植株，压蔓宜深些，压蔓的间隔距离可近些，也有的将茎拧劈后再压入土中。对生长势弱的植株，压蔓宜浅些，压蔓的节位距离应远些。压蔓的位置，应与果实着生的位置隔开 1～2 个节位，不宜接近果实，更不宜将着生雌花的节位压入土中。

③ 选瓜定瓜　从节位上应选留第一朵雌花出现后的第二至第五朵雌花坐果，选留具有品种特征、形状正常、发育快、果型大、茸毛多的幼瓜。当果实"弯脖"、单瓜重为 0.3～0.5 千克时进行定瓜，从每株中选留 1～2 个发育最快、个最大、最壮实的瓜，其余瓜全部摘除。

④ 翻瓜垫瓜　定瓜后要进行翻瓜，使果实各部分受光均匀，发育匀称，皮色一致，品质提高。翻瓜时轻轻地翻动约 1/4，瓜与瓜

柄、瓜蔓一起翻动，不要扭伤或扭断茎叶。一般每隔5～8天翻一次。翻瓜时间最好选晴天中午或下午。由于瓜贴地生长，容易给地下害虫和病菌侵染造成可乘之机，特别是在高温、高湿条件下，易造成腐烂，应给每个瓜铺一个草垫圈，使瓜与地面隔离。做草垫圈以不易长霉腐烂的麦草、稻草等为宜。草圈的大小应与瓜的大小相当。垫圈时，若发现瓜裸露暴晒严重，可用摘除的瓜蔓、黄叶或枯草等加以遮盖，可防止晒伤瓜皮，或造成表皮细胞组织坏死，引起黑霉和腐烂病菌感染。

⑤ 肥水管理　在施足基肥的基础上，爬蔓畦一般不必进行特别的浇水和追肥，可根据间作套种作物的要求进行。栽培畦的浇水和追肥可同时结合进行。在瓜蔓生长前期，可在幼苗前方南侧开一条20厘米左右深的沟，先在沟内撒施农家肥，每沟施10千克左右，然后引水灌溉。一般在晴天上午浇灌，经过半天晒沟可促使地温回升，下午封沟。茎蔓布满畦面，不再开沟浇水追肥，可根据土壤墒情和天气情况浇灌栽培畦，并根据需要随水流施一些稀粪水。在久旱无雨的情况下，一般5～10天浇灌一次。雨季不浇水，并要及时排水防涝。

四、有机冬瓜早春搭架栽培

冬瓜搭架栽培（彩图31）比爬地冬瓜和棚架冬瓜，具有商品性好、品质优、产量高、耐贮藏、效益好的特点。

1. 品种选择

搭架冬瓜宜选生长势强，茎粗叶大，耐热、耐涝、耐旱、耐肥、抗病性强，皮厚、肉紧、大小适中，瓜形匀称，市场适销对路的晚熟或中熟大果型品种，如广东黑皮冬瓜、衡阳扁担冬瓜等。

2. 播种育苗

播种前选晴天晒种3～4小时，以增强种子活力，并通过紫外线杀菌。可干播或湿播，湿播可用55℃温水浸种6小时左右，然后用湿纱布包裹置于30℃的恒温箱中催芽2～3天，待60%左右的种子发芽时，将种子直接播种到直径9厘米的营养钵中。

在长江流域一般于3月中下旬抢晴天播种，每钵原则上只播1粒种子，播后覆盖籽土，厚度1～2厘米。播种后先覆盖一层平膜，再在上面再架一层拱膜。播种至出苗，膜内以保温保湿为主，严格密封。出苗达60%～70%时揭去平膜，只留拱膜，如遇晴天气温过高，膜内温度超过 35℃，应在拱膜上覆盖遮阳网，四周揭开通风降温，傍晚密封。出真叶后开始揭膜炼苗，遇阴雨天应继续盖膜保温护苗，但两端不能封闭，确保膜内通风，减少病菌繁殖。待幼苗长出 2～3 片真叶，苗龄 25～30 天时，选晴天移栽至大田，移栽时应将营养钵用水充分泡湿，定植后应浇足定根水。

3. 整地定植

冬瓜根系发达，宜选择地势较高，土层深厚，排灌方便，疏松肥沃的沙壤土作瓜地。前作收获后及时用旋耕机灭茬碎土，分厢开沟，厢宽（包沟）1.5～2.0 米，畦高 25～30 厘米，翻耕分厢后，在厢中央开沟条施腐熟的猪粪、菜籽麸、生物有机肥等，每亩 1000 千克作基肥，在定植开穴时，每穴再施入一些腐熟的农家肥 0.5～1.0 千克，让幼苗根系能迅速吸收养分，促其生长发育。施肥整平后，在土厢上用 1.2 米宽的黑膜覆盖，每厢两线，盖后用泥土压实。

4 月至 5 月下旬，瓜苗 2 叶 1 心时，选晴好天气移栽。单行定植，株距 50～60 厘米，每亩种植 700～800 株。移栽时先用移苗器在黑膜上打洞，再选生长整齐一致的瓜苗移栽，不栽病苗、弱苗和散钵苗，大小苗和高矮不一致的要分类移栽，栽苗深度以钵面稍低于土面为度，栽后培土，随即浇足定根水。

4. 田间管理

① 苗期管理　移栽后及时查苗，发现病株、死苗或弱苗，随即补苗或换苗。同时，疏通畦沟、腰沟、围沟，做到沟沟相通，防涝排渍。

② 立桩搭架　冬瓜搭架主要采用"一条龙"架式，瓜苗活棵后，顺行距瓜苗 20 厘米处用直径为 6 厘米、深度为 35 厘米的打洞器打洞立桩，每隔 4 桩搭个人字桩，人字方向与桩方向垂直。在桩高 90～100 厘米处绑一横杆，连接各桩，做成单篱瓜架。绑缚瓜架不能用纤维带，易断裂散架，可用旧衣旧裤撕成布条，既节约成本，又经久耐用。

也有的地方搭成三（四）星鼓架。即用三根竹竿搭成品字形插入土壤，在 1.3～1.5 米高处捆扎起来，形成一个鼓架。通常是一株一个鼓架，如竹竿较细，也可用四根竹竿搭成四星鼓架，鼓架之间用横竹竿连贯。

③ 瓜蔓整理　当瓜蔓长到 1 米左右时，抹除所有已萌发的侧枝，只留主蔓。主蔓长到 2 米，蔓茎在 1.5 厘米以上即可上架，全田

90%的瓜蔓达到上架标准时统一上架。因为瓜蔓上架后出现顶端生长优势，瓜蔓迅速生长，蔓茎增粗缓慢，所以蔓茎粗度达不到标准的不能上架，以免影响坐瓜和瓜的大小，为使全田上架和坐瓜时间一致，在苗期要采取促控措施，使瓜苗生长整齐，个别生长过快的可推迟上架时间。上架时将主蔓下部1.2～1.5米盘在地上，主蔓上部绕在瓜架上。可使瓜叶充分接收阳光，增强光合能力，同时也可遮住直射到瓜面的阳光，防止日灼病，瓜蔓上架的方向必须正确，东西向的瓜田，蔓尖上架后应朝西生长，南北向的瓜田，蔓尖上架后应朝南生长。

④ 留瓜护瓜　瓜蔓长到18节左右开始着生第一朵雌花，以后每隔4～6节着生一朵雌花，而此时蔓茎粗度不够，坐瓜不稳，幼瓜应全部抹掉，待第二或第三朵雌花开，根据幼瓜生长健壮情况开始留瓜，蔓粗的可适当降低节位早留，蔓细的可适当上升节位迟留。定瓜应在横杆近立桩一侧。

幼瓜从开花到终花期间如遇20℃以下的低温，易出现畸形瓜，应及时摘除，再留上面的瓜，但有时考虑天气和瓜蔓的生长情况，也可将畸形瓜进行改造，用布片缠住冬瓜的膨大部分，2～3天后等细小部分膨大到一样大再松开布片，即可正常生长。

当果实渐渐停止膨大时，应及时套瓜。一般常用绳子做成网袋，套住冬瓜果实。网袋上端系在横杆上，使果实的重量落在草绳上，而不是瓜柄上。有的地方也用绳子进行吊瓜，将绳子做成8字形，套在瓜柄上，8字交叉点在瓜柄弯曲处的底部，上端系在横杆上。

及时用瓜叶、稻草、麦秸等材料遮阴，避免暴露在阳光下的果实被太阳直射引起日灼。

⑤ 追肥管理　生长期是冬瓜一生中肥水需求最大的时期。追肥要看植株长势而定，掌握"前轻后重、由淡到浓"的原则，分3～4次进行。要多施腐熟人畜粪尿水，不要在大雨前后追肥，以免造成肥效损失和叶片发黄。在幼瓜1～2千克时，可在植株旁挖5～8厘米的浅沟，每亩条施饼肥50千克左右，一周施一次，连续施2～3次。最好是一次肥水一次清水相间施用，有利于充分发挥肥效。

⑥ 浇水管理　定植后立即浇一次水，加速缓苗。如果土壤过于干旱，或因大风、高温等影响出现土壤水分不足时，可接着再浇一次水。待表土不黏时，进行中耕松土，保温保墒。此后如果土壤墒情合

适，可不必浇水，进入蹲苗期即停止浇水。在正常条件下，蹲苗期为
15～20天。茎叶营养生长期，应结合引蔓、压蔓浇一次透水。浇水
后要及时进行第二次或第三次中耕，防止植株过分疯长。开花期一般
不浇水或少浇水，避免化瓜。当瓜重达0.5～1千克时，及时浇催瓜
水，浇水可结合追肥进行。瓜旺盛膨大时期，是冬瓜需水、肥最多的
时期，应根据具体情况浇水。在雨季，如雨量适中，可不必浇水，如
雨量大或暴雨多，高温、高湿，病害较重，应排涝。如久旱无雨，土
壤干旱，气温、土温均高，应及时在早晚浇水，可浇泼或沟灌，沟灌
水深应控制在畦高的1/3～1/2。瓜成熟时，需水肥少，以排涝、防
病、治虫为重点。若土壤干旱，土壤相对湿度在70%以下时，需适
当浇水。收获前7～10天停止浇水。

5. 采收

① 嫩瓜上市　嫩瓜采收没有明确的标准，7月上中旬，坐瓜40
天以上，单瓜重在10千克以上的可采摘鲜瓜上市，采摘时瓜柄前后
各留8～10厘米瓜蔓，可延长保鲜期。

② 老瓜采摘　大部分中熟品种和晚熟品种，均收获老熟瓜。老
熟瓜的标准比较严格，需充分成熟才能收获，特别是贮藏用的冬瓜，
必须达到生理成熟度（瓜内种子成熟）。从生育期上看，从开花授粉
至果实生理成熟，中熟品种要45～55天，晚熟品种要50～60天。从
瓜上看，青皮类型冬瓜皮上的茸毛逐渐减少，稀疏，瓜皮硬度增强，
皮色由青绿色转为黄绿色或深绿色。粉皮类型冬瓜，成熟时瓜皮上明
显出现白色粉状结晶体，称为挂霜，在正常情况下，挂霜经历三个阶
段：首先是在果蒂周围出现白圈；随后进一步在整个果实表面形成一
薄层白粉，称之挂单霜；在挂单霜的基础上，最后白粉层逐渐加厚，
显现纯白美观的厚粉霜，称为挂满霜，表明已充分成熟。成熟后的瓜
可在蔓上一直留到10月中下旬霜冻来临之前采摘，采摘时要轻拿轻
放，不伤瓜皮，瓜柄剪齐，以免贮运时刺伤其他瓜。收获时机以晴天
露水干后为宜，雨天、雨后或阴湿天气不宜收获，应尽可能避开高温
烈日的中午收获。

五、有机冬瓜病虫害综合防治

参见有机黄瓜病虫害综合防治。

第八章

有机苦瓜栽培技术

一、有机苦瓜栽培茬口安排

有机苦瓜栽培茬口安排见表 14。

表 14　有机苦瓜栽培茬口安排（长江流域）

种类	栽培方式	建议品种	播期	定植期	株行距/厘米×厘米	采收期	亩产量/千克	亩用种量/克
苦瓜	冬春季大棚	长白苦瓜、种都绿美	2/中下	3/中	(35～45)×(55～60)	4/下～7月	2000	500
	春露地	长白苦瓜、华绿王苦瓜	2/下～3/上旬	3/下～4/上	(35～45)×(55～60)	5/中～7月	2000	500
	夏露地	青皮苦瓜、长白苦瓜	6/上	6/下	(35～45)×(55～60)	8/中～10/下	3000	550～750
	夏秋大棚	青皮苦瓜、长白苦瓜	6/中	6/下	50×60	8/中～10/下	3000	550～750

二、有机苦瓜冬春季大棚栽培

早春利用塑料大棚栽培春苦瓜（彩图 32），在长江流域，一般于2月中下旬播种，3月中旬定植，可较露地提早 20 多天上市。

1. 品种选择

宜选分枝力强、早熟、丰产、前期耐寒性强、后期抗热性好且适合当地消费习惯的品种。如有的地方喜欢白皮苦瓜，有的喜欢绿皮苦瓜等。

2. 培育壮苗

① 培养土配制　采用保护地育苗。营养土应提前 2 个月以上堆制，一般要求播种床含有机质较多，可用园土 6 份，腐熟厩肥或堆

肥、腐熟的猪粪 4 份相配合；分苗床则是园土 7 份，腐熟粪肥 3 份。有条件的，可每立方米营养土另加入腐熟鸡粪 15～25 千克、草木灰 5～10 千克，充分拌匀。播种苗床铺 10 厘米厚，分苗床铺 10～12 厘米厚营养土。园土要求用有机农业体系内病菌少、含盐碱量低的水田土或塘土，土质黏重的可掺沙或细炉灰，土质过于疏松的可增加黏土。施用的有机肥必须充分腐熟。床土消毒宜于播种前 3～5 天，用木醋液 50 倍液进行苗床喷洒，盖地膜或塑料薄膜密闭；或用硫黄（0.5 千克/米³）与基质混合，盖塑料薄膜密封。不应使用禁用物质处理育苗基质。营养土人工配制有困难时，可就地将表土过筛后，施入 25～30 千克/米² 优质有机肥，拌匀耙平后备用。

② 浸种催芽　采用温水浸种，即将种子浸泡于 55℃ 左右温水中，自然冷却继续浸种 12 小时以上，或采用高锰酸钾 300 倍液浸泡 2 小时，或木醋液 200 倍液浸泡 3 小时，或石灰水浸泡 1 小时，或硫酸铜 100 倍液浸泡 4 小时消毒，消毒后用清水浸种 24 小时。种子捞出用清水洗净，苦瓜种子种壳厚硬，不易发芽，可用牙齿或尖嘴钳将苦瓜种子芽眼处种壳弄破，用湿布包好后，置于 30℃ 左右温度处催芽，种子露芽 3 毫米左右即可播种。浸种催芽应在播种期以前 5～6 天进行。不应使用禁用物质处理苦瓜种子。

③ 播种　播种前先浇水，使苗床的 8～10 厘米土层含水量达到饱和，水全部渗下去后，薄撒一层过筛培养土后再播种，每平方米苗床播种 25 克，使用容器育苗播种时，每个容器内播入种子 1～2 粒。播后盖 1 厘米厚的过筛培养土，再紧贴床面盖地膜，并盖好大棚，当幼苗开始拱土时把地膜拱起。

春苦瓜育苗时，最好采用容器育苗（彩图 33）。使用时，先将容器平整紧密地排放在苗床上，然后把配制好的培养土装入容器中，以平容器口为宜，同时填没容器间的缝隙。有条件的可采用穴盘育苗，穴盘宜选用 50 孔或 72 孔穴盘，育苗基质使用泥炭、蛭石、珍珠岩等基质混以腐熟的有机肥料。宜于播种前 3～5 天，用木醋液 50 倍液进行苗床喷洒，覆盖地膜或塑料薄膜密闭；或用硫黄（0.5 千克/米³）与基质混合，盖塑料薄膜密封。

④ 苗期管理　温度管理：播种到出苗前，闭棚，保持地温白天 25℃ 左右，夜间 19～20℃；气温白天 25～30℃，夜间 17～20℃。幼苗出土以后，采用多层覆盖，保持床温白天 23～25℃，夜间 15～

18℃；气温白天 25℃左右，夜间 15℃左右。注意晚揭早盖，齐苗后开始通风，阴雨天适当少量通风，晴天中午可加大通风量定时放风，幼苗在 1 叶 1 心时要用营养钵分苗，定植前一周应炼苗。

水肥管理：应使床土疏松湿润，尽可能地降低苗床内的空气湿度。播种时浇足底水，且从一端先浇，一次浇好；出苗后浇一次齐苗水，叶片干后随即撒些干土堵墒，以后不再浇水。一般不追肥，如需追肥，可在定植前结合幼苗锻炼喷施有机营养液肥 1～2 次。

光照管理：使用新膜，及时揭盖草帘等覆盖物，晴天尽量揭去塑料薄膜。

3. 及时定植

苗龄 25～30 天，3～4 片叶时定植，在长江流域，一般于 3 月中旬选冷尾暖头的晴天定植。定植前 15～20 天扣棚增温。选择土层深厚、有机质丰富、保水保肥、能灌能排、松软透气的肥沃壤土，于头年秋冬深耕晒垡，春季解冻后结合起畦施入基肥，每亩铺施腐熟有机肥 2500 千克，或腐熟大豆饼肥 200 千克，或腐熟菜籽饼肥 250 千克，另加磷矿粉 40 千克、钾矿粉 20 千克。施肥后浅耕一次，然后作畦。在南方地区宜深沟高畦，畦高 20～30 厘米，提前 10 天盖好地膜。畦宽 1.5 米包沟，每亩栽 1800～2000 株。栽苗时，使子叶平露地面，栽后用细土盖好定植穴。及时浇足定根水，促缓苗。

4. 田间管理

① 温度管理　苦瓜定植后 5～7 天中，闭棚升温促缓苗，晚上在拱棚四周加围草帘防寒，保持棚内温度白天 20～30℃，夜间 15℃以上。棚温太低，应加强保温；棚温过高，及时通风换气。缓苗后，及时通风锻炼，棚内温度高于 30℃时应通风，逐步揭去裙膜，使棚内温度均匀，维持在 25℃左右。定植 30 天后，对植株进行大锻炼，除阴雨天外，白天都要全部揭去裙膜，晚上再盖，以后逐步晚上也将大棚裙膜揭去。进入夏季，大棚塑料薄膜可全部揭去，棚顶塑料薄膜也可以保留至采收结束。

② 追肥管理　幼苗期追肥，一般在幼苗后 8～10 天，用 10% 的人畜粪水浇施苦瓜株旁，每株 1 千克左右。以后看叶色生长势定肥量，施后培土覆盖。挂果初期，一般用 20% 的稀粪水浇灌，每株 1.5 千克，初花期及挂果初期各喷洒一次 0.05% 的稀土微肥，着重喷洒藤蔓中、上部及叶片正反面，以叶片挂露不滴水为度。盛果期追肥，

要及时选晴朗的天气进行，追肥可用 30%～35% 的人粪尿，每隔 5～7 天施一次，施肥位置最好远离植株 80 厘米左右。用腐熟农家肥直接在畦中间开沟埋肥。追肥一般每 10 天左右一次，也可视植株生长情况确定。追肥的同时结合叶面喷施有机营养液肥。在结果前期和后期，气温较低时可用 20% 的粪稀水浇灌。施用沼液时宜结合灌水进行沟施或喷施。采收前 10 天应停止追肥。有机苦瓜栽培时不应使用禁用物质，如化肥、植物生长调节剂等。

③ 水分管理　春苦瓜定植时浇足定根水，成活后控制水分，降低棚内湿度。开花至采收前的晴天，每隔 2～3 天浇水一次，保持土壤湿润，春夏季节雨水多，要做好排水工作，进入盛果期需水量大，特别是入秋前后要及时灌水，每隔 5～7 天灌水一次，灌水在上午 8 时以前或下午 4 时以后，以沟灌为宜。

④ 中耕除草　前期注意中耕松土，一般在浇定根水 4～5 天后进行第一次中耕，深度 7～10 厘米，保持土面疏松，两周后进行第二次中耕，深度 3～5 厘米。每次中耕都应清除杂草，并结合培土。搭架以后不再中耕，但要注意拔草。采用了地膜覆盖的不需进行该项工作。

⑤ 搭架、整枝、绑蔓　插人字形棚架，上午 9 时以后引蔓，蔓长 30 厘米绑一道蔓，以后每隔 4～5 节绑一道。每次绑蔓时要使各植株的生长点朝向同一方向。绑蔓应在上午 9 时以后进行。结合绑蔓进行整枝，5～7 天整枝一次，基部发生的 1～2 次侧蔓要摘除，主蔓 1 米以下只留 1 枝侧蔓开花结果，茎蔓上棚后应斜向横走。植株生长发育的中后期，要摘除植株下部的衰老黄叶。

⑥ 人工授粉　进入 4 月上旬左右，苦瓜即开始开花。早春大棚内气温较低，棚内空气流动小，而且传粉昆虫几乎没有。因此，要及早进行人工授粉，以利于坐果。将当日开放的雄花摘取，去掉花冠，将雄蕊散出的花粉涂抹在雌蕊柱头上。苦瓜授粉后，需 12～15 天，即到 4 月下旬可开始采收。

5. 及时采收，分级上市

苦瓜采收的成熟标准不太严格，嫩瓜、成熟瓜均可食用。但一般多采收中等成熟的果实。自开花后 12～15 天为适宜采收期，应及时采收。青皮苦瓜果实已充分长成，果皮上的条状和瘤状粒迅速膨大并明显突起，显得饱满，有光泽，顶部的花冠变干枯、脱落。白皮苦瓜除上述特征外，其果实的前半部分明显地由绿色转为白绿色，表面呈光亮感时，为采收适期。采收时，必须用剪刀从基部剪下，采收时间以早晨露水干后为宜。

应配置专门的整理、分级、包装等采后商品化处理场地及必要的设施，长途运输要有预冷处理设施。有条件的地区建立冷链系统，实行商品化处理、运输、销售全程冷藏保鲜。有机苦瓜产品的采后处理、包装标识、运输销售等应符合 GB/T 19630—2011 有机产品标准要求。有机苦瓜商品采收要求及分级标准见表 15。

表 15　有机苦瓜商品采收要求及分级标准

作物种类	商品性状基本要求	大小规格	特级标准	一级标准	二级标准
苦瓜	新鲜；果面清洁、无杂质；无虫及病虫造成的损伤；无腐烂异味；无裂果	长度（厘米）大：>30 中：20～30 小：≥15	外观一致；瘤状饱满，果实呈该品种固有的色泽，色泽一致；果身发育均匀，质地脆嫩；果柄切口水平、整齐；无冷害及机械伤	外观基本一致；瘤状饱满，果实呈该品种固有的色泽，色泽基本一致；果身发育基本均匀，基本无绵软感；果柄切口水平、整齐；无明显的冷害及机械伤	外观基本一致；果实呈该品种固有的色泽，允许稍有异色；稍有冷害及机械伤

注：摘自 NY/T 1588—2008《苦瓜等级规格》。

三、有机苦瓜露地栽培

苦瓜适应性强，喜温、耐热、喜湿润、怕雨涝、耐肥，能连续开花结瓜，陆续收获。一般一年一季栽培，春夏露地栽培（彩图 34）一般可在当地终霜期以前 30～50 天提早在保护地内播种育苗，到终霜后定植到露地。秋播露地栽培的，也可根据需要在定植前 15～25 天在露地育苗。

1. 播种育苗

春、茬苦瓜育苗以采用电热畦育苗最为理想。在长江流域，一般于 3 月中下旬至 4 月上旬播种育苗。苦瓜种子种壳厚而坚硬，发芽缓慢，播种前用两开一凉的热水浸种，待冷却后继续浸种 1～2 天，浸后滤出种子置于 30～33℃温度下催芽，出芽后播种。采用营养钵育苗或穴盘育苗。

2. 整地施肥

苦瓜忌连作，需进行 3 年以上的轮作，要选择近年未种过苦瓜的地块，在头年进行一次深翻耕，开春后整地施肥，施足有机肥，一般每亩撒施腐熟农家肥 4000～5000 千克，磷矿粉 40 千克，钾矿粉 20 千克。撒肥后应进行一次浅耕，使肥与土掺匀，然后做成宽 165 厘米的平畦或高畦。如果是零星栽培的，可做成瓜沟、瓜堆、瓜穴，在沟、堆、穴内施基肥。若是接茬的，还留有前茬作物，则需要按苦瓜定植行距的要求留下空行，做好深耕施底肥的准备工作。

3. 及时定植

当幼苗长至四五片叶，终霜已过后便可定植。在长江流域，一般 4 月中、下旬定植于露地。每畦栽两行称为一架，株距为 33～50 厘米，每亩栽苗 1600～2400 棵，栽苗时要注意挑选壮苗，淘汰无生长点的苗、虫咬伤苗、子叶歪缺的畸形苗、黄化苗、病苗、弱苗、散坨伤根的苗，选择晴天上午，脱下营养钵，按规定的株距开穴把苗摆好，然后埋土稳坨，栽苗深度以幼苗子叶平露地面为宜。栽完苗后及时浇定植水，促缓苗，早发棵，早结果。

4. 中耕除草

苦瓜为长蔓生蔬菜，常采用插高架爬蔓栽培法，前期要注意中耕松土，后期注意拔除杂草。一般在定植浇过缓苗水之后，待表土稍干不发黏时进行第一次中耕，如果遇大风天或土壤过于干旱，则可重浇一次水后再中耕，第一次中耕时，要特别注意保苗，锄瓜苗根部附近宜浅，千万不能松动幼苗基部，距苗远的地方可深耕到 3～5 厘米，行间可更深些。第二次中耕，可在第一次之后 10～15 天进行，如果地干，可先浇水后中耕，这次中耕要注意保护新根，宜浅不宜深。以后，当瓜蔓伸长到 0.5 米以上时，根系基本布满全行间，再加上畦中已经插了架，就不宜再进行中耕了。但要注意及时拔除杂草。在第一次中耕松土时，发现有缺苗、病苗或断苗时，要及时补栽，以保全苗。

5. 及时插架

定植缓苗后，当瓜秧开始爬蔓时，应及时插架。一般大面积栽培时，以插人字架为宜。在庭院或宅旁栽培苦瓜，可搭成棚架或其他具有特殊风格的造型架，既可美化环境，又可供夏季消暑乘凉，观赏花果，插架要坚实牢固。

6. 整枝打杈

一般苦瓜植株，任其自然生长也能开花结果，但由于苦瓜主蔓的分枝能力极强，如果植株基部侧枝过多，或侧枝结果过早，便会消耗大量的营养，妨碍植株主蔓的正常生长和开花结果。因此，很有必要进行整枝打杈，摘除多余的或弱小的枝条。

在定植缓苗后，植株爬蔓初期，可人工绑蔓一两道，可引蔓分成扇形爬架，以利于主侧蔓均匀爬满棚架，互不遮挡。随时将主蔓1米以下的叶腋侧芽或侧枝摘掉，只留1根主蔓上架。即使需要留下少数粗壮的侧枝，也应根据品种、位置、长势等情况，选留几条最粗壮的让它开花、结果，其他的弱小侧枝均应摘除。到中期，枝叶繁茂，结瓜也多，一般放任生长，不再打杈，到了生长后期，由于植株开始衰老，要及时摘除过于密闭和弱小的侧枝，以及老叶、黄叶、病叶，以利于通风透光，延迟采收期。

7. 肥水管理

① 幼苗期追肥　一般在苦瓜幼苗定植成活后，可用稀薄粪尿水浇提苗肥。幼苗期宜薄肥勤施，每隔5～7天一次，看叶色生长势定肥量。

② 挂果初期追肥　苦瓜的雌花较多，可连续不断开花结果，陆续采收，收获期可延长到初霜来临。所以苦瓜一生消耗水肥量大，除施足底肥外，在进入结果中后期时，要十分重视及时追肥。挂果初期，一般用20％的稀粪水浇灌，配合基肥基本可满足生长需要。

③ 盛果期追肥　要及时选晴朗的天气进行追肥，追肥可对水浇施或埋施，施肥位置最好远离植株80厘米左右。用腐熟农家肥直接在畦中间开沟埋施。追肥一般每10天左右一次，也可视植株生长情况确定。追肥的同时结合叶面喷施有机营养液肥。注意在高温炎夏一般不宜用稀粪，在结果前期和后期，气温较低时可用20％的稀粪浇灌。在结果的中后期，如不注意及时追肥而发生脱肥，则植株生长瘦弱，叶色黄绿，侧枝细弱，结瓜少，瓜个小，产量低，瓜的苦味增浓，品质变差。

④ 及时浇水　苦瓜喜湿但不耐渍，生长期间要求有70％～80％的空气相对湿度和土壤相对湿度，春季雨水多，应注意及时清沟排水。夏秋季节在盛果期要保证水分的充足供应，一般每隔7天左右灌水一次，灌水量以沟深的2/3为宜。

采收分级参见苦瓜冬春季大棚栽培。

四、有机苦瓜病虫害综合防治

参见有机黄瓜病虫害综合防治。

第九章

有机瓠瓜栽培技术

一、有机瓠瓜栽培茬口安排

有机瓠瓜栽培茬口安排见表16。

表16 有机瓠瓜栽培茬口安排（长江流域）

种类	栽培方式	建议品种	播期	定植期	株行距/厘米×厘米	采收期	亩产量/千克	亩用种量/克
瓠瓜	冬春季大棚	孝感瓠子、汉龙瓠瓜	1/下～2/上中	2/下～3/上中	50×75	4～6/上	2500	250
	春露地	孝感瓠子、汉龙瓠瓜	3/下	4/下～5/上	(35～45)×(55～60)	5～6月	2000	250
	秋延后大棚	孝感瓠子、汉龙瓠瓜	7/中下～8/中下	8/中～9/中	50×75	9～11月	2000	250

二、有机瓠瓜冬春季大棚栽培

1. 选用良种

选择适应性强，抗病性好，瓜长、皮薄、产量高的早熟品种。应注意不要盲目从外地引进品种，因为不同的瓠瓜品种在同一个地区栽培，很可能会因发生天然杂交而使果实变苦。

2. 培育壮苗

① 营养土配制　采用保护地育苗。育苗床应选择地势干燥、通风排水良好、前茬未种过瓜类的地块。营养土应提前2个月以上堆制，一般要求播种床含有机质较多，可用园土6份，腐熟厩肥或堆肥、腐熟的猪粪4份相配合；分苗床则是园土7份，腐熟粪肥3份。

有条件的，可每立方米营养土另加入腐熟鸡粪 15～25 千克、草木灰 5～10 千克，充分拌匀。播种苗床铺 10 厘米厚，分苗床铺 10～12 厘米厚营养土。园土要求用有机农业体系内病菌少、含盐碱量低的水田土或塘土，土质黏重的可掺沙或细炉灰，土质过于疏松的可增加黏土。施用的有机肥必须充分腐熟。床土消毒宜于播种前 3～5 天，用木醋液 50 倍液进行苗床喷洒，盖地膜或塑料薄膜密闭；或用硫黄（0.5 千克/米³）与基质混合，盖塑料薄膜密封。不应使用禁用物质处理育苗基质。营养土人工配制有困难时，可就地将表土过筛后，施入 25～30 千克/米² 优质有机肥，拌匀耙平后备用。

　　② 铺电热线　将床土起出，使床深约 10 厘米，床底整平，按每平方米 80～100 瓦铺线，再将营养土铺入床内，厚 10 厘米，整平床面，或将营养土装入营养钵排放在床上，浇足底水，开通电源，24 小时后即可播种。

　　③ 种子处理　瓠瓜种子的种皮厚，不易透水，播前宜将种子于晴朗天气晒种一天，再采用温汤浸种催芽法进行消毒。方法是：先用凉水浸湿种子，再将种子浸入 4～5 倍种子容器的 55℃温水中浸种 15 分钟，不停搅拌，水温降至 30℃左右时，停止搅拌，继续浸种 8～10 小时，捞出晾干，用湿纱布包好放在 25～30℃下催芽，每天用温水淘洗一次，2～3 天后，80% 种子露白时即可播种。种子最好先用硬器或钳子将种壳微微磕开，使其容易吸水膨胀，破壳后催芽可提前发芽，破壳以种子两侧顶端裂开 1/3 为度，以不伤种胚为宜。

　　④ 提早播种　瓠瓜春提早栽培的播种期一般在 12 月至 2 月上旬，视地区、设施保温性及管理水平而异，长江流域多在元月下旬至 2 月上中旬播种，采用多层覆盖，将催好芽的种子撒播或条播在苗床上，或直接播入营养钵内，每钵播 1～2 粒，出苗后留 1 株。播种后盖上一层细土，厚约 2 厘米，平铺地膜，搭好小拱棚并覆盖草帘。出苗前温度宜适当偏高，白天掌握在 28～30℃，夜间 18～20℃，但不能低于 15℃；出苗后温度适当降低，白天 25℃左右，夜间 15～18℃。当有 30%～40% 种子出苗后及时揭去地膜，遇低温盖薄膜保温。种子播后 7～10 天，秧苗未绿化时在晴天分苗假植。

　　⑤ 营养钵分苗　撒播或条播的苗床，当幼苗具 2～3 片真叶时，应及时移植到口径为 10 厘米的塑料营养钵中，1 钵 1 苗，并将营养钵移至小拱棚内盖严，保持棚内一定的温湿度，培育壮苗。分苗后苗

床保持 25～30℃，等 3～4 天缓苗后，降至白天 20～25℃，夜间 8～
12℃炼苗。苗床要经常保持湿润，补水要选晴天无大风的中午进行，
补水根据苗的长势，可结合追施有机营养液肥，浇水施肥后必须充分
通风排湿，后期炼苗时适当控制水分。3～5 片真叶，株高 15 厘米左
右，叶色深绿、无病虫害、根系发达，苗龄 30～40 天时可定植。

有条件的，也可采用穴盘育苗，穴盘宜选用 50 孔或 72 孔穴
盘，育苗基质使用泥炭、蛭石、珍珠岩等基质混以腐熟的有机肥
料。宜于播种前 3～5 天，用木醋液 50 倍液进行苗床喷洒，覆盖地
膜或塑料薄膜密闭；或用硫黄（0.5 千克/米^3）与基质混合，盖塑
料薄膜密封。

3. 施足基肥

选择保水保肥力强、排水良好地土壤种植。瓠瓜生长期长，产量
高，需肥量大，应施足基肥，一般每亩铺施腐熟有机肥 2500 千克，
或腐熟大豆饼肥 200 千克，或腐熟菜籽饼肥 250 千克，另加磷矿粉
40 千克、钾矿粉 20 千克。施肥后浅耕一次，然后作畦。畦宽 1.5～
1.6 米（包沟），沟宽 50 厘米，沟深 20 厘米。在定植前 10～15 天扣
棚预热。

4. 适时定植

棚内最低土温 8℃以上，气温稳定在 10℃以上即可定植。长江流
域多重覆盖大棚栽培，可于 2 月中下旬定植，普通大棚宜于 3 月上中
旬定植。每畦栽 2 行，株距 50 厘米，行距 75 厘米，每亩栽 1500 株
左右，浇透定植水，搭上小拱棚加盖草帘。

5. 田间管理

① 温湿度管理　定植后 5～7 天促缓苗，一般密闭大棚不通风，
但白天应揭开草帘，增加光照，保持棚内白天温度 25～30℃，夜温
18～20℃。个别年份，定植时气温特别高，为防止烧苗，可于中午前
后在小拱棚上覆盖遮阳网。缓苗后日温保持 25℃左右，夜温 13～
15℃，晴天上午棚温升到 30℃时通风，晴天中午，一般在大棚两侧
通腰（肩）风，通风口由小到大，从单面到两面，逐步加大通风量，
下午降到 25℃时闭棚，湿度调节应结合温度管理进行。进入 4 月上
旬后，可揭去小拱棚，4 月下旬或 5 月上旬以后可撤除大棚裙膜，保
留棚顶膜防雨，揭去大棚裙膜前必须加大通风量，以使植株适应外界
环境。

②水肥管理　幼苗定植后浇足稳苗水，缓苗后再浇一次水，以后苗期控制浇水，进入结瓜期后，每7天浇一次催瓜水，水要浇足浇透。

瓠瓜进入开花结果期，一般每隔10~15天亩施一次腐熟粪水1000千克，采瓜后要及时追一次肥。采用地膜覆盖栽培，追肥不便，一般需打洞追肥，如果安装有滴灌装置，则可结合灌水追肥。

③整枝绑蔓　瓠瓜侧枝数多，如不进行整枝则茎叶生长旺盛，不易坐果，造成徒长。瓠瓜的整枝不宜太早，可在定植后任其生长，当瓜蔓爬满整个畦面时，结合搭架进行整枝理蔓。一般将基部的侧枝剪去，保留2~3个健壮的侧枝任其爬于畦面，将主枝引上竹架。当侧枝上有1~2个果实坐果后摘心。为促进侧蔓及早发生和结果，应于主蔓长有3叶时开始摘心，子叶位腋芽及早摘除，留4~5个子蔓，子蔓留2~3条孙蔓再摘心，如此循环，每个侧蔓可选留1~2个健壮硕大的雌花，并在雌花上部留1~2片叶摘心。以后随着植株的生长，可将植株下部的老叶、黄叶摘除。

瓠瓜长到5~6节时，开始爬蔓，应搭人字架，也可采用直立栏式架，并以直立栏式架较为适宜。搭架时，在每一植株畦边一侧插入一小竹竿，采用人字架者，每畦对应的两根竹竿在距地面150厘米处交叉，在交叉处架一横杆，并用稻草或塑料绳与竹竿固定；搭直立架者，竹竿直立，并在距地面150厘米处用横杆与之固定，每隔2米左右，将同一畦两侧的横杆用一竹竿相互支撑。

④辅助授粉　有机瓠瓜栽培不应使用保花保果的植物生长调节剂，大棚早熟栽培，由于气温低，棚门开启少，棚内少有昆虫传粉，可采取人工辅助授粉或棚室放养蜜蜂辅助授粉，促进果实正常授粉受精，克服化瓜，以使其果形端正，商品性好。授粉宜在7：00~9：00进行，阴雨天气大棚内可延至10：00~12：00。采摘当天开放的雄花，去掉花冠，将雄花花药轻轻地涂抹在雌花柱头上，一朵雄花最多涂3朵雌花。

6. 及时采收，分级上市

瓠瓜在花后12~15天、长度为50~70厘米时，选择无病虫斑，皮色变淡而略带白色，肉质坚实而富有弹性、瓜条商品性好的分批采收（彩图35）、包装、贮运上市。注意首批瓜宜早采，以确保营养生长与生殖生长平衡，有利于后期开花结果。

　　瓠瓜商品要求鲜嫩，色略青，身条均匀（直径不超过 6 厘米），无斑点，不发光，不折断，无苦味。

　　应配置专门的整理、分级、包装等采后商品化处理场地及必要的设施，长途运输要有预冷处理设施。有条件的地区建立冷链系统，实行商品化处理、运输、销售全程冷藏保鲜。有机瓠瓜产品的采后处理、包装标识、运输销售等应符合 GB/T 19630—2011 有机产品标准要求。

三、有机瓠瓜春露地栽培

1. 培育壮苗

　　① 种子处理　在长江流域，瓠瓜露地栽培（彩图 36）多于 3 月下旬阳畦育苗，4 月底至 5 月初定植。也可于终霜后直播。种子可采用温汤浸种及药物处理两种方法。温汤浸种，把种子放入 55℃温水中，维持水温均匀浸泡 15 分钟；药物浸种，先用清水浸种 6～8 小时，再放入 0.5％高锰酸钾溶液中浸泡 20 分钟，捞出洗净，晾干并进行催芽。

　　② 播种育苗　当种子 80％破嘴时即可播种，可采用营养钵或苗床育苗。

　　营养钵育苗：选前 2 年内未种过瓜类等同科作物的疏松、熟化、肥沃、无污染的土壤 100 千克，加入充分腐熟的有机肥 50 千克和生物钾肥 0.1 千克，充分拌匀后装钵，然后播种，浇透水，并用细土覆盖表面。

　　苗床育苗：选择排灌方便、土壤疏松的田块作苗床，播种前苗床每亩施入腐熟有机肥 5000 千克，并充分耙细起畦，浇足底水，湿润至床土深 10 厘米，水渗下后薄撒一层营养土，整平床面，然后均匀播种。采用点播法播种，点播规格 10 厘米×10 厘米。播后再薄盖一层营养土。早春气温不稳定，苗期处于低温湿冷阶段，容易出现冻害。播种后应及时搭建小拱棚，并覆盖薄膜防寒。

　　③ 苗期管理　主要做好保温保湿，增加光照管理。一般苗床不发白不浇水。定期揭膜通风透气，在晴好天气的上午，当拱棚内的温度达到 30℃以上时，揭起两头农膜通风换气，以利降温，晚上盖上农膜。定植前 7 天进行炼苗，并逐渐延长揭膜时间，增强植株抗逆性。定植前 7 天把带病的植株及徒长、劣、弱株除掉。

2. 整地施肥

早春一般在苗龄 30～40 天、叶龄 4～5 叶时进行定植。选择土层较深厚、排灌方便、前作未种过瓜类作物的地块种植。

田块先进行深翻晒白，耙匀耙碎，充分熟化土壤，然后按畦面宽 70～80 厘米，沟宽 50 厘米起高畦。基肥以腐熟有机肥为主，每亩施腐熟有机肥 4000～5000 千克，磷矿粉 40 千克，钾矿粉 30 千克。基肥在最后一次犁耙时全田施入，也可在开种植穴时施入，并充分与土拌匀。

3. 适时定植

定植前先覆盖地膜，开穴种植，及时覆土盖穴孔。不支架栽培的，可按 1.5 米的距离开沟，沟宽和深均为 20 厘米左右，播种 1 行或栽 1 行，株距 40～50 厘米。支架栽培的，可做成宽 1.5 米的畦，栽植 2 行或播种 2 行，株距 30 厘米。瓠瓜幼苗柔嫩，栽时宜用手捏子叶，不宜捏茎。栽后及时淋定根水。幼苗定植后周围地面可撒些切碎的稻草，以防雨溅泥浆黏附幼苗。

4. 田间管理

① 追肥　追肥一般在始果或采收后进行，每次每亩用腐熟粪肥 1000～1500 千克，淋施。在盛花至结瓜初期用有机营养液肥加硼砂溶液叶面喷施，每隔 7～10 天一次，连喷 2～3 次，能显著提高结瓜率和瓜的质量。

② 浇水　在整个生长期间要保持畦内土壤湿润，雨天注意排水，不能积水，土地干旱时采用灌"跑马水"的形式灌溉。

③ 人工授粉　在不良气候影响坐果时，采用人工辅助授粉，能显著提高坐果率。

④ 适时引蔓　选用 2.5 米左右的长篙竹，插好后，顶部用大竹或尼龙绳全田绑拉作棚架，防止大风侵袭而倒塌，减少损失，当瓜蔓爬上竹时，可在下午将主蔓、侧蔓按伞形、之字形分开，并在地上打圈一周后上竹，进行合理引蔓。蔓到顶时再平行引导，使叶少重叠，有利于通风透光和促进叶的光合作用。

5. 适时采收

瓠瓜主要采收嫩瓜，从雌花开花到采收嫩瓜，一般需 12～15 天。采收的标准是果柄及果皮茸毛减少，单瓜重达 1 千克左右。采收宜在早晨进行，用剪刀齐果柄处剪断。盛果期 2～3 天采收一次。

四、有机瓠瓜秋延后栽培

1. 品种选择

根据季节和市场选择适宜品种，可选用抗病性好、抗逆性强、早熟高产的优良品种。

2. 培育壮苗

播种期的确定，应避开生长盛期处于高温季节，并使瓠瓜结瓜初期安排在 20～25℃气温条件下，在长江流域，一般播种期在 7 月中下旬至 8 月中下旬，可根据上茬蔬菜采收时间适当提前或延迟，但时间不应超过 10 天。播种过早，温度高，病害严重，播种过迟，生育期短，产量低。

可直播或育苗移栽，7、8 月高温强光，可集中育苗，便于管理。每亩用种量 250 克。整地前撒施草木灰、磷矿粉，做成宽 1 米苗床，然后耙平畦面，浇足底水，水渗后撒播，覆土 1 厘米，最后覆盖稻草或遮阳网，当苗大部分露头时，及时揭开覆盖物防止高脚苗。

当瓠瓜幼苗子叶展开后可移入营养钵进行假植。在移苗后的头 10 天，可搭 1 米高平棚覆盖遮阳网，中午盖、早晚揭。注意水分管理，不干不浇。并根据苗势施肥 2 次，用 5％腐熟人粪尿追施。同时注意防治猝倒病、蚜虫、种蝇和地老虎。

3. 及时定植

秋季可适当提早下田定植，幼苗 2～3 片真叶时即可定植。定植前深翻晒白，碎土耙平做成 1.5 米宽畦（包沟）。施足基肥，每亩基施厩肥 2000 千克（或鸡粪干 1000 千克），磷矿粉 50 千克，开沟施于畦中央并覆土。选晴天定植，双行三角形穴位种植，株距 45～50 厘米，每亩定植 1500 株左右，并浇定根水。

4. 田间管理

① 及时搭架　瓠瓜幼苗高 15～20 厘米，用长约 2.5 米的细竹竿搭人字架，即将竹竿在瓜苗内侧约 5 厘米处插入，一苗一竿斜向与对面竹竿交叉为 X 形，交叉处和竹竿中间加横竿绑牢，以巩固竹架。

② 植株调整　蔓长 15～20 厘米时引蔓上架，绑蔓，以后每隔 2～3 节绑蔓一次，至结果盛期蔓长至支架顶端进行整枝摘心。当主蔓长到 6 片叶左右时，进行摘心，促使侧蔓抽生和结瓜，以后看长势可顺其生长或进行第二次摘心，并将无效分枝及下部老、黄、病叶及

时抹除，减少养分损失，利于通风透气，防止病害发生。为提高坐果率，可在晴天下午 6 时左右花开放后进行人工授粉。为保证瓜条顺直，要经常查园，理好幼瓜，不要让它下部顶着藤蔓或竹竿，以免瓜条弯曲畸形，影响商品性。将不良瓜、病虫瓜摘除，减少病虫害。

③ 肥水管理　瓠瓜生育期短、产量高，短期内需要大量肥水，除施足基肥外，还要多次追肥。上架前施一次 10% 腐熟稀人粪尿促发苗，上架后施上架肥一次促分蔓，每亩追施腐熟人粪尿 1000 千克。头批瓜膨大时追一次肥，以后每采收 1~2 批瓜追肥一次，每次每亩施腐熟人粪尿 1000 千克，并可结合病虫防治叶面喷施有机营养液肥，防止早衰，增加后期产量。秋季较干旱，追施地面肥应结合灌水进行。后期生长势旺，坐果多，应及时浇水，特别是秋季高温大风，采收期每周至少灌水一次。

5. 适时采收

秋季瓠瓜生长迅速，开花后 10 天左右，重 600~750 克时应及时采收。

五、有机瓠瓜病虫害综合防治

参见有机黄瓜病虫害综合防治。

第十章

有机豇豆栽培技术

一、有机豇豆栽培茬口安排

有机豇豆栽培茬口安排见表 17。

表 17　有机豇豆栽培茬口安排（长江流域）

种类	栽培方式	建议品种	播期	定植期	株行距/厘米×厘米	采收期	亩产量/千克	亩用种量/克
豇豆	冬春季大棚	天宇399、纤手早生王、宁豇三号、黄晶、瑞祥龙须豇	2/中～3/中	直播	(20～25)×(50～60)	4/下～7月	1500	2500
	春露地	之豇28-2、宁豇四号、正豇555、高产四号	3/中～4月	直播	(20～25)×(55～60)（双株）	5/中～7月	1500	2500
	夏露地	之豇28-2、头王特长1号、湘豇4号	5/中～8/上	直播	25×60（双株）	7～10月	1500	3000
	夏秋大棚	之豇28-2、天宇801、天宇9号	6～7/下	直播	25×60（双株）	8/上～10月	1500	3000
	秋延后大棚	早熟5号、正源8号、杜豇	7/中～8/上	直播	25×60	9/上～12/上	1500	3000

二、有机豇豆冬春季大棚栽培

1. 品种选择

豇豆冬春季大棚栽培（彩图 37）应选用早熟，丰产，耐寒，抗病力强，鲜荚纤维少、肉质厚、风味好，植株生长势中等，不易徒长，适宜密植的蔓生品种。不得使用转基因品种。

2. 轮作计划❶

合理轮作，科学安排茬口，可有效防止豇豆的连作障碍。豆类蔬菜或豆科绿肥同属豆科，有许多共同的病虫害，如炭疽病、锈病、灰霉病、疫病、潜叶蝇、豆野螟等，这些病菌主要在土壤中过冬，或附着在病残体越冬，因此彼此不应互相连作，应与非豆科作物实行 3 年以上的轮作。

3. 整地施肥

豇豆开花结果期长，产量高，效益好。应选择含有机质多，土层深厚，保水保肥力强，排水良好，近 3 年内未种过豆科作物的壤土。当前茬作物收获后，及时清除残茬和杂草，深翻坑土，整地作厢。春季在定植前 15～20 天扣棚烤地，结合整地每亩施入腐熟有机肥 2000 千克，或腐熟菜籽饼肥 200 千克，加磷矿粉 40 千克及钾矿粉 20 千克。另外，豇豆的根系与根瘤菌共生，这是豆科作物的重要特点之一，应创造根瘤菌所需的生活条件。由于根瘤菌的活动，常常分泌有机酸，使土壤酸度增加，而根瘤菌活动则以 pH 值 6～7 的偏中性土壤为宜，因此长江流域有机豇豆种植基地的土壤宜每 2 年施一次生石灰，每次每亩施用 75 千克。定植前一周左右在棚内作畦，一般做成平畦，畦宽 1.2～1.5 米。也可采用小高畦地膜覆盖栽培，小高畦畦宽（连沟）1.2 米，高 10～15 厘米，畦间距 30～40 厘米，覆膜前整地时灌水。

4. 播种育苗

① 种子处理　干籽直播或育苗移栽，育苗时，先用温水浸种 8～12 小时，中间淘洗 2 次，用湿毛巾包好，放在 20～25℃条件下催芽，出芽后备播。

② 播种育苗　早春豇豆直播后，气温低，发芽慢，遇低温阴雨，种子容易发霉烂种，成苗差。因此，早春大棚豇豆栽培多采用育苗移栽，可使幼苗避开早春低温和南方多阴雨的环境，并且可有效抑制营养生长过旺，但豇豆根系易木栓化，不耐移栽，最好采用营养钵育苗。

苗龄 25～30 天，在长江流域，播种期最早在 2 月中下旬，播种过早，地温低，易出现沤根死苗，苗龄过大，定植时伤根重，缓苗

---

❶ 菜豆等其他豆类的轮作计划可参照进行，不另行叙述。

慢；播种过迟达不到早熟目的。

营养土苗床要提前翻耕，捣细耙平，每亩施腐熟有机肥 1000 千克左右，如用营养钵育苗，则营养钵直径不应小于 8 厘米，高度不应低于 10 厘米。然后在平整的床上按（7～8）厘米×(7～8)厘米规格播种粒大饱满的种子 4～5 粒（营养钵中同样播 4～5 粒种子），然后浇足底水，盖上 0.5 厘米厚的营养土，再平铺地膜，然后用小拱棚保温。播种后，在正常情况下 4～7 天可出苗，幼苗出土后要及时揭掉地膜，但小拱棚仍要昼揭夜盖。出苗后，白天温度保持在 20～25℃，大棚内既要注意保温，又要进行通风和换气，以保证幼苗生长整齐、健壮。种子发芽期和幼苗期床土不宜过湿，以免降低发芽率，或导致幼苗徒长，甚至烂根死苗。采用营养土块育苗时一般于第一复叶开展时即可定植，采用营养钵育苗时可延迟至 2～3 片复叶时定植。

5. 及时定植

在长江流域，一般于 2 月底至 3 月上中旬，苗龄 25 天左右，当棚内地温稳定在 10～12℃，夜间气温高于 5℃时，选晴天定植，行距 60～70 厘米，穴距 20～25 厘米，每穴 4～5 株苗。

6. 田间管理

① 温湿度管理　定植后 4～5 天内密闭大棚不通风换气，棚温白天维持 22～28℃，夜间 15～18℃。当棚内温度超过 32℃以上时，可在中午进行短时间通风换气。3 月底前主要是保温防冻，若遇寒流、霜冻、大风、雨雪等灾害性天气要采取临时增温措施，采用多层覆盖。缓苗后开始放风排湿降温，白天温度控制在 20～25℃，夜间 15～18℃。加扣小拱棚的，小棚内也要放风，直至撤除小拱棚。进入开花结荚期后逐渐加大放风量和延长放风时间，这一时期高温高湿会使茎叶徒长或授粉不良而招致落花落荚，一般上午当棚温达到 18℃时开始放风，下午降至 15℃以下关闭风口。生长中后期，当外界温度稳定在 15℃以上时，可昼夜通风。进入 6 月上旬，外界气温渐高，可将棚膜完全卷起来或将棚膜取下来，使棚内豇豆呈露地状况。也可保留顶膜作防雨栽培。

② 查苗补苗　当直播苗第一对基生真叶出现后或定植缓苗后应到田间逐畦查苗补苗，结合间苗，一般每穴留 3～4 株健苗。基生叶生长好坏对豆苗生长和根系发育有很大的影响，基生叶提早脱落或受伤的幼苗应拔去换栽壮苗。

③ 植株调整 搭架引蔓：大棚内不宜过早支架，早了遮阴，但过迟蔓茎相互缠绕，不利于搭架，一般在蔓出后才开始支架，双行栽植的搭人字架，架高 2.0～2.5 米，在架半空处适当加几根横架材，以利爬蔓。将蔓牵至人字架上，茎蔓上架后捆绑 1～2 次。豇豆茎蔓属左旋性向上缠绕，故应逆时针方向引蔓。引蔓宜在晴天下午进行，不要在雨天或早晨进行，以防折断。设施栽培宜采用尼龙绳吊蔓，以便于操作和减少架材的遮阴。有机豇豆所用的架材应与非有机生产部分完全分开，不得混用。

整枝摘心：豇豆每个叶腋处都有侧芽，每个侧芽都会长出 1 条侧蔓，若不及时摘除下部侧芽，会消耗养分，严重影响主蔓结荚；同时侧蔓过多，架间郁闭，通风透光不好，引起落花而结荚少，所以必须进行植株调整。调整的主要方法是打杈和摘心。打杈是把第一花序以下各节的侧芽全部打掉，但打杈不宜过早，第一花序以上各节的叶芽应及时摘除，以促花芽生长。摘心是在主蔓生长到架顶时，及时摘除顶芽，促使中、上部的侧芽迅速生长，各子蔓每个节位都生花序而结荚，为延长采收期奠定了基础。至于子蔓上的侧芽生长势弱，一般不会再生孙蔓，可以不摘，但子蔓伸长到一定长度，3～5 节后即应摘心。

④ 水肥管理 浇定植水后至缓苗前不浇水、不施肥，若定植水不足，可在缓苗后浇缓苗水，之后进行中耕蹲苗，一般中耕 2～3 次，甩蔓后停止中耕，到第一花序开花后小荚果基本坐住，其后几个花序显现花蕾时，结束蹲苗，开始浇水追肥。追肥以腐熟人粪尿为主，结合浇水冲施，也可开沟追肥，每次每亩施腐熟人畜粪尿或沼液 750～1000 千克，浇水后要放风排湿。

大量开花时尽量不浇水，进入结荚期要集中连续追 3～4 次肥，并及时浇水。一般每 10～15 天浇一次水，每次浇水量不要太大，追肥与浇水结合进行，一次清水后相间浇一次稀粪。到生长后期除补施追肥外，还可叶面喷施有机营养液肥，或 0.2%～0.5% 的硼、钼等微肥。

⑤ 地面覆盖 在播种或定植缓苗成活后，覆盖黑色或银灰色地膜，以防除草和避免蚜虫为害。

7. 及时采收，分级上市

播种后 60～70 天、嫩豆荚已发育饱满、种子刚刚显露时采收

（彩图 38）。豇豆每花序有 2 个以上花芽，起初开 2 朵花、结 2 条荚果，以后的花芽还可以开花结荚，因此采收时不能损伤剩下的花芽，更不能连花序一起摘下。一般情况下每隔 3～5 天采收一次，在结荚高峰期可隔一天采收一次。

应配置专门的整理、分级、包装等采后商品化处理场地及必要的设施，长途运输要有预冷处理设施。有条件的地区建立冷链系统，实行商品化处理、运输、销售全程冷藏保鲜。有机豇豆产品的采后处理、包装标识、运输销售等应符合 GB/T 19630—2011 有机产品标准要求。有机豇豆商品采收要求及分级标准见表 18。

表 18　有机豇豆商品采收要求及分级标准（供参考）

作物种类	商品性状基本要求	大小规格	特级标准	一级标准	二级标准
豇豆	荚果具有本品种特有的颜色；完好，不包括腐烂或变质的产品；无异常的外来水分；无异味；无腐烂；无冷害或冻害	荚果长度（厘米）大荚果：>70 中荚果：40～70 短荚果：<40	同一品种；不符合规格要求的按长度计不超过 5%；豆荚发育饱满，荚内种子不显露或略有显露，手感充实。荚果具有本品种特有的形状特征，形状一致。无病虫害	同一品种；不符合规格要求的按长度计不超过 8%；豆荚发育饱满，荚内种子略有显露，手感充实。荚果形状基本一致。病虫害不明显	为同一品种或相似品种；不符合规格要求的按长度计不超过 10%；豆荚内种子明显显露。荚果形状基本一致。病虫害不严重

三、有机豇豆夏秋栽培

夏秋豇豆栽培（彩图 39）收获盛期处于 35℃ 高温期，因温度高，温差小，降雨量大，豇豆易鼓籽且病虫害严重，栽培目标不是追求高产量，而是要保证商品性好、抗病性强、荚条色泽适合特定市场的消费习惯。

1. 选用耐热品种

宜选用耐高温不鼓籽、耐湿、抗病、早熟、丰产的品种。一般 5 月中旬至 6 月中旬播种，7 月中旬至 8 月上旬始收，可采收到白露前。

2. 采用直播

夏秋两季由于气温高，光照条件好，豇豆幼苗生长速度快，一般幼苗期 15～20 天即可完成，如果采用育苗移栽，定植时地温高，幼苗容易萎蔫，不易成活，即使采用一定的护根措施，由于缓苗时间长，也易造成幼苗老化，影响产量，因此，夏秋豇豆种植大都采用直播方法。

3. 高畦稀植

种植田块宜选用地势高燥，通风凉爽，排灌方便的场所，作高畦或小高畦。播前土壤灌水造墒，使底水充足，防止种子落干。播种密度较春豇豆稀些，一般 1.2 米宽的畦播 2 行，行距 60 厘米，穴距 20～25 厘米，每穴留苗 3 株，每亩用种 3 千克。

4. 及时上架

夏季豇豆生长快，必须及时插架并引蔓上架，防止茎蔓匍匐地面。另外要求插架必须牢固，以防雨后出现塌架。加强中耕除草，一般在定植后、插架前后、开花结荚初期和盛期，共中耕除草 5～6 次。

5. 植株调整

豇豆引蔓上架后及早打掉 6～7 叶以下的基部侧芽，保持主蔓生长优势。主蔓第一花序以上侧枝留 2～3 叶后尽早摘心，促进侧枝早形成花序。主蔓长到 2～2.5 米时要打顶，趁早晨或雨后，用小竹竿打主蔓伸长的嫩头，一打即断，速度很快。

6. 及时排水

夏秋季雨后田间积水常使土壤缺氧，豇豆植株发生沤根和盛荚期大量落叶，严重影响产量。因此，大雨过后要及时排水，排水后再浇一次清水或井水以降温补氧。夏秋茬豇豆行间铺 5～6 厘米厚的秸秆或草，可防止土壤板结、降低地温，防止一般情况下大雨后出现死棵现象。

7. 及时追肥

夏秋季高温多雨，田间肥料容易被雨水淋失，使植株出现脱肥现象，因此，可以采用条沟集中施足底肥的方法，并及时分次追肥。夏秋豇豆结荚期正值 8 月伏天，植株更易出现"伏歇"现象，应及早增施肥料。

8. 加强病虫防治

夏秋季气温高、湿度大，病虫害易发生，要特别注意防治。一般结荚期每 7 天左右喷一次杀虫药防治豆荚螟，并注意防治锈病、炭疽病和灰霉病等。

四、有机豇豆秋露地栽培

1. 品种选择

应选用耐热的中晚熟品种。

2. 整地作畦

选择地势较高、排水良好，2 年未种过豆科作物的中性土壤或沙质土壤种植。在整地时应起深沟高畦，畦土要深翻晒垡，深翻 30厘米。

3. 播种

秋豇豆大多选择直播，在长江流域，播种期一般为 6 月上旬至 8月初，每亩播种量 2.0～2.5 千克，行株距与春豇豆相同。每穴播 3～4 粒种子，播后盖 3 厘米厚细土，浇足出苗水。

4. 田间管理

由于秋豇豆生长期较短，前期正值高温，生长势不如春豇豆，所以，搭架不必太高。豇豆出苗后及时施提苗肥，可用淡粪水浇施。以后应适当控制肥水，抑制植株营养生长，如果幼苗确实生长太弱，可薄施 1～2 次稀淡粪水。豇豆开花结荚期需肥水较高，应浇足水，及时施重肥，每亩可追施腐熟粪肥 1500 千克。每周再喷施微肥一次。豆荚生长盛期，应再追一次磷肥，以减少落花落荚。盛荚期后，若植株尚能继续生长，应加强肥水管理，促进侧枝萌发，促进翻花。

由于秋豇豆生长盛期正值高温、干旱、暴雨季节，要特别注意水分的协调，浇水或灌水最好在下午 4 时以后进行，切忌漫灌，遇多雨气候时，要及时排干沟内积水，防止涝害。

及时插架、引蔓。当幼苗开始抽蔓时应搭架，搭架后经常引蔓，引蔓一般在晴天上午 10 时以后进行。

五、有机豇豆塑料大棚秋延后栽培

1. 选用良种

豇豆秋延后栽培，宜选用秋季专用品种或耐高温、抗病力强、丰产，植株生长势中等，不易徒长，适于密植的春秋两用丰产品种。

2. 播种育苗

播种时间宜在当地早霜来临前 80 天左右。在长江流域，一般在

7月中旬至8月上旬播种，过早播种，开花期温度高或遇雨季湿度大，易招致落花落荚或使植株早衰，晚播，生长后期温度低，也易招致落花落荚和冻害，产量下降。大棚秋豇豆也可采用育苗移栽，先于7月中下旬在温室、塑料棚内或露地搭遮阴棚播种育苗。播种前用55℃温水加0.1%高锰酸钾浸种15分钟，洗净后再浸泡4~5小时，然后洗净晾干播种。

3. 适时移栽

苗龄15~20天，8月上中旬定植，由于秋延后栽培生长期较短，可比春提早栽培适当缩小穴距，穴距以15~20厘米为宜，以增加株数和提高产量。

4. 田间管理

① 浇水追肥　豇豆秋延后栽培，苗期温度较高，土壤蒸发量大，要适当浇水降温保苗，并注意中耕松土保墒，蹲苗促根，但浇水不宜太多，要防止高温高湿导致幼苗徒长，雨水较多时应及时排水防涝。幼苗第一对真叶展开后随水追肥一次，每亩施腐熟粪肥500千克。开花初期适当控水，进入结荚期加强水肥管理，每10天左右浇一次水，每浇两次水追肥一次，每亩冲施稀粪500千克，10月上旬以后应减少浇水次数，停止追肥。

② 植株调整　植株甩蔓时，就要搭架，便于蔓叶分布均匀，也可用绳吊蔓。避免植株茎叶相互缠绕，有利于通风透光，减少落花落荚，常用的架形为人字形架，豇豆分枝性强，枝蔓生长快，整枝打杈调节生长与结荚的平衡。一般主茎第一花序以下的侧蔓应及时摘除，促主茎增粗和上部侧枝提早结荚，中部侧枝需要摘心。主茎长到18~20节时摘去顶心，促开花结荚。

5. 保温防冻

豇豆开花结荚期，气温开始下降，要注意保温。初期，大棚周围下部的薄膜不要扣严，以利于通风换气，随着气温逐渐下降，通风量逐渐减少。大棚四周的薄膜晴天白天揭开，夜间扣严。当外界气温降到15℃时，夜间大棚四周的薄膜要全封严，只在白天中午气温较高时，进行短暂的通风，若外界气温急剧下降到15℃以下时，基本上不要再通风。遇寒流和霜冻要在大棚下部的四周围上草帘保温或采取临时措施。当外界气温过低时，棚内豇豆不能继续生长结荚，要及时将嫩荚收完，以防冻害。

六、有机豇豆（菜豆）病虫害综合防治

豇豆主要病害有花叶病、炭疽病、叶斑病、疫病、锈病、煤霉病、枯萎病。虫害主要有豆荚螟、蚜虫、豆象、潜叶蝇、茶黄螨、小地老虎、红蜘蛛等。主要采用综合措施及时防治。有机豇豆生产应从"作物-病虫草害-环境"整个生态系统出发，综合运用各种防治措施，创造不利于病虫草害滋生和有利于各类天敌繁衍的环境条件，保持农业生态系统的平衡和生物多样性，减少各类病虫草害所造成的损失。采用综合措施防控病虫害，露地豇豆全面应用杀虫灯和性诱剂，设施豇豆全面应用防虫网、黏虫色板及夏季高温闷棚消毒等生态栽培技术。

1. 农业防治

建立无病留种田，选用抗病的豇豆品种；与非豆类作物如白菜类、葱蒜类等实行2年以上轮作。加强田间管理，适时浇水施肥，排除田间积水，及时中耕除草，提高田间的通风透光性，培育壮株，提高植株本身的抗病能力。发现病株或病荚后及时清除，带出田外深埋或烧毁。收获后及时清洁田园，清除残体病株及杂草。

2. 物理防治

采用人工摘除卵块或捕捉幼虫等措施防治甜菜夜蛾和斜纹夜蛾。在甜菜夜蛾、斜纹夜蛾、豆野螟的成虫发生期，使用糖醋液进行诱杀。有条件的可安装黑光灯、频振式诱虫灯杀灭多种害虫。使用性诱剂杀成虫。在蚜虫、美洲斑潜蝇、豌豆潜叶蝇、白粉虱成虫发生期，用黄板涂凡士林加机油、诱蝇纸或黄板诱虫卡诱杀成虫。还可利用银灰膜驱避蚜虫，也可张挂银灰膜条避蚜。

3. 生物防治

利用有益的微生物和昆虫防治病害。利用生物菌肥防病。积极保护利用天敌防治病虫害。有条件的可释放丽蚜小蜂控制粉虱。利用无毒害的天然物质防治病虫害，如草木灰浸泡可防治蚜虫。

可以使用印楝素、除虫菊素防治蚜虫，切断病毒病的传播途径，再用宁南霉素、植物病毒疫苗、菇类蛋白多糖等控制病毒病的发生发展。针对立枯病，可选用木霉菌、井冈霉素等进行防治。生长中期，要注意根腐病和枯萎病等的防治，可选用竹醋液、健根宝、水合霉素、高锰酸钾等。生长中后期，要特别注意豆荚螟、红蜘蛛、煤霉病

等的防治，可选用白僵菌、波尔多液等进行防治。在有机豇豆生产上，药剂尽量轮换作用，每个药剂一季最好控制使用一次。一旦发现病虫害，要尽早防治，发生严重时，要缩短防治间隔时间。以下是供选用药剂种类（均为通用名）及使用方法。

印楝素：防治豆类上的白粉虱、蚜虫、叶螨、豆荚螟，用 0.3％乳油 1000～1300 倍液喷雾。

除虫菊素：防治蚜虫，发生初期用 5％乳油 2000～2500 倍液，或 3％乳油 800～1200 倍液。

血根碱：防治菜豆蚜虫，每亩用 1％可湿性粉剂 30～50 克，对水 40～50 千克喷雾。

白僵菌：防治豆荚螟，可喷雾或喷粉。将菌粉掺入一定比例的白陶土，粉碎稀释成 20 亿孢子/克的粉剂喷粉。或用（100～150）亿孢子/克的原菌粉，加水稀释至（0.5～2）亿孢子/毫升的菌液，再加 0.01％的洗衣粉，用喷雾器喷雾。

浏阳霉素：防治豇豆等蔬菜叶片上发生红蜘蛛及茶黄螨时，应在点片发生时用 10％乳油 1000～1500 倍液喷雾，可在 1～2 周内保持良好防效。

竹醋液：在豇豆上应用竹醋液，可预防豇豆根腐病、枯萎病，克服豇豆连作障碍效果显著。豇豆播种前 5～7 天用竹醋液床土调酸剂（商品名：青之源重茬通）130 倍液处理土壤，生长期每隔 10 天叶面喷施 400 倍有机液肥，能较有效地增强豇豆长势，并对豇豆根腐病有抑制作用，其产量与轮作相当。

健根宝：防治豇豆根腐病，主要在育苗、定植及坐荚期使用。

木霉菌：防治豆科蔬菜立枯病，使用木霉素拌种，通过拌种将药剂带入土中，在种子周围形成保护屏障，预防病害的发生。一般用药量为种子量的 5％～10％，先将种子喷适量水或黏着剂搅拌均匀，然后倒入干药粉，均匀搅拌，使种子表面都附着药粉，然后播种。

武夷菌素：用 2％水剂 150～200 倍液，防治豇豆白粉病。

井冈霉素：用 3％水剂 10～20 毫升，拌 1 千克种子，可防治豆类立枯病、白绢病。

硫酸链霉素：用 72％可溶性粉剂 3000 倍液，防治菜豆细菌性叶斑病、细菌性晕疫病，豇豆细菌性疫病、细菌性叶斑病。

水合霉素：菜豆枯萎病出现时，用 88％水合霉素可湿性粉剂

1500 倍液喷施。

宁南霉素：防治豇豆等豆类蔬菜病毒病，用 2％宁南霉素水剂 200～260 倍液，或 8％宁南霉素水剂 800～1000 倍液各喷一次，发病初期视病情连续喷雾 3～4 次，间隔 7～10 天喷 1 次。防治豆类根腐病，播种前，以种子量的 1％～1.5％用量拌种，也可在生长期发病时用 2％宁南霉素水剂 260～300 倍液＋叶面肥进行叶面喷雾。防治豇豆白粉病，用 2％宁南霉素水剂稀释 200～300 倍液，或 8％宁南霉素水剂 1000～1200 倍液喷雾 1～2 次，间隔 7～10 天 1 次。

植物病毒疫苗：防治菜豆病毒病，苗期育苗的，苗床上喷 500～600 倍液，喷雾 2 次，间隔 5 天一次，定植后喷 500～600 倍液 2 次，间隔 5～7 天一次。

菇类蛋白多糖：防治菜豆病毒病，用 0.5％水剂 300 倍液喷雾，每隔 7～10 天一次，连喷 3～5 次，发病严重的地块，应缩短使用间隔期。

4. 无机铜制剂及其他制剂防治病害

波尔多液：用 1∶1∶200 倍液，防治菜豆炭疽病、豇豆煤霉病等。

氢氧化铜：用 77％可湿性粉剂 400～500 倍液，防治菜豆角斑病、豇豆轮纹病等。用 600 倍液，防治菜豆斑点病。

碱式硫酸铜：用 30％悬浮剂 400 倍液，防治菜豆细菌性叶斑病，豇豆角斑病、细菌性疫病等。

高锰酸钾：防治豇豆枯萎病、根腐病，从豇豆 5～7 叶期开始，用高锰酸钾 800～1000 倍液喷雾，每 5～7 天一次，连续 3～4 次。

第十一章

有机菜豆栽培技术

一、有机菜豆栽培茬口安排

有机菜豆栽培茬口安排见表19。

表19 有机菜豆栽培茬口安排（长江流域）

种类	栽培方式	建议品种	播期	定植期	株行距/厘米×厘米	采收期	亩产量/千克	亩用种量/克
菜豆	冬春季大棚	西宁菜豆、一尺莲、天马架豆	2/中~3/上	3月上中旬	(20~25)×(50~60)	4/下~7/上	1500	5000
	春露地	特选西宁菜豆、泰国架豆王、优胜者	3~4月	直播	(20~25)×(55~60)	5/下~7/上	1500	5000
	秋露地	绿龙架豆、四季无筋、优胜者	7/下~8/上	直播	(20~25)×(55~60)	9/下~11/上	1000	5000
	秋延后大棚	特选西宁菜豆、优胜者	8/下~9/上	直播	(20~25)×(50~60)	10/上~12/上	1500	5000

二、有机菜豆冬春季大棚栽培

1. 品种选择

适合大棚早熟栽培的菜豆品种要求早熟、耐寒、结荚集中、植株矮小紧凑、叶片较小，豆荚性状满足消费者的需要。相对而言，矮生菜豆比蔓生菜豆更适合大棚栽培。

2. 护根育苗

南方早春经常出现低温阴雨天气，菜豆露地直播容易造成烂种死苗，为了保证苗全苗壮，春季早熟栽培的菜豆必须采用育苗移栽的方法，可撒播育苗，也可营养钵育苗。可采用大棚内温床或冷床育苗，长江流域播种期一般在2月中旬至3月上旬。在播种前10～15天制作苗床，播种时如果床土干湿适宜，则不必浇水，若床土过干，可适当洒水，但用水量切忌过多。

营养土用比较肥沃的没种过蔬菜的大田土壤或在葱蒜类的地块上取土5～7份，再加入塘泥、充分腐熟的厩肥或沤制的草类堆肥、草炭土或森林腐质土2～3份，腐熟人粪尿、草木灰等0.5～1份，打碎过筛，混合均匀。装钵后，先浇透水，水渗下后，每钵播种3～4粒，播种时，将种子放入钵的中间，用手按一下，覆营养土3～5厘米厚，注意覆土不能过薄，然后盖严棚膜。

撒播的，播种时将种子均匀撒播于苗床，播后覆土2厘米，铺一层稀疏稻草，然后覆盖薄膜保温，夜间要盖草帘保温。营养钵育苗的，每钵播种3～4粒，播后覆盖保温。

播种至出苗，白天保持畦温25～30℃，夜间不低于15℃。幼苗出土后，白天保持20～25℃，夜间12～15℃。定植前3～5天进行低温锻炼，白天15～20℃，夜间10～15℃。苗期不旱不浇水。一般苗龄18～25天即可定植。

3. 整地施肥

选择排水良好、富含腐殖质、土层深厚的壤土或沙壤土种植。尽早整地，定植前10～15天扣棚盖膜，定植前一周，施足基肥，结合整地每亩施入腐熟有机肥2000千克，或腐熟菜籽饼肥200千克，加磷矿粉40千克及钾矿粉20千克。对酸性或缺钙土壤，播种前应施适量生石灰改良。定植前3～4天，精细整地，深沟高畦，畦面成龟背形，畦宽（连沟）1.3～1.5米。作畦后即覆盖地膜。

4. 定植

采用大棚栽培的菜豆，定植可在晚霜前10～15天，或10厘米地温稳定在10℃以上时进行，在长江流域，适宜的定植时间为3月上中旬，选子叶展开、第一对真叶刚现时的幼苗，在冷尾暖头的晴天定植，采用营养钵育苗的苗龄可稍大。起苗前苗床应浇透水，定植时剔除秧脚发红的病苗和失去第一对真叶的幼苗，及时浇定植水。矮生菜豆每畦种4行，行株33厘米，穴距30厘米，每穴种2～3株。蔓生种每畦种2行，行距65厘米，穴距20厘米，每穴3株。

5. 田间管理

① 保温　定植后扣严大棚，保持棚温白天 25～30℃，夜间 15℃以上，1～2 天内密闭不通风，促缓苗，但如遇到中午棚内气温在 32℃ 以上时可通风降温。定植后如有强冷空气来临，应搭建小拱棚，夜间加盖草片、遮阳网等保温。缓苗后，棚温白天保持 20～25℃，夜间不低于 15℃，棚温高于 30℃ 时要通风降温。气温达 20℃ 以上时，可撤去小棚。进入开花期，白天棚温 20～25℃，夜间不低于 15℃，在确保上述温度条件下，可昼夜通风。5 月上中旬以通风降温排湿为主，可揭除棚膜进行露地栽培，也可保留顶膜作防雨栽培。

② 补苗　定植后及时检查，对缺苗或基生叶受损伤的幼苗应及时补苗。

③ 浇水　缓苗后到开花结荚前，要严格控制水分，一般定植后隔 3～5 天浇一次缓苗水，以后原则上不浇水，并加强中耕，每 6～7 天一次，先深后浅，结合中耕向根际培土。初花期水分过多，会造成植株营养生长过旺，养分消耗多，使花蕾得不到足够养分而引起落花落荚。底层 4～5 荚坐住后，植株转入旺盛生长，需水量增加，一般应在幼荚有 2～3 厘米时或第一次嫩荚采收后开始浇水，以后每隔 5～7 天浇水一次，但要防雨后涝害。

④ 追肥　一般秧苗成活后追施一次提苗肥，以 15%～20% 的腐熟人粪尿为好，结荚后追肥一次，以后每隔一周追施一次。菜豆生长后期，可连续重施追肥 2～3 次，一般每隔 10 天一次。据介绍，在结荚期，每亩喷 6.6 升水加硫酸锌 1 千克配成的溶液，能使菜豆增产 22%～23%。生长期，叶面喷洒 1% 葡萄糖或 1 微升/升的维生素 B_1，可促进光合作用，使早熟增产。

⑤ 搭架　蔓生菜豆应在植株开始甩蔓时搭架引蔓，可用 2～2.5 米长的竹竿搭人字架，或用塑料绳引蔓，即在栽植行顶部顺行向，架设吊绳用的铁丝，每穴一根吊绳，吊绳的下部既可拴在畦面的绳上，也可直接拴在幼苗的茎蔓上。生长后期应将下部老叶打掉。

⑥ 地面覆盖　在播种或定植缓苗成活后，覆盖黑色或银灰色地膜，以防除草和避免蚜虫为害。

6. 及时采收，分级上市

一般在豆荚颜色变浅，重量体积增大，种子迅速增大时采收（彩图 40）。矮生菜豆一般于播后 50～60 天开始采收，蔓生菜豆于播后

60～80天采收。若以采收种子为目的的，应在种子完全成熟时采收。供速冻保鲜或罐藏加工的，宜在开花后5～6天就及时采收嫩荚。

　　应配置专门的整理、分级、包装等采后商品化处理场地及必要的设施，长途运输要有预冷处理设施。有条件的地区建立冷链系统，实行商品化处理、运输、销售全程冷藏保鲜。有机菜豆产品的采后处理、包装标识、运输销售等应符合GB/T 19630—2011有机产品标准要求。有机菜豆商品采收要求及分级标准见表20。

表20　有机菜豆商品采收要求及分级标准

作物种类	商品性状基本要求	大小规格	特级标准	一级标准	二级标准
菜豆	同一品种或相似品种；完好，无腐烂、变质；清洁，不含任何可见杂物；外观新鲜；无异常的外来水分；无异味；无虫及无病虫害导致的损伤	长度(厘米)大：>20中：15～20小：<15	豆荚鲜嫩、无筋、易折断；长短均匀，色泽新鲜较直；成熟适度，无机械伤、果柄缺失及锈斑等表面缺陷	豆荚比较鲜嫩，基本无筋；长短基本均匀，色泽比较新鲜，允许有轻微的弯曲；成熟适度，无果柄缺失；允许有轻微的机械伤、锈斑等表面缺陷	豆荚比较鲜嫩，允许有少筋，允许有轻度机械伤，有果柄缺失及锈斑等表面缺陷，但不影响外观及贮藏性

注：摘自NY/T 1062—2006《菜豆等级规格》。

三、有机菜豆春露地栽培

1. 整地施肥

　　选用2～3年内未种过豆类蔬菜的地块，提早深翻，整地的同时，施足基肥，一般每亩施腐熟农家肥4000～6000千克，磷矿粉10～50千克，钾矿粉10～15千克，耙细整平，作1.2米宽的平畦或高畦。北方多用平畦，南方多高畦深沟。畦高10厘米，畦沟宽40厘米。

2. 浸种直播

　　选用籽粒大、整齐、饱满充实、有光泽、未受病虫侵害的优良种子，剔除已发芽、有病斑、虫伤、机械损伤和机械混杂的种子。播种前晒种1～2天后，用温水浸种，但浸种时间不要太长，最多不超过4～6小时，以大部分吸水膨胀，少数种子皱皮时，捞出后播种。菜豆幼苗期根上的根瘤菌很少，固氮能力也很弱，如采用根瘤菌接种技术，即播种前用根瘤菌剂拌种，能提高小苗根部根瘤菌的数量和固氮能力，增产效果较好，根瘤菌剂的用量每亩以 50 克左右为宜。

露地栽培一般多用直播，选晚霜前数天，土层 10 厘米地温稳定在 10℃，而且未来几天天气晴朗，土壤含水量为 13％～15％时直播，长江流域露地栽培春播一般于 3 月下旬至 4 月上中旬进行。菜豆最忌"明水"，应在播种前时适当浇水润畦，浇水不可太多，以免烂种。蔓性菜豆宜按行距开沟条播，沟深 3～5 厘米，也可穴播；矮生菜豆宜穴播。一般每畦两行，蔓性菜豆行距 65～85 厘米，穴距 20～26 厘米，每穴播种 4～6 粒；矮生菜豆行距 30～40 厘米，穴距 15～25 厘米，每穴播种 3～6 粒，播种后覆土 3～5 厘米。

为了保证苗全苗壮也可采用育苗移栽法，但必须采用塑料钵或纸钵或做成营养土方，在棚室里育苗，可比直播提早成熟 7～10 天。

3. 田间管理

① 查苗补苗　菜豆播种后，一般 10 天左右可出苗。开始出苗时，要及时进行划锄，以填补顶土出苗时的畦面裂缝。露地栽培一般结合地膜覆盖，出苗时破开地膜，将幼芽引出，以防灼伤。出现一对基叶时，应查苗补苗，一般每穴保留 3 苗，对缺苗、基生叶受伤苗、病苗和基生叶提早脱落的苗，应及时补换，补换所需幼苗，可在穴间相互调剂，也可用提前 2～3 天专门播种的后备苗补换，补苗后及时浇小水，不宜浇大水。

② 中耕除草　菜豆露地栽培的生长季节正处于植株生长的适宜时期，杂草生长旺盛，应时中耕除草。苗期在雨后或施肥前除草 1～2 次，保持土壤疏松、透气。中耕时结合除草及时培土，促进不定根发育，促进植株旺盛生长。

③ 适量浇水　菜豆对水分要求较为严格，前期应适当控制水分，多次中耕。定植苗或补换的苗，应在 3～4 天后浇一次缓苗水，然后中耕细锄。春季直播苗应勤中耕松土，防止因地温低、湿度大而出现沤根现象和叶片发黄。初开花期，如不过于干旱一般不浇水，过于干旱，也只宜在临开花前浇一次小水。一般到幼荚 2～3 厘米长时才开始浇第一次水，以后每 5～7 天浇一次水，保持土壤湿润。高温季节可采用轻浇勤浇，早晚浇水和压清水等办法，降低地表温度。

④ 适时追肥　菜豆在苗期便进行花芽分化，矮生菜豆播种后 20～25 天、蔓生菜豆大约 25 天时，植株营养生长加快，应及时追

肥，尤其是氮肥，以促进花芽分化数量增加，分枝节位及坐荚节位降低。但苗期施氮过多，也会使植株茎叶柔嫩，易感病虫害。直播的一般在复叶出现时第一次追肥，育苗移栽后 3～4 天施一次活棵肥。追肥量每亩施腐熟粪水 1500 千克。当植株进入开花结荚期后，需肥量增加，此时应重施追肥，适应荚果迅速生长的需要。每亩施腐熟人粪尿 2500～5000 千克，每隔 7～8 天施一次，矮生品种施 1～2 次，蔓生品种施 2～3 次。

⑤ 引蔓搭架　蔓性菜豆在抽蔓后要及时搭架，并定期人工引蔓上架，可用竹竿搭人字形架，在畦两端应多插 1～2 根撑竿以加固支架，防止倒伏。也有采用铁丝上吊银光塑料绳绑蔓栽培的，既避蚜虫，又有利于透光透气。

四、有机菜豆夏秋露地栽培

夏秋露地栽培（彩图 41），一般于 9 月末至 10 月初上市，供应秋淡，价格较高，效益好，因后期气温低，病虫为害少，容易栽培。要特别注意播种期的安排，不宜过早、过迟。过早，气温高，雨水多，培苗难，病虫害重，开花坐荚困难；过迟，后期温度低，提早罢园，达不到理想产量。

1. 品种选择

应选择耐热、抗锈病和病毒病、结荚比较集中、坐荚率高、对光的反应最好不敏感或短日照品种。

2. 播期确定

秋菜豆的播种期应根据当地常年初霜期出现时间往前推算，架豆到初霜来临应有 100 天的生长时间，矮生菜豆应有 70 天以上的生长时间。一般北方地区播种期宜在 7 月中旬～8 月初。南方地区宜在 7 月底～8 月上旬。

3. 适当密植

秋菜豆生育期较短，长势较弱，株小，侧枝少，单株产量也较低，应加大密度，可采用行距不变，适当缩小株距，每穴多点 1～2 粒种子的办法。

4. 整地作畦

在前茬罢园拉秧后应马上深翻灭草，每亩施腐熟有机肥 2000～2500 千克，做成 10～15 厘米小高畦。

5. 播种

秋菜豆宜直播，播种时应有足够的墒情，最好在雨后土不黏时播种或浇水润畦后播种。如播后遇雨，土稍干时要及时松土。播种不能过深，以不超过 5 厘米为宜。与小白菜等套、间作，可降低地温和维持较好的水分状况。

6. 中耕蹲苗

秋菜豆出苗后气温高，水分蒸发量大，应适当浇水保苗，蹲苗期宜短，中耕要浅，中耕多在雨后进行，以划破土表，除掉杂草为目的。

7. 肥水管理

秋菜豆生长期短，应从苗期就加强肥水管理，一般从第一片真叶展开后要适当浇水追肥，施追肥要淡而勤，切忌浓肥或偏施氮肥。开花初期适当控制浇水，结荚之后开始增加浇水量。雨季及时排水，热雨后还应浇井水以降低地温，俗称涝浇水。随着气温逐渐下降，浇水量和浇水次数也相应减少。追肥可在坐荚后进行。

注意及时防治病毒病、枯萎病、甜菜夜蛾、红蜘蛛、豆野螟等病虫害，一般从 9 月中下旬开始采收，10 月下旬早霜来临前收获完毕，暖冬条件还可延后。

五、有机菜豆大棚秋延后栽培

1. 播期确定

选用适应性强，前期抗病、耐热，生长后期较耐寒、丰产、品质好的品种。南方地区，由北而南，播种期从 7 月中下旬至 8 月上中旬，其标准是在初霜期以前 100 天左右。北方矮生品种可于 7 月中下旬播种，蔓生菜豆为 6 月下旬至 7 月上旬。播种过早，易受高温、干旱或台风暴雨天气影响，且结荚期提前，达不到延迟采收的目的；播种太迟，有效积温不足，产量下降。

2. 整地播种

菜豆秋季栽培一般采用直播。如果土壤比较干燥，播种前 5 天左右灌水，待水下渗后整地作畦，如果土壤干湿适宜，在整地后应立即播种，不需浇水。整地前施足基肥，精细整地，深沟高畦，畦面成龟背形，畦宽（连沟）1.3～1.5 米。穴播，每穴 3～4 粒种子。矮生菜豆每畦种 4 行，穴距 30 厘米；蔓生种每畦种 2 行，穴距 20～25 厘米，每穴播种 4～5 粒。播种后覆土 2～2.5 厘米，并在畦面上覆盖稻草降温保湿。在前茬作物拉秧很晚而不能播种的情况下，可用育苗移栽，但必须采用营养钵。

3. 定苗

一般播种后 3～4 天即可出苗，出苗后清除秧苗上方的稻草，子叶展开，真叶开始显现时间苗，每穴留苗 2～3 株。发现有缺株，应在阴天或晴天傍晚补苗，并浇水保苗。育苗移栽的，在子叶展开后即可定植，边定植边浇水，畦面盖稻草，并在大棚上覆盖遮阳网。

4. 田间管理

夏秋季雨水较多，土壤易板结，杂草生长快，在出苗后或浇缓苗水后封垄前应分次中耕除草，结合中耕每隔 7～10 天培土一次，一般培土 2～3 次。在开花前追施一次薄肥，进入开花期后，当第一批嫩荚长 2～3 厘米时轻追一次肥，进入盛荚期，重施追肥。植株开花时，应控制浇水，幼荚伸长肥大后，可每隔 7～10 天浇水一次，保持土壤湿润。进入 10 月中旬霜降以后，棚内温度降低，应停止追肥，减少浇水。蔓生菜豆在植株抽蔓后应及时搭架引蔓。生长期间，及时防治锈病、病毒病、菌核病、蚜虫、红蜘蛛等。

进入 10 月中下旬以后，气温下降，应及时覆盖薄膜保温，白天保持 20～25℃，夜间不低于 15℃。如果白天温度超过 30℃时，应及时通风。11 月中旬以后，矮生菜豆采用大棚内搭建小拱棚，可维持较适宜的温度条件，延长采收期。10 月上旬，菜豆进入始收期，应及时采收。

六、有机菜豆病虫害综合防治

参照有机豇豆病虫害综合防治。

第十二章

有机大白菜栽培技术

一、有机大白菜栽培茬口安排

有机大白菜栽培茬口安排见表21。

表 21　有机大白菜栽培茬口安排（长江流域）

种类	栽培方式	建议品种	播期	定植期	株行距/厘米×厘米	采收期	亩产量/千克	亩用种量/克
大白菜	春露地	阳春、强势、春夏王、春大将、春晓	2/中～3/下	直播或育苗	(35～40)×50	5～6月	1250	150～250
	夏露地	夏丰、早熟5号、早熟6号、夏阳白、热抗白45天	6～8/中	直播或育苗	30×40	8～10月	2500	200～250
	夏秋大棚	早熟5号、夏阳白、超级夏抗王	7～8月	直播或育苗	(40～50)×(44～50)	9～10月	2500	200～250
	秋露地	改良青杂3号、丰抗80、鲁白六号	8月	直播或育苗	(40～50)×(50～60)	10～11月	4000	100～250

二、有机大白菜秋露地栽培

秋大白菜露地栽培（彩图42）是我国广大农村传统的栽培方式，大白菜喜凉爽气候，叶球生长期间要求气温在12～18℃，这一栽培季节的环境条件与大白菜的习性吻合，生育前期处于温度较高的季节，结球期在冷凉季节，收获后即在寒冷季节，适于贮藏。

1. 茬口安排

不宜连作，也不宜与其他十字花科蔬菜轮作，前茬最好为洋葱、大蒜、黄瓜、西葫芦、豇豆等。其次为番茄、茄子、辣椒等。

2. 品种选择

应根据当地生产习惯、消费习惯、市场需求选用品种，以优质抗病、丰产、耐逆、适应性强、商品性好的中晚熟品种为宜。

3. 整地施肥

选用地势平坦、排灌良好、疏松、肥沃的壤土或轻黏土，前茬作物腾茬后，立即清除田间病残组织及杂草，清洁田园。种植前深翻土地，每亩施腐熟农家肥 4000～5000 千克、腐熟大豆饼肥 150 千克或腐熟花生饼肥 150 千克，另加磷矿粉 40 千克，钾矿粉 20 千克。撒均匀后深翻 20～25 厘米，犁透、耙细、耙平，一般作小高垄，垄底宽40 厘米，垄高 15～20 厘米。

4. 播种育苗

① 选择播期　秋播大白菜主要生长期都在月均温为 22～25℃ 的时期，选择适宜的播种期非常重要。秋播太早，天气炎热，幼苗虚弱，易染病。播种过晚又因缩短了生长期，以至包心松弛，影响产量和品质。在长江流域，一般播种期以 8 月中旬左右为宜，早熟品种可适当早播。直播或育苗移栽。

② 直播　长江流域栽培秋季大白菜，为防止由于移栽导致的伤口引发软腐病多行直播。一般在高畦或高垄上按一定的株距穴播或条播。大型品种，行距 70～80 厘米，株距 60～70 厘米，每亩栽植1500 株左右；中型品种，行距 60～70 厘米，株距 50～60 厘米，每亩栽 1700 株；小型品种，行距 50～60 厘米，株距 40～50 厘米，每亩栽 2000～2200 株；极早熟品种，行距 40～50 厘米，株距 33～35厘米，每亩栽 5000 株左右。种子发芽需充足的水分和空气，应在适播期内趁土壤墒情最好的时候播种。天旱土壤墒情不好，要先浇水再播种；适播期内遇到连阴雨天气，无法开穴或开沟时，就按穴距把种子播在畦面上，而后覆盖薄薄一层过筛的干细土即可。一般每亩用种量 100～250 克。

直播的大白菜要进行 2～3 次间苗，间苗的原则是"分次间苗，早间苗，晚定苗"。第一次间苗在拉十字期，将出苗迟、子叶畸形、生长衰弱、拥挤及第一对真叶大小明显不均的幼苗拔去。每穴留苗

4～5 株，条播的每隔 4～5 厘米留 1 株。第二次间苗在拉十字后 5～6 天，有 2～3 片真叶后，选生长强健、叶片生长正常的幼苗留下，每穴留 3～4 株，条播的每隔 7～9 厘米留 1 株。第三次间苗于第二次间苗后的 5～6 天，幼苗有 5～6 片真叶时进行，淘汰叶色过深、叶面无毛（个别品种本身无毛除外）、叶柄细长的杂种苗，穴播每穴留 2～3 株，条播每隔 10～12 厘米留苗 1 株。最后一次间苗在团棵期进行，选留 1 株最好的幼苗。晚定苗目的是能确保全苗。间苗宜在中午太阳光强时进行，这样容易通过其萎蔫而淘汰根部受伤的苗子。每次间苗后都要浇水或施以腐熟稀粪水（或沼液），使间苗后土壤空隙得到填实。并加强苗期的肥水管理和病虫害防治。

③ 育苗移栽　近年来，长江流域大白菜也开始大量采用育苗移栽方式。通过采用营养土块、纸钵育苗或穴盘育苗等保护根系的措施，可以不伤根或少伤根，植株不易感染软腐病，移栽后基本上没有缓苗期，可以弥补育苗移栽的缺点。育苗移栽的播种期要比直播早 4～5 天。用撒播法，每亩苗床需种子 1500～2000 克，撒时应力求撒匀，为此可将种子用量 5～10 倍的细土和种子混合后再撒种。播后覆一层细土盖住种子。苗床面积与栽植面积的比例为 1∶20。

5. 及时定植

秋大白菜最好选择阴天或晴天的傍晚定植，移栽前一天应先给苗床浇水，次日起苗时根部可多带些土以减少根系损伤。秧苗要随起随栽，移栽时深浅要适度，太深菜心会被土埋没，影响生长。营养土块和纸钵要栽在土面以下。移栽后要立即浇定根水，促使成活，并连浇水 3 天，早晚各一次，活棵后转入正常管理。此外，秋季大白菜种植密度因地区、土壤肥力、栽培方式等条件而异。秋播条件下，早播的收获期早宜密植，晚播的宜稀植；土壤肥沃，有机质含量高，根系发育好，土壤能充分供应肥水，植株生长健壮，叶面积大，为减少个体之间相互遮阴应适当稀植，反之密植；宽行栽培时可缩小株距，大小行栽培时可增加密度。

6. 田间管理

① 追肥　大白菜除施足基肥外，还应根据各生长期的长相确定追肥的时期和数量。一般第一次追肥在幼苗期，可结合间苗或中耕，每亩追施稀薄腐熟沼液 200 千克，加 10 倍水浇施于幼苗根部附近；第二次在莲座期，追施发棵肥，可沿植株开 8～10 厘米深的小沟施

肥，各亩施腐熟的沼液 700～1000 千克；第三次在结球前的 5～6 天，追施结球肥，每亩施用腐熟沼渣 1000～1200 千克或用粉碎后腐熟的饼肥 100～150 千克，离根部 15～20 厘米开 10 厘米深的沟施下，并与土壤掺匀后覆土；第四次在结球后半个月，施灌心肥，可促进包心紧实，每亩施腐熟沼液 700～1000 千克，此时大白菜已经封行，不必开沟，可将沼液加入灌溉水中，随水冲施于畦沟中。

② 浇水　在大白菜发芽期，生长速度较快，吸收水分虽不多，但根系很小，水分供应必须充足，要注意防止发生"芽干"现象。幼苗期植株的生长量不大，但由于根系尚不发达，吸收水分的能力弱，而此时气温、土温较高，蒸发量大，土壤容易干旱，需多次浇水降温，小水勤浇，保持地面见干见湿，防止大水漫灌。在莲座期大白菜对水分的吸收量增加，充分浇水，保证莲座叶健壮生长是丰产的关键，但同时浇水要适当节制，注意防止莲座叶徒长而延迟结球，土壤以"见干见湿"为宜。结球前中期需水最多，每次追肥后要接着浇一次透水，以后每隔 5～7 天浇一次水，保持土壤见湿不见干。浇水还应结合气象因素，连续干旱应增加浇水次数，遇大雨应及时排水。高温时期选择早晨或傍晚浇水，低温季节应于中午前后浇水。浇水还要结合追肥。结球后期需水少，收获前 5～7 天停止浇水。浇水应和追肥相结合，一般追肥后要紧接着浇一次透水，便于根系吸收利用。幼苗期以浇为主，莲座期和结球期采用沟灌，灌水时水不要上畦面。

有机大白菜栽培宜采用喷灌或微喷等节水灌溉技术保证水分的均衡适量供应，且根据需要还可实行水肥（沼液）一体化。暴雨季节要及时清沟排水。

③ 中耕除草　整个生长期需中耕 2～3 次，按照"头锄浅、二锄深、三锄不伤根"的原则进行，第二次间苗后开始第一次中耕，此时幼苗小，根系浅，浅锄 2～3 厘米，以锄小草为宜，锄深了易透风伤根，幼苗容易死亡。定苗后锄第二次，以疏松土壤为主，深锄 5～6 厘米，将松土培于垄帮，以加宽垄台有利于保墒。第三次在莲座期后封垄前，浅锄 3 厘米，把培在垄台上的土锄下来，有利于莲座叶往外扩展，防止植株直立积水引起软腐病的发生。封垄后不再中耕。

7. 及时采收，分级上市

大白菜早熟品种一般抗热、抗病性较强，因此播种期较长，采收标准不严格，只要叶球成熟或叶球虽未包紧但已具商品价值时就可随市场需要分批采收上市。中晚熟品种为使叶球充分成熟，便于贮运，应尽可能延迟收获，收获越迟叶球的生长日数越多，产量也越高。但是大白菜抗寒力不强，尤其进入结球期之后不耐$-5\sim-3℃$的低温，因此采收不宜过迟。当叶球充分长大、手压顶部有紧实感时便可采收（彩图 43）。应配置专门的整理、分级、包装等采后商品化处理场地及必要的设施，长途运输要有预冷处理设施。有条件的地区建立冷链系统，实行商品化处理、运输、销售全程冷藏保鲜。有机大白菜产品的采后处理、包装标识、运输销售等应符合 GB/T 19630—2011 有机产品标准要求。有机大白菜商品采收要求及分级标准见表 22。

表 22　有机大白菜商品采收要求及分级标准

作物种类	商品性状基本要求	大小规格	特级标准	一级标准	二级标准
大白菜	清洁、无杂物；外观新鲜、色泽正常，不抽薹，无黄叶、破叶、烧心、冻害和腐烂；茎基部削平、叶片附着牢固；无异常的外来水分；无异味；无虫及病虫害造成的损伤	单株质量（千克/株） 春秋季大白菜 大：>3.5 中：2.5～3.5 小：<2.5 夏季大白菜 大：>1.0 中：0.75～1.0 小：<0.75	外观一致，结球紧实，修整良好；无老帮、焦边、胀裂、侧芽萌发及机械损伤等	外观基本一致，结球较紧实，修整较好；无老帮、焦边、胀裂、侧芽萌发及机械损伤等	外观相似，结球不够紧实，修整一般；可有轻微机械损伤等

　注：摘自 NY/T 943—2006《大白菜等级规格》。

三、有机大白菜早春栽培

春大白菜是在早春或春末播种育苗，4～6 月上市，克服春末夏初蔬菜供应淡季，增加蔬菜花色品种的栽培方式。春大白菜栽培需要特殊的栽培技术，主要是解决早春低温及长日照引起的抽薹以及后期高温造成不包球和病虫害严重等现象。

1. 品种选择

春大白菜适宜的生长季节较短，生长前期温度较低，生长后期温度较高，梅雨季节雨水多，应选用冬性强、早熟、耐热抗病、高产、优质的春季专用品种。

2. 适时播期

春大白菜播种时气温低，生长后期却越来越高，这与大白菜的生长习性是不一致的，由于适合它生长的气候条件有限，播种期过早，前期温度低容易通过春化，出现未熟抽薹，并有幼苗受冻为害，如果幼苗在 5℃ 以下，则持续 4 天就可能完成春化，如果在 15℃ 以下，则持续 20 天左右，也可能造成春化；播种过晚，虽然不易抽薹，但夏季温度高，超过日均温 25℃ 以上，就难以形成叶球，而且雨季来临后软腐病严重，有全田毁灭的危险。因此，适宜的安全播种期要求苗期的日最低气温在 13℃ 以上，可以避免春化和早期抽薹现象的发生，而结球期应在日最高温未到 25℃ 以前开始结球，叶球生长的速度超过花薹生长的速度，才能保证获得优良的叶球。

目前，在大面积推广春大白菜前，需经严格的播期试验，应以温度为指标，不可为单纯追求高效益而盲目提早播种。为了适当延长春大白菜供应期，在适期内，可以采取不同的栽培方式分期播种，排开上市，获得更好的效益。在长江流域，一般定植在塑料大棚栽培的播种期为 2 月中下旬，用加温温室育苗，露地小拱棚定植或小拱棚内覆膜直播的播期为 3 月上中旬，露地地膜覆盖直播或露地育苗栽培的播期为 3 月中下旬至 4 月上旬，天气暖和可适当提前，遇到倒春寒天气可适当晚播。

3. 播种育苗

可直播，又可育苗移栽。

① 营养钵育苗　采用营养钵、营养块或穴盘育苗，有的还需进行假植。先配制营养土，选用 60% 园田土，加入过筛腐熟的 25% 细猪粪、15% 的人粪干，每立方米培养土中再加入充分腐熟鸡粪 30～50 千克，充分混匀，选用直径 7～8 厘米的塑料营养钵，先装钵高 1/3，稍压实，撑圆钵底，然后稍装满，压实，至倾斜时不散土为宜。播种时，每钵中心孔扎 0.5～1 厘米深空穴，每穴选播 3～4 粒种子，盖土 0.5～1 厘米厚。在 3～4 叶期每穴留 2 株，5～6 叶期留 1 株，夜间注意保温，通常夜温不得低于 10℃，以防幼苗过早通过春化提前抽薹。生长前期以保温为主，生长后期根据温度应注意通风散湿，防止温度过高造成幼苗徒长。移栽前根据苗情适时通风炼苗。

② 直播　施足底肥，精细整地，平畦或高畦播种。采用条播、穴播或条穴播。条播是按行距开 2～3 厘米深的浅沟，浇透水，将种

子均匀撒入沟中，用细土覆盖。穴播是在行内按株距挖深 2～3 厘米的穴，点水，播 2～3 粒种子后覆细土。条穴播就是在行内按株距开 4～5 厘米长的浅沟，点水，而后将种子均匀播入沟内，覆土。播种后覆盖地膜，2 片真叶显露，及时破膜露苗。破膜应扎小洞，以能掏出苗为宜，地膜破口处用土压牢。在 2 片和 5 片真叶时分别间苗一次。

4. 整地施肥

选择疏松肥沃土壤，要求向阳、高燥、爽水。采用深沟、高畦。施足速效基肥和追肥，促其在短期内迅速形成莲座叶和叶球，使营养器官的生长速度超过花薹的伸长速度，在未抽薹前即已形成叶球。每亩施有机肥 3000 千克左右作基肥，一般畦宽 1 米，畦高 10～15 厘米，畦沟宽 25～30 厘米，每畦种 2 行。结合整地撒施或按确定株行距开穴施基肥，还可用人畜粪渣淋穴，日晒稍干后锄松，然后定植。配合有机肥的施用，还可施用少量磷矿粉、钾矿粉。

5. 适时定植

定植期应视其生长环境的气温和 5 厘米地温确定，当两者分别稳定在 10℃和 12℃时，方可安全定植，定植时适宜苗龄为 25 天左右，4～5 片真叶。定植时，选择无风的下午进行，先在畦中覆盖地膜，四周压实，按照株距扎孔定植，要带土坨定植，以利缓苗。早春大白菜宜采用密植法，每亩栽植株数可比秋大白菜增加 1 倍，一般株行距（35～40）厘米×50 厘米，每亩栽 3500～4500 株。定植后立即浇水。直播的还要早间苗、早定苗。

6. 田间管理

大棚栽培的，应防止持续低温影响，做好夜间多重覆盖防寒工作，防止通过低温春化诱导花芽分化和现蕾抽薹。要注意棚膜昼揭夜盖，早春晚上保温，天晴时通风降湿。进入 4 月中下旬可去掉裙膜，只留顶膜。

注意加强排水，雨后施肥防病相结合，不宜蹲苗，要肥水猛攻，一促到底，促进营养生长，抑制植株抽薹，使莲座叶和叶球的生长速度超过花薹的生长速度，在花薹未伸出前长成紧实的叶球。追肥应尽早进行，缓苗后追施腐熟粪尿水或沼肥，莲座初期结合浇水重施包心肥。结球中后期不必追肥。

苗期覆膜后一般不浇水、不中耕，结球期小水勤浇，保持土壤见干见湿，土表不见白不浇水，浇水以沟灌为宜，不能漫灌或大水冲灌，以减少软腐病发生。

7. 及时采收

春大白菜一般定植后 50 天（直播 60 天）左右成熟，此时一定要及时采收供应市场，以防后期高温多雨，造成裂球、腐烂或抽薹，降低食用和商品价值。可根据市场行情分批采收、适当早收。

四、有机大白菜夏季栽培

采用遮阳网覆盖栽培夏大白菜（彩图 44），生长期短，价格高，效益好。由于夏大白菜在盛夏及初秋的高温炎热季节种植，具有株型紧凑、耐热、抗病等特点，在播种期、种植密度、肥水管理等栽培措施上与秋冬大白菜有所不同。

1. 品种选择

夏大白菜要特别注意选择耐热、抗病、生长期仅 50～55 天的早熟品种。如夏丰、早熟 5 号、早熟 6 号、夏阳白、热抗白 45 天等。

2. 整地作畦

选前茬未种过白菜等十字花科蔬菜、土壤肥沃疏松、排灌方便的地块，最好以瓜果为前作。前茬收获后及早腾地，清洁田园，土壤经烤晒过白后，开好畦沟、腰沟、围沟，结合整地，每亩施腐熟有机肥 2000 千克以上，饼肥 100 千克，磷矿粉 40 千克，钾矿粉 20 千克。施肥后深耕细耙整平，按畦高 0.3～0.4 米，畦宽 1～1.2 米做成高畦窄畦，沟宽 0.3 米。

3. 播种育苗

夏大白菜从 5 月份到 8 月份均可分期、分批播种，最适 6 月初至 7 月底，可直播也可育苗移栽。

① 育苗移栽　按栽培田面积 1/10 准备苗床。苗床选土壤肥沃疏松、排灌方便、通风良好、靠近大田生产的地块，深耕烤晒过白后打碎整平作畦，泼浇一层腐熟的人畜粪渣作基肥，晒干后锄松即可浇底水、播种，或先播种后用较浓的腐熟人畜粪浇盖种子。播种后及时覆盖遮阳网。视情况每天下午浇一次清水。出苗后分两次间苗，第一次在出土后 3～4 天进行，第二次在 3～4 片真叶时间苗，苗距 7～10 厘米。第二次间苗浇一次肥水后，直到栽植前 3～4 天再浇肥。定植前一周以上撤掉遮阳网炼苗。苗龄 15～20 天。选晴天下午和阴天定植。

取苗前苗床先充分浇水，待水完全下渗，床土湿润时带土起苗。栽后浇足压蔸水，盖遮阳网缓苗至成活。株行距 30 厘米×40 厘米。最好采用 128 孔穴盘进行育苗，以提高成活率和抗高温性能。

② 直播 直播应在下午或傍晚进行，常用穴播（点播）。播种密度要求株行距 40 厘米×50 厘米。先在畦面上按确定密度挖 4～5 厘米播种穴，每穴浇一层腐熟人畜粪渣，晒干后锄松播种。每穴播 8～10 粒，大白菜种子小，出土能力弱，播种不宜深，播种深度以 0.5 厘米为宜，用细土覆盖，再略加镇压。如播种时干燥，可先在穴中浇水，待水渗入土壤后再播种覆土。播后覆盖遮阳网至 3～4 片真叶时，视土壤湿润程度浇水。及时间苗和定苗。间苗分两次进行，在拉十字时第一次，4～5 片真叶时第二次，苗距 6～7 厘米，6～7 片真叶时按预定株距定苗。

4. 田间管理

田间管理要一促到底，不宜蹲苗，特别要加强前期肥水管理，并且要从夏季高温的田间小气候出发，减少施肥的次数。可采取以基肥为主，生长期间利用水分调节的施肥原则。

① 浇水管理 由于夏季气温高，苗期需要多浇水、勤浇水以保持土壤湿润，降低土壤温度，减轻病毒病的发生。从播种至出苗，每隔 1～2 天浇一次水，出苗后每隔 2～3 天浇一次水。浇水应在早晨或傍晚地温较低时进行，中午气温高时浇水易造成寒水冷根，导致萎蔫。垄干沟湿即需浇水，确保土壤见干见湿。进入结球期后应保持土壤见湿不见干。遇到连续高温天气，可在中午通过叶面喷水来降低气温。夏季降雨集中，大雨或暴雨过后，应及时排水，严防积水，并尽快浅锄，适时中耕、培土。

② 追肥管理 一般苗期不追肥，如果降雨过多，脱肥严重，可追施以畜粪尿为主的提苗肥，勤施薄施，以浓度 10％～20％为宜。定植缓苗后应追开盘肥，一般每亩施畜粪尿 1000～1500 千克。开始包心时施畜粪尿或沼液 1000～1500 千克。在叶球外形大小基本确定后，再追肥一次，每亩施畜粪尿或沼液 500～1000 千克。结合追肥浇水保持土壤湿润。

③ 中耕、除草 夏季大白菜生长期间多处于高温多雨季节，不仅土壤容易板结，而且此时极易发生草荒。因此，缓苗后待土壤见干见湿时要经常中耕松土，通常中耕 1～2 次，第一次在定苗后，清除

杂草时就可中耕，及时追水肥。第二次在莲座期长满前，只宜浅耕，不能损伤植株。中耕时以晴天为好。封垄后停止中耕划锄。

5. 病虫防治

夏季高温多雨，日照长，病虫害发生严重，加强病虫害防治是夏大白菜栽培的重点。苗期正处于高温干旱阶段，如果蚜虫防治不力，就会造成病毒病的流行。进入莲座结球期后，是一年中温度最高、降雨最集中的时期，暴雨和高温交替出现，有利于软腐病、霜霉病的发生，虫害主要有蚜虫、菜青虫等，要注意检查叶片，及时发现病虫害，使用有机蔬菜可使用的生物、物理防治方法防治。

6. 适时采收

夏大白菜的结球期正处于高温、多雨的季节，植株很容易感染病害，而且叶球也容易开裂。因此当大白菜包心达七成以上就应该分批采收上市，以减少损失。具体采收时间还可根据市场情况而定，争取在大白菜价格高时采收上市，以便取得较高的经济效益。

五、有机大白菜早秋栽培

早秋大白菜是相对秋冬大白菜来说的，播种期介于夏大白菜和秋大白菜之间，具有一定的抗热性。生育期55～60天，于国庆节前后上市，此季是蔬菜供应淡季，鲜菜品种少，收益较高。早秋大白菜生长前期处于高温、干旱季节，易发生病毒病、干烧心病，后期易感染软腐病，虫害发生严重，防病、治虫是早秋大白菜栽培的关键所在。

1. 品种选择

早秋大白菜可在兼顾抗病、早熟、耐热等综合性状的同时，选择单球重比夏大白菜稍大、生育期稍长的品种，因为秋早熟大白菜生长后期，气温已经下降，利于大白菜的生长和包心。另外春播品种和夏播品种也可以作为早秋大白菜栽培。

2. 整地施肥

要求早备地、翻耕，做好播前准备，以防遇到阴雨天不能及时整地而耽误播期。并尽可能选择前茬非十字花科作物、排灌良好的肥沃地块。根据早秋大白菜生育期短、生长速度快等特点，要选择地势较高、土层深厚、肥沃、通气性好、富含有机质的地块。播种或定植前施足基肥，基肥以优质有机肥为主，一般亩施优质腐熟农家肥4000千克，饼肥100千克，磷矿粉30千克，钾矿粉15千克。然后进行深翻、细耙、作垄，垄高 15 厘米左右，并做好排水沟和灌水沟。

3. 适期播种

适时早播是早秋大白菜高产的关键措施之一。如片面追求早上市，不根据当地当年气候条件，盲目提早播种，往往会因病害发生严重而导致绝收。早秋大白菜耐热性、熟性、结球性介于夏大白菜和秋冬大白菜之间。因此，播种过早易造成结球不实，病害严重；播种过晚，达不到早上市、丰产高效的目的。一般 7 月底至 8 月初播种为宜。早秋大白菜可以采用育苗或直播两种方式进行栽培。育苗移栽可做苗床或营养钵育苗，栽 1 亩大白菜需苗畦 25～30 米^2，一般畦宽 1.5 米，长 15～20 米。畦内撒腐熟有机肥 100～150 千克，耕翻耙平，使床土与肥料掺匀，留出盖籽土，然后畦内浇水，水渗下后即可播种。可撒播，也可点播，育苗移栽每亩播种 20～50 克，播后盖土 1 厘米厚。早秋气温高，种子发芽快，易徒长。因此，要及时间苗，一般分 3 次进行，子叶期和拉十字期时淘汰畸形苗和弱小苗，第三次在 2～3 片真叶时进行。另外，还要适当掌握苗龄，大白菜苗龄过大，定植时缓苗时间长，叶子损伤多，不利于中后期生长。一般早熟品种苗龄以 18～20 天，中晚熟品种苗龄以 20～25 天为宜。

直播可在垄上每隔 45～50 厘米划斜线，深 1 厘米，每穴播 8～10 粒籽，盖土后轻微镇压，播完后顺垄沟浇水。播种时注意天气预报，防止暴雨拍打，影响出苗。播种时要注意播种质量和播后管理，确保苗全、苗齐、苗壮。要特别注意土壤墒情，如底墒不足，应播种覆土后立即浇水，翌日再浇一次水。

4. 种植密度

早秋播种的大白菜多为株型紧凑、开展度小的早熟品种，同时由于病虫害较重缺苗率较高，所以合理密植是获得丰产的重要因素。一般株距 40～50 厘米，行距 44～50 厘米，每亩种植 2700～3000 株。

5. 间苗定苗

一般间苗 3～4 次，齐苗后开始间苗。一般在拉十字期进行第一次间苗，以防幼苗拥挤，每穴留 4～5 棵苗；幼苗长到 2～3 片真叶时进行第二次间苗，每穴留 2～3 棵苗；幼苗长到 5～6 片真叶时定苗，同时可进行补苗。

6. 中耕除草

结合间苗和降雨情况进行中耕培土，及时清除田间杂草。一般在第一次间苗、定苗和莲座期封垄前中耕3～4次。中耕时要注意浅锄垄背，深锄垄沟，既能保墒、透气，又不伤根。当叶片长满封垄后停止中耕，以免伤根损叶，使植株生长不良和病菌侵入。

7. 水肥管理

早秋播种期早，发芽期和幼苗期尚处于高温多雨季节，所以注意浇水以利于降温出苗，同时还要防涝，促进幼苗生长。若天气多雨积涝，应及时排水，并中耕散墒，改善土壤通气性能。天气干旱时，则需要小水勤浇，补充水分和降低地表温度。植株定苗后要肥水齐攻，不必蹲苗。一般定苗后，每亩追施腐熟畜粪尿或沼液1000千克。团棵期及莲座期分别追施腐熟畜粪尿或沼液1500～2000千克，一般随水冲施，也可撒施，平畦栽培可在行间划沟撒施后浇水，垄栽可在垄两侧撒施后浇水。

8. 及时收获

及时收获是提高早秋大白菜经济效益的关键。一般在播种后50天左右，结球紧实后即可采收上市，采收过迟，经济效益降低，而且由于天气炎热，遭受病虫害的机会增加，腐烂风险大。采收时，切除根茎部，剔除外叶、烂叶，净菜分级装筐上市。在切除根茎部剔除外叶时，保留叶球外侧的2～3片叶，以保护叶球。

六、有机大白菜病虫害综合防治

1. 农业措施

① 合理轮作　选在2～3年未种过大白菜的地块进行栽培。栽培大白菜时，周围大田尽量不种其他十字花科作物，避免病虫害传染。多数害虫有固定的寄主，寄主多，则害虫发生量大；寄主减少，则会因食料不足而发生量大减。

② 减少育苗床的病原菌数量　忌利用老苗床的土壤和多年种植十字花科蔬菜的土壤作育苗土。利用3年以上未种过十字花科蔬菜的肥沃土壤作育苗土，可减少床土的病原菌数量，减轻病虫害的侵染。苗床施用的肥料应腐熟。

③ 深耕翻土　前茬收获后，及时清除残留枝叶，立即深翻20厘米以上，晒垡7～10天，压低虫口基数和病菌数量。

④ 清洁田园　大白菜生长期间及时摘除发病的叶片，拔除病株，携出田外深埋或烧毁。田间、地边的杂草有很多是病害的中间寄主，

有的是害虫的寄主，有的是越冬场所，及时清除、烧毁也可消灭部分害虫，特别是病毒病的传染源。

⑤ 适期播种　害虫的发生有一定规律，每年都有为害盛期和不为害时期。根据这一规律，调节播种期，躲开害虫的为害盛期。秋大白菜应适期晚播，一般于立秋后5～7天播种，以避开高温，减少蚜虫及病毒病等为害。春大白菜适当早播，阳畦育苗可提前20～30天播种，减轻病虫害。

⑥ 起垄栽培　夏、秋大白菜提倡起垄栽培，夏菜用小高垄栽培或半高垄栽培，秋菜实行高垄栽培或半高垄栽培，利于排水，减轻软腐病和霜霉病等病害。

⑦ 覆盖无滴膜　棚、室内由于内外温度差异，棚膜结露是不可避免的，普通塑料薄膜表面结露分布均匀面广，因而滴水面大，增加空气湿度严重。采用无滴膜后，表面虽然也结露，但水珠沿膜面流下，滴水面小，增加空气湿度不严重。

⑧ 加强管理　苗床注意通风透光，不用低湿地作苗床。及时间苗定苗，促进苗齐、苗壮，提高抗病力。播种前、定植后要浇足底水，缓苗后浇足苗水，尽量减少在生长期浇水，特别是大白菜越冬栽培中整个冬季一般不浇水，防止生长期过频的浇水降低地温、增加空气湿度。生长期如需浇水，应开沟灌小水，忌大水漫灌，浇水后及时中耕松土，可减少蒸发，保持土壤水分，减少浇水次数，降低空气湿度，田间雨后及时排水。用充分腐熟的沤肥作基肥。酸性土壤结合整地每亩施用生石灰100～300千克，调节土壤酸碱度至微碱性。

2. 种子消毒

无病株留种，采用中生菌素，按种子量的1%～1.5%拌种可防治白菜软腐病。

3. 土壤消毒

利用物理或化学方法减少土壤病原菌的技术措施。方法有：深翻30厘米，并晒垡，可加速病株残体分解和腐烂，还可把病原菌深埋入土中，使之降低侵染力；夏季闭棚提高棚内温度，使地表温度达50～60℃，处理10～15天，可消灭土壤部分病原菌。

4. 棚、室消毒

在播种或定植前10～15天把架材、农具等放入棚、室密闭，每亩用硫黄粉1～1.5千克、锯末屑3千克，分5～6处放在铁片上点燃，可消灭棚、室内墙壁、骨架等上附着的病原菌。

5. 物理防治

蚜虫具有趋黄性，可设黄板诱杀蚜虫，用 40 厘米×60 厘米长方形纸板，涂上黄色油漆，再涂一层机油，挂在行间或株间，每亩挂 30～40 块，当黄板粘满蚜虫时，再涂一次机油。或挂铝银灰色或乳白色反光膜拒蚜传毒。有条件的在播种后覆盖防虫网，可防止蚜虫传播病毒病。田间设置黑光灯诱杀害虫。

6. 生物防治

印楝素：防治菜青虫、小菜蛾、斜纹夜蛾、甘蓝夜蛾、菜螟、黄曲条跳甲等，于 1～2 龄幼虫盛发期时施药，用 0.3%乳油 800～1000 倍液喷雾。根据虫情约 7 天可再防治一次，也可使用其他药剂。0.3%印楝素乳油对菜蛾药效与药量成正相关，可以高剂量使用，每亩用 150 毫升对水稀释 400～500 倍喷雾，由于小菜蛾多在夜间活动，白天活动较少，因此施药应在清晨或傍晚进行。

苦参碱：防治菜青虫，在成虫产卵高峰后 7 天左右，幼虫处于 2～3 龄时施药防治，每亩用 0.3%水剂 62～150 毫升，加水 40～50 千克喷雾，或用 3.2%乳油 1000～2000 倍液喷雾。对低龄幼虫效果好，对 4～5 龄幼虫敏感性差。持续期 7 天左右。防治小菜蛾，用 0.5%水剂 600 倍液喷雾。

苏云金杆菌：乳剂（2000IU/克）150 毫升可湿性粉剂 25～30 克对水喷雾，可防治菜青虫、菜螟、小菜蛾等。

绿僵菌：防治小菜蛾和菜青虫，用菌粉对水稀释成每毫升含孢子 0.05 亿～0.1 亿个的菌液喷雾。

小菜蛾颗粒体病毒：防治十字花科蔬菜小菜蛾，可每亩用 40 亿 PIB/克可湿性粉剂 150～200 克，加水稀释成 250～300 倍液喷雾，遇雨补喷。或每亩用 300 亿 PIB/毫升悬浮剂 25～30 毫升喷雾，根据作物大小可以适当增加用量。

乙蒜素：防治霜霉病，发病初期，用 80%乳油 5000～6000 倍液喷雾防治。

木霉菌：防治大白菜霜霉病，可在发病初期，每亩用 1.5 亿活孢子/克可湿性粉剂 200～300 克，对水 50～60 千克，均匀喷雾，每隔 5～7 天喷一次，连续防治 2～3 次。

植物激活蛋白大白菜专用型：提高产量，改善品质，促进包心效果明显。对软腐病、霜霉病、病毒病有较好的效果。稀释 1000 倍喷雾，移栽成活后一周叶面喷施第一次，间隔 20 天喷施一次，连续 4 次。每亩用量 45～60 克。

多抗霉素：防治白菜黑斑病，用 3% 可湿性粉剂 600～1200 倍液喷雾，如病情较重，隔 7 天再喷一次效果独特。

中生菌素：防治大白菜软腐病，用 3% 可湿性粉剂 800 倍液喷淋，或 1% 水剂 160 倍液拌种，或 300～500 倍液喷雾。

宁南霉素：防治十字花科蔬菜软腐病，发病初期用 2% 水剂 250 倍液，或 8% 水剂 1000 倍液喷在发病部位，使药液能流到茎基部，间隔 7～10 天一次，共喷 2～3 次。

硫酸链霉素：防治软腐病、黑腐病可用 72% 可溶性粉剂 3000～4000 倍液喷雾。

7. 无机铜制剂防病

霜霉病、黑斑病、白斑病、白锈病等病害可选用 27.12% 碱式硫酸铜水悬粉剂 400～600 倍液喷雾，或 77% 氢氧化铜可湿性粉剂 600～800 倍液喷雾，或 50% 春雷·氧氯铜可湿性粉剂 800 倍液喷雾，或石硫合剂，或波尔多液等喷雾。

8. 植物灭蚜

用 1 千克烟叶加水 30 千克，浸泡 24 小时，过滤后喷施；小茴香籽（鲜品根、茎、叶均可）0.5 千克加水 50 千克密闭 24～48 小时，过滤后喷施；辣椒或野蒿加水浸泡 24 小时，过滤后喷施；蓖麻叶与水按 1:2 相浸，煮 15 分钟后过滤喷施；桃叶浸于水中 24 小时，加少量石灰，过滤后喷洒；1 千克柳叶捣烂，加 3 倍水，泡 1～2 天，过滤喷施；2.5% 鱼藤精 600～800 倍液喷洒；烟草石灰水（烟草 0.5 千克，石灰 0.5 千克，加水 30～40 千克，浸泡 24 小时）喷雾。

9. 人工治虫

蔬菜收获后，要及时处理残株败叶或立即翻耕，可消灭大量虫源；菜田要进行秋耕或冬耕，可消灭部分虫蛹。结合田间管理，及时摘除卵块和初龄幼虫。

10. 沼液预治病虫

苗期一般有黄曲条跳甲等害虫咬食幼苗茎秆或子叶，病害主要有白斑病、猝倒病和立枯病，可按沼液：清水为 1:（1～2）的浓度进行喷雾预防；团棵期、莲座期及结球期易发生菜螟、蚜虫、菜青虫、蚜蝻等虫害和黑斑病、软腐病、霜霉病等病害，可用纯沼液进行喷雾，每隔 10 天喷一次，即可有效预防。用于喷雾的沼液必须取于正常产气 3 个月以上的沼气池，先澄清，后用纱布过滤方可使用。喷施时需均匀喷于叶面和叶背，喷施后 20 小时左右再喷一遍清水。使用沼液喷洒大白菜植株，可起到杀虫抑菌的作用，使大白菜长势更健壮、色泽更鲜艳、品质更优良，是目前有机大白菜生产的最佳措施。

第十三章

有机小白菜栽培技术

一、有机小白菜栽培茬口安排

小白菜（小青菜）主要为露地栽培，按其成熟期、抽薹期的早晚和栽培季节特点，分为秋冬小白菜、春小白菜及夏小白菜。秋冬小白菜多在2月抽薹，故又称二月白或早白菜。春小白菜长江流域多在3～4月抽薹，又称慢菜或迟白菜，一般在冬季或早春种植，春季抽薹之前采收供应，可鲜食亦可中工腌制，具有耐寒性强、高产、晚抽薹等特点，唯品质较差。按其抽薹时间早晚，还可分为早春菜与晚春菜，早春菜较早熟，长江流域多在3月抽薹，因其主要供应期在3月，

表23 有机小白菜栽培茬口安排（长江流域）

种类	栽培方式	建议品种	播期	定植期	株行距/厘米×厘米	采收期	亩产量/千克	亩用种量/克
小白菜	大棚早春	四月慢、四月白、亮白叶	1/上～2/上	2/上～3/上	(8～10)×(18～20)	2/下～4月	1500～2000	1000～1200
	春季	四月慢、四月白、亮白叶	2上4下	直播	—	3～6月	1500～2000	1200～1500
	夏季	矮杂1号、热抗青、热抗白	5/上～8/上	直播	—	6～9月	1500～2000	1200～1500
	夏秋大棚	高脚白、上海青、热优二号	6～8月	直播	—	7～9月	1500～2000	1000～1300
	秋冬	矮脚黄、矮脚奶白、乌塌菜	9/中～10/上	10～11月	(8～10)×(18～20)	11月至翌年2月	2000～3000	1200～1500
	秋大棚	矮脚黄、矮脚奶白、乌塌菜	8/下～11/上	直播	—	11月至翌年3月	3000～4000	1200～1500

故称三月白菜；晚春菜在长江流域冬春栽培，多在 4 月上中旬抽薹，故俗称四月白菜。夏小白菜则为 5~9 月夏秋高温季节栽培与供应的白菜，称火白菜、伏白菜，具有生长迅速和抗高温、雷暴雨、大风、病虫等特点。有机小白菜栽培茬口安排见表 23。

二、有机小白菜大棚早春栽培

小白菜属半耐寒蔬菜，喜冷凉气候，在大棚生产中，小白菜主要作为早春主栽品种定植前抢早栽培（彩图 45），也有的在主栽品种两侧间套种。

1. 品种选择

春季栽培小白菜，萌动的种子和生长阶段，在 15℃ 以下的温度条件下，经过 10~40 天完成春化过程，在苗端分化花芽，在短日照及温度较高的条件下抽薹开花，影响品质，降低产量，甚至丧失栽培价值。因此，小白菜大棚早春栽培要选用耐寒性强、不易抽薹、抗病丰产的品种。

2. 整地作畦

每亩施腐熟农家肥 3000~5000 千克，磷矿粉 20~25 千克，钾矿粉 10~15 千克。施肥后深耕，耙平，做成 0.9~1.5 米宽的高畦。

3. 播种育苗

播种可采用条播、撒播或育苗移栽。在长江流域，可在 1 月上旬至 2 月上旬播种。播种前，将种子放在光照充足的地方晾晒 3~4 小时，然后放入 50℃ 温水中浸种 20~30 分钟，再在 20~30℃ 水中浸种 2~3 小时，捞出晾干；或在 15~20℃ 下进行催芽，24 小时出齐芽进行播种。清晨或傍晚浇水后，将种子撒入播种畦内，覆土 1 厘米厚。撒播用种量可略多于条播。撒播还可以采用种子干播。播后加强防寒保温，棚内最好盖地膜，播后将地膜直接盖在畦间上即可。出苗后揭去地膜。需及时间苗，促进幼苗健壮生长。一般在 1~2 片真叶期进行第一次间苗，苗距 2 厘米左右；3~4 片真叶时进行第二次间苗，苗距 5~6 厘米。需移栽的，定植前 10 天左右要进行低温炼苗。

4. 及时定植

一般苗龄 30 天左右，4~5 片真叶，选冷尾暖头的晴天定植，株距 8~10 厘米，行距 18~20 厘米，每亩定植约 4 万株。定植后浇足定根水。

5. 田间管理

管理的关键是在播种至收获的整个生育期中，昼夜平均温度不能长时间低于 15℃。因此应加强温度管理，定植以后，缓苗以前，密闭棚室不放风，白天保持温度 25℃，夜间 10℃以上。当新叶初展，白天保持温度 20～25℃，夜间 5～10℃，温度超过 25℃进行通风，室温降至 20℃时关闭通风口。当新叶完全展开（缓苗后 10～15 天），开始追肥浇水。生育期最多浇 3 次水即可，结合最后一次浇水（在采收前 7～10 天），每亩追施腐熟粪肥或沼液 1000 千克。有滴灌条件的可进行微喷，没有滴灌设施的可将化肥溶解后随水冲施。

6. 采收上市

播种后 30 天便可间拔收获，10～15 天内分 3～4 次收完。有的是先把主栽品种定植行全部收净，按期进行定植，其余的留作分批间收，可延长生产采收期，增加产量。

7. 及时采收，分级上市

小白菜商品要求产品鲜嫩、无病斑、无虫害、无黄叶烂斑、棵头均匀、根削平（彩图 46）。

应配置专门的整理、分级、包装等采后商品化处理场地及必要的设施，长途运输要有预冷处理设施。有条件的地区建立冷链系统，实行商品化处理、运输、销售全程冷藏保鲜。有机小白菜产品的采后处理、包装标识、运输销售等应符合 GB/T 19630—2011 有机产品标准要求。

三、有机小白菜春季栽培

1. 播期选择

在长江流域，春小白菜可于 2 月上旬至 4 月下旬分批播种，直播或移栽，以幼苗或嫩株上市。在 3 月下旬之前播种宜选用冬性强、抽薹迟、耐寒、丰产的晚熟品种，并采用小拱棚覆盖。在 3 月下旬之后播种，多选用早熟和中熟品种，可露地播种。每亩播种 1.2～1.5 千克。

2. 选地作畦

选择向阳高燥、爽水地，采取窄畦深沟栽培，每亩基施腐熟有机肥 3000～5000 千克，磷矿粉 40 千克，钾矿粉 20 千克。作畦宽 1.5 米，要求畦面平整。

3. 播种定植

播种后用 40％～50％腐熟人畜粪盖籽，或盖细土 1～1.5 厘米厚，并盖严薄膜，夜间加盖草苫等防寒。以后视天气和畦面干湿情况决定浇水。

为保持一定的营养面积，一般间苗 2 次，第一次在秧苗 2～3 片真叶时，使苗距达 2～3 厘米，第二次在 4～6 片真叶期进行，间苗后使苗距保持 4～5 厘米。栽幼苗时，苗龄 15～25 天，行距 20～25 厘米，株距 15 厘米。

4. 田间管理

春天多雨，土易板结，应及时清沟排水，防止土面积水。对移栽苗要及时浅中耕，清除田间杂草。定植后，可直接用浓度为 20％～30％的腐熟畜粪水定根，注意浇粪水时不要淹没菜心。成活后，每3～4 天追施一次粪肥。晴天土干，追肥次数要勤，浓度宜小，雨后土湿，追肥次数要减少，且浓度宜适当加大。直播幼苗上市的，只需在出苗后，选晴天追施 1～2 次浓度为 20％～30％的腐熟畜粪肥。

此外，春小白菜可与瓜类和豆类蔬菜在大棚间作，能保温避霜或避寒，有利缩短生育期，提早上市。

5. 采收

一般在直播后 30～50 天以嫩苗上市，也可高密度移栽，在定植后 25～35 天采收。一般嫩苗带根（或去根）用清水洗净泥土，清除枯黄叶扎好（0.5 千克左右一把），成株上市时一般去根，并清除枯黄叶再上市。

四、有机小白菜夏秋栽培

1. 播种安排

小白菜夏秋栽培一般在 5～9 月分期分批播种，也可与其他夏秋作物套种，基本以幼苗上市，在播后 20～30 天上市，秋季有极小部分留坐苑或移栽株以嫩株上市。一般选用抗病、耐热、生长快的早、中熟品种。宜直播，每亩播种 1.2～1.5 千克。

2. 选地作畦

选择水源近、灌溉条件好、保水保肥的沙壤土，上茬为早熟瓜果蔬菜的菜地。不宜播种于豆类蔬菜地，以防烧根，生长不良。前作蔬菜出园后，深翻土壤，烤晒过白，每亩施腐熟人畜粪 1000～2000 千克，整地时泼施，并施石灰 70～100 千克，做成高畦、窄畦、深沟，畦面耙平耙细。

3. 播种

一般直播，不行移栽。播种要遍撒均匀，每亩用种量 1～1.3 千克。

4. 田间管理

幼苗出土后应保持地表湿润，如果密度过大，可间苗 2 次，齐苗后每天浇水 1～2 次，小水勤浇，禁止大水漫灌，浇水宜在早晚进行，避免在高温天气浇水。遇午时阵雨，应在停雨后用清粪水浇透一次。忌施生粪、浓肥，并及时设置荫棚或覆盖遮阳网来降温和防暴雨冲刷。在采收前 7 天停止浇淡粪水，而改浇清水。在高温干旱季节播种热水小白菜，可利用大棚或小拱棚覆盖银灰色遮阳网，进行全天覆盖。在盛夏由原来的每天浇 2 次水变为每 2 天浇一次水，最短 20 天即可上市，且整个生长过程中不需喷农药。也可以在夏秋小白菜播种或定植后的生长前期晴天和雨天覆盖遮阳网，晴盖阴揭，早盖晚揭，雨前盖雨后揭，能有效提高成苗率和加速缓苗，促进生长。

此外，在定植夏秋黄瓜和豇豆的同时，播种热水小白菜，优势互补，有利于保持菜土湿润，充分利用地力，提高复种指数。

5. 采收

夏季气温高，且虫害发生多，宜在播种后 20～30 天，及时采收嫩株上市。

五、有机小白菜秋冬栽培

1. 播种安排

小白菜秋冬栽培（彩图 47）一般于 9 月至 10 月上旬分期分批播种，部分幼苗上市，多数定植后成株上市。宜选择耐寒力较强、品质好的中熟品种。每亩播种 1.2～1.5 千克。

2. 苗期管理

对于移栽苗床应在苗期间苗 2 次。出苗后 6～10 天，幼苗 1～2 片真叶时，第一次间苗，苗距 3 厘米左右。隔 5～7 天后，进行第二次间苗，留强去弱，苗距 6 厘米左右。每次间苗后，应施一次淡粪水，促苗壮苗。

3. 适时定植

一般株距 15～25 厘米，行距 20～35 厘米，10 月份以后栽植可深些，有利于防寒，沙壤土可稍深栽，黏土应浅栽。定植前基肥以腐熟畜粪为主，每亩 1500～2000 千克。

4. 肥水管理

定植后及时浇定植水，视气温和土壤湿润情况在早晚再浇一次水，保证幼苗定植后迅速成活。定植成活后每隔 3～4 天浇一次淡畜粪水，晴天土干宜稀，阴雨后土湿宜浓，生长前期宜稀，后期宜浓。定植后 15～20 天，重施一次浓度为 30％～40％的畜粪肥。南风天、潮湿、闷热时，追肥不宜多施，否则诱发病害，造成腐烂。凉爽天气，小白菜生长快，可多施浓施。生长期间如遇细雨天气或短时阵雨，需在雨前、雨中或雨后浇湿浇透菜土，避免菜田下干上湿，土表水汽蒸发，形成高温高湿的菜园小气候，致使霜霉病猛然发生（即起地火），叶片迅速枯黄脱离。下雨时注意清沟排水，防积水。

六、有机小白菜病虫害综合防治

参见大白菜病虫害综合防治。

第十四章

有机甘蓝栽培技术

一、有机甘蓝栽培茬口安排

有机甘蓝栽培茬口安排见表24。

表24　有机甘蓝栽培茬口安排（长江流域）

种类	栽培方式	建议品种	播期	定植期	株行距/厘米×厘米	采收期	亩产量/千克	亩用种量/克
结球甘蓝	春露地	春丰、金春、寒雅、争春、牛心	10/中	11/中～12/上	40×50	3/下～5月	2000	50
	夏露地	中甘8号、强力50、夏绿55	5/上～6/上	6/上～7/上	40×50	8～9月	2500	50
	秋露地	强力50、夏绿55、兴福1号	6/中～7/上	7/中～8/上	40×50	9/下～10月	2500	50
	秋露地	西园3号、京丰1号、雅致、比久	7/上～7/下	8/上～8/下	40×50	10/中～12月	2500	50
	秋露地	寒春三号、京丰1号、庆丰、新丰	8/中	9/下	40×50	翌年1月～4/中	2500	50
	夏秋大棚	强力50、夏绿55、秋怡、秋美	6/上～7/上	7/中～8/上	40×50	9/中～10/中	2500	50

二、有机甘蓝秋露地栽培

1. 品种选择

秋甘蓝露地栽培（彩图48）生长前期正是高温季节，因此，应选择耐热而生长期短的早熟品种。

2. 播种育苗

秋甘蓝育苗期间温度高，秧苗出土生长较为困难，需采用遮阳网进行育苗。秋甘蓝播种一般在 6 月中旬至 8 月中旬播种为宜。一般每亩大田需苗床 20～25 米²。

① 苗床设置　秋甘蓝育苗期正值夏季炎热多雨季节，苗床应选择通风凉爽、土壤肥沃、排灌方便、前作非十字花科、病虫害少的地块。前作收获后及时清除杂草，翻耕晒地。播种前耙碎土块，每亩施入腐熟人粪尿或优质沼渣肥 1500～2000 千克作基肥，再浅耕耙平，使土壤疏松，土肥混匀，做成宽（连沟）1～1.2 米的高畦。

② 播种　为防止播种浇水土壤板结，可采取播前浇水抢墒播种的方法。播种前畦面浇小水润透，待水渗下后将种子均匀撒播，播后覆一层细土（厚 1～1.5 厘米）。每亩大田用种 50 克左右。也可将种子直接播种营养钵中，或先播于苗床，等苗有 2～3 片真叶时再移到营养钵中。播种后采用遮阳网直接覆盖，以保持土壤湿度，并防止大雨冲刷后土壤板结。

③ 搭棚遮阴　甘蓝秧苗虽能耐热，但以凉爽湿润环境为宜。7 月天气不仅炎热，而且常多暴雨，搭荫棚既可遮阴又能避雨。播种后 3～4 天，当幼苗出土时，要揭去遮阳网并改搭荫棚。另外也可直接用小拱棚架覆盖遮阳网。近年来长江流域利用大棚骨架采用"一网一膜"的防雨棚来育苗效果很好。一般荫棚在晴天 9：00～10：00 盖帘，15：00～16：00 揭帘，晚间和阴天不盖。盖帘后的温度要比露地低 7～8℃。随着幼苗的生长，逐渐延长见光时间。

④ 分苗　当幼苗 2～3 片真叶时分苗，分苗时选优汰劣，并按大、中、小苗分级移植。分苗地同样施足腐熟底肥整成高畦，选晴天傍晚按 10 厘米×10 厘米假植幼苗，边移苗边浇水，栽后 3～4 天内全天候遮阴，并注意喷水。若采用营养钵和营养块分苗，效果更好。成活后遮阳网覆盖材料早盖晚揭。分苗可使幼苗植株茎节粗矮，叶小肉厚，株型矮壮，根系发育良好，有利于后期结球整齐和增强抗逆能力。

⑤ 肥水管理　播种后如天气干旱无雨，可每隔 1～2 天浇一次水，最好在畦沟内灌水，水不上畦面而渗入畦内，保持畦面湿润，利于出苗。对初出土的幼苗，晴天应每天早晨浇一次水，以后幼苗逐渐长大，根系入土稍深，可根据天气情况减少浇水次数。大雨后要及时排水，为防苗床湿度过大，可在苗间撒些干土或草木灰吸潮，以免幼

苗徒长或发生病害。苗期追肥一般追施腐熟稀薄畜粪尿（或沼液）2次。第一次于播种后 7～10 天进行，同时进行间苗除草；第二次在分苗后 5～7 天追肥促苗。

⑥ 病虫害防治　有菜青虫、小菜蛾、斜纹夜蛾和黄条跳甲等害虫为害时，应及时采取有机蔬菜生产允许采用的物理、生物措施防治。

3. 整地作畦

选前茬作物为非十字花科的地块，且以保水、保肥能力强，排水良好的沙壤土、壤土或轻黏壤土为宜。前茬作物收获后，及时清洁田园，并将病残体集中销毁。大田定植前深翻土地，深度以 20～25 厘米为宜，并给土壤充分的时间暴晒、风化，以减少病菌，消灭杂草。

整地的同时要施入基肥。每亩宜施入腐熟农家肥 3000～4000 千克、腐熟大饼肥 150 千克或腐熟花生饼肥 150 千克，另加磷矿粉 40 千克及钾矿粉 20 千克。土肥应充分混匀，土壤耙碎耙平，长江流域雨水多，应采用高畦或高垄栽培，整地要求做到高畦窄厢，三沟配套。

4. 定植

当秋甘蓝苗长到 40 天左右，具有 7～8 片真叶时即可定植。一般早中熟品种，株行距 34 厘米×45 厘米，亩栽 3500～4000 株；中熟品种，株行距 40 厘米×50 厘米，亩栽 2500～2800 株；晚熟品种，株行距 50 厘米×60 厘米，亩栽 1500～2000 株。

5. 田间管理

① 追肥　甘蓝生长期间通常追肥 4～5 次，分别在缓苗期、莲座初期、莲座后期和结球初期进行，重点在结球初期。追肥的浓度和用量，随植株的生长而增加，并酌量增加磷、钾肥用量。定植成活后及时用腐熟稀沼液提苗，可结合中耕每亩追施稀薄腐熟沼液 200 千克，加 10 倍水浇施于幼苗根部附近。在莲座叶生长初期每亩施腐熟的沼液 700～1000 千克；在莲座叶生长盛期，在行间开沟，亩施饼肥 100～150 千克或施用腐熟沼渣 1000～1200 千克并加草木灰，施后封土浇水。球叶开始抱合时，追施一次重肥，亩施腐熟沼液 700～1000 千克。此后早熟和中熟品种一般不再追肥。中晚熟和晚熟品种在结球中期（距上次追肥 15～20 天）还应再施一次沼液，随水冲施，促进结球紧实。缺钙引起叶缘枯焦，俗称"干烧心"。在干旱和施肥浓度高或积水情况下，植株对钙吸收困难，易产生缺钙症。因此，天气干

旱时追肥的浓度宜淡。

② 浇水 秋甘蓝定植浇水后如发现秧苗心叶被泥糊住,次日清晨可用喷雾器喷清水,冲净心叶上的泥土,下午再浇一次水。天旱无雨时,定植后的第三天下午再浇一次水。生长前期气温高,蒸发量大,应每隔7~10天浇一次水。包心后进入生长盛期更不能缺水。天旱时生长不良,结球延迟,甚至开始包心的叶片也会重新张开,不能结球。浇水的次数根据天气情况和土壤保水力而定。如果在晴天的中午前后叶片萎蔫塌地,应及时浇水,保持畦面湿润。叶球包紧后应停止浇水,否则容易引起叶球炸裂。甘蓝喜湿润,但忌土壤积水,遇大雨时要及时清沟排水,防止田间积水成涝。

③ 中耕除草 秋甘蓝在生长前期和中期应中耕2~3次。第一次中耕宜深,以利保墒和促根生长。进入莲座期宜浅中耕,并向植株四周培土以促外茎多生根,以利于养分和水分的吸收。

6. 及时采收,分级上市

甘蓝宜在叶球紧实时采收(彩图49)。可用手指按压叶球顶部,判断是否包紧,如有坚硬紧实感,表明叶球已包紧,可采收。应配置专门的整理、分级、包装等采后商品化处理场地及必要的设施,长途运输要有预冷处理设施。有条件的地区建立冷链系统,实行商品化处理、运输、销售全程冷藏保鲜。有机甘蓝产品的采后处理、包装标识、运输销售等应符合 GB/T 19630—2011 有机产品标准要求。有机甘蓝商品采收要求及分级标准见表25。

表25 有机甘蓝商品采收要求及分级标准

作物种类	商品性状基本要求	大小规格	特级标准	一级标准	二级标准
结球甘蓝	清洁,无杂质;外观形状完好,茎基削平,叶片附着牢固;无外来水分;外观新鲜,色泽正常,无抽薹,无胀裂,无老、黄叶,无烧心、冻害和腐烂	单个球茎大:直径>20厘米中:直径15~20厘米小:直径<15厘米	叶球大小整齐,外观一致,结球紧实,修整良好;无老帮、焦边、侧芽萌发及机械损伤等,无病虫害损伤	叶球大小基本整齐,外观基本一致,结球较紧实,修整较好;无老帮、焦边、侧芽萌发及机械损伤,允许少量虫害损伤等	叶球大小基本整齐,外观相似,结球不够紧实,修整一般;允许少量焦边、侧芽萌发及机械损伤,允许少量病虫害损伤等

注:摘自 NY/T 1586—2008《结球甘蓝等级规格》。

三、有机甘蓝春露地栽培

1. 适时播种

选用冬性强，不易抽薹的优良品种。严格掌握播种期，播种过早会先期抽薹，过迟又影响产量和品质，结球不紧，一般中、晚熟品种播种期为 10 月下旬至 11 月中旬，早熟尖头型品种于 10 月上中旬露地播种育苗。黄淮地区露地越冬春甘蓝 9 月 25 日至 10 月 15 日育苗，苗龄 35～40 天；长江流域比较安全的播种期为 10 月 15～25 日，最迟不要超过 10 月 25 日，苗龄 40～55 天。以较小的幼苗越冬。如在 9 月播种，第二年春天大多会先期抽薹而不结球。但播种过迟，越冬时幼苗太小，越冬会冻坏，虽然不会先期抽薹，但收获期延迟，产量较低。因此，要适期播种。

2. 培育壮苗

① 苗床土配制　播种床和移植床土，按体积可用草木灰或砻糠灰与肥沃土各 1/2 相配。

② 催芽播种　播种前用 20～30℃温水浸种 2～4 小时，在 18～25℃温度下催芽，1～2 天后大部分种子露白时播种，也可以干籽直播。在整平苗床后，稍加镇压，刮平床面，浇透底水，撒播种子，盖土 1 厘米厚左右，盖地膜保温保湿。每平方米苗床播 15～30 克种子，每亩栽培面积需播 50 克种子。

③ 苗期管理　出苗期维持 18～20℃土温，并及时揭去地膜，出苗后至真叶破心前下胚轴易徒长，苗床气温和土温比出苗前分别降低 2℃。苗床应防止高温（25℃）干旱。春甘蓝一般应分苗控长，可分苗 1～2 次，一般应分苗一次，在两片真叶时进行，若生长过旺分苗两次，第一次在破心或 1 叶 1 心时进行，第二次在 3～4 片真叶时进行，成苗的营养面积以（6～8）厘米×（6～8）厘米为宜，缓苗期间苗床气温、地温比苗前提高 2～3℃，促缓苗，缓苗后再把温度降下去。当秧苗长出 3～4 片真叶以后不应长期生长在日平均 6℃以下，防止通过春化，若夜间温度过低，可提高白天温度，或采用小拱棚覆盖增温，在 4 片真叶以后视苗情可追施速效粪尿肥。在苗床地表干燥时浇透水，少次透浇，不可小水勤浇。

3. 定植

定植前秧苗有 6～8 片真叶，下胚轴高度不超过 3 厘米，节间短，叶片厚，根系发达，无病虫害，未通过春化，苗龄 60 天左右。定植时还得考虑定植后的环境条件，定植过早，在年内幼苗生长过大，可能先期抽薹；定植过晚，幼苗根系尚未恢复生长，寒冷来临，可能发生受冻缺苗现象。因此，结合各地气候条件，适当掌握定植期，既要达到防止先期抽薹的目的，又要达到苗全苗壮的要求。定植时温度低，要延后待回暖后进行，剔除过大不合格苗，定植土应深沟高畦，早熟种亩植 5000 株，中熟 3500 株，迟熟 2000 株。

4. 田间管理

栽培地应在畦面铺施有机肥料 3000～5000 千克，关键是促进叶片的快速生长，故生长期间通常追肥 5～6 次，春甘蓝除在定植前施迟效性厩肥或堆肥作基肥外，一般在越冬前不再追肥，这也是防止未熟抽薹的关键。冬前施肥过多，易导致幼苗过大而未熟抽薹。若定植时苗较小，定植后可施腐熟稀淡畜粪尿 1 次提苗。春甘蓝在春暖后开始生长，应于惊蛰前（3 月上旬）施一次腐熟沼液或经过发酵的畜粪肥 400～500 千克；春分前后（3 月下旬）在行间开沟重施一次追肥，可以施腐熟的沼渣或经过发酵的畜粪肥 1000～1200 千克；到结球期再施一次腐熟的沼液或经发酵的畜粪肥 700～800 千克作追肥。春甘蓝生长期主要在 3 月上中旬至 5 月上旬，此期生长迅速，要充分满足其对养分的需要。

甘蓝叶球形成期间需大量水分，适宜空气湿度 80%～85%，土壤湿度 70%～80%，干旱生长不良，结球延迟，应及时灌溉，但甘蓝又怕涝，灌溉深度至畦沟 2/3 为度，水在畦沟中停留 3～4 小时后排出。

5. 及时采收，分级上市

一般采收期是从定植时算起，早熟品种 65 天左右，中熟品种 75 天左右，极早熟品种 55～65 天。采收标准是：叶球坚实而不裂，发黄发亮，最外层叶上部外翻，外叶下披。达到这个标准就应及时采收。过早采收虽然售价高，但叶球尚未充实，不但产量低，而且品质也差。叶球一旦充实而不适时采收，很快就会裂球（彩图 50），成为次品。在长江流域，一般在 4 月底至 5 月初开始采收。采收方式最好是分次隔株采收。

四、有机甘蓝夏季栽培

1. 品种选择

夏甘蓝生长前期正值梅雨季节，中后期又遇高温干旱天气，故应选择耐热、耐涝、抗病、生长期短、结球紧实且整齐度高的品种。定植后60天左右能上市。如夏光、苏晨1号、泰国夏王、日本快宝等。

2. 培育壮苗

可于5～6月份分批育苗，苗龄30～35天。播前种子用50℃热水烫种，不断搅拌，消毒20分钟，然后降至20℃，浸种可用清水，浸种时间4小时，淘选两遍，于20℃催芽，当有50%露芽时，把温度降到10～15℃。播前10天先配好床土，用腐熟马粪或草炭4份，葱蒜茬或豆茬土5份，腐熟大粪或鸡粪1份，充分拌匀过筛，盖上塑料备用。播种前将过筛配制好的床土耧平，浇透底水，水渗下后播种，每亩用种量25～30克，上覆0.5～1厘米厚的细干营养土，盖上地膜，待出苗率达75%以上时，再撤掉地膜，幼苗出土前白天保持20～25℃，夜间15℃左右，2～3天即可出苗。苗期不要一次浇水量过大，育苗后期要注意防雨，看天、看地、看苗，灵活掌握浇水期。2～3片真叶展开时及时分苗。苗床床土与播种床床土相同，整平耙细，开沟贴苗，株距8～10厘米，行距10～12厘米，浅覆土，浇暗水，或用6厘米×8厘米营养钵分苗。浇缓苗水后中耕蹲苗。也可以不分苗，分1～2次间大苗定植。

为保证成活率，可选用128孔穴盘进行育苗。

3. 定植

夏甘蓝种植地宜选择地势高、排灌方便的地块。前作收获后，每亩施有机厩肥或堆肥4000～5000千克，磷矿粉40千克，钾矿粉20千克。翻地20～30厘米深，作畦宽1.4～2米，畦沟宽25～30厘米。定植株距40～50厘米，行距45～50厘米。

4. 田间管理

根据土壤湿度浇水，浇水一定要及时，坚持晴天早上浇水，热雨之后做到"涝浇园"，以降低地温，促进根系发育，减少叶球腐烂现象。大雨之后要立即排涝，严防田间积水。

整个生育期共追肥3次，第一次追缓苗肥，缓苗后每亩顺水追腐熟畜粪尿1000千克或腐熟沼液200～250千克；第二次追莲座肥，定植后 15～20 天，每亩顺水追腐熟畜粪尿 2000 千克；第三次追结球肥，每亩追腐熟畜粪尿 1500～2000 千克或腐熟沼液 700～1000 千克。分次追肥，可避免雨季养分流失，发生脱肥。

定植后 2～3 天深锄一次，隔 5～6 天再锄一次，在结球前锄 3～4 次。

五、有机甘蓝病虫害综合防治

1. 农业防治

与非十字花科作物轮作 3 年以上。种子用 50℃温水浸种 20 分钟，进行种子消毒，可防治黑腐病。及时清除残株败叶，改善田间通风透光条件。摘除有卵块或初卵幼虫食害的叶片，可消灭大量的卵块及初孵虫，减少田间虫源基数。增施腐熟有机肥。加强苗期管理，培育适龄壮苗。小水勤灌，防止大水漫灌。雨后及时排水，控制土壤湿度。适期分苗，密度不要过大。通过放风和辅助加温，调节不同生育时期的适宜温度，避免低温和高温危害。

2. 生物防治

用 1‰苦参碱水剂 600 倍液喷雾防治蚜虫。在平均气温 20℃以上时，防治菜青虫、小菜蛾、甜菜夜蛾，每亩用苏云金杆菌乳剂 250 毫升或粉剂 50 克对水喷雾。防治菜青虫、棉铃虫，用青虫菌 6 号粉剂 500～800 倍液喷雾。防治小菜蛾、菜青虫用 25%灭幼脲悬浮剂 800～1000 倍液喷雾。

3. 物理防治

采用黑光灯及糖醋液诱杀甘蓝夜蛾、菜青虫、小地老虎等的成虫。设置黄板诱杀蚜虫，用 20 厘米×100 厘米的黄板，按照每亩 30～40 块的密度，挂在行间或株间，高出植株顶部，诱杀蚜虫。大型设施的放风口用防虫网封闭，夏季覆盖塑料薄膜、防虫网和遮阳网，进行避雨、遮阳、防虫栽培，减轻病虫害的发生。

第十五章

有机花椰菜栽培技术

一、有机花椰菜栽培茬口安排

有机花椰菜栽培茬口安排见表26。

表26　有机花椰菜栽培茬口安排（长江流域）

种类	栽培方式	建议品种	播期	定植期	株行距/厘米×厘米	采收期	亩产量/千克	亩用种量/克
花椰菜	春季大棚	瑞士雪球、荷兰春早	12/中～1/初	3月上旬	35×40	5月	1500	50
	春露地	荷花春早、瑞士雪球、日本雪山	1月	3/中	35×40	5/下～6/中	1500	50
	夏露地	夏雪50、日本白玉1号、中花45天	4/20～5/10	5/15～5/20	35×40	7/上～8/上	1500	50
	夏秋大棚	科兴70天、庆一50天、清夏50	6/中下	7/中下	35×40	9/中～10/中	1500	50
	秋露地	松花80、韩国一号、韩国二号、雪妃	7/中下	8月下	(46～50)×(53～57)	10/中～11/中	1500	50
	越冬露地	龙峰特大120天、130天、150天等	6/下～7/中	7/下～8/中	40×50	12/中～翌年2月	1500	50
	越冬露地	晚旺心180天、日本雪山、慢慢种	7/上～8/上	9/上～9/下	50×(50～60)	翌年2/中～4/中	2000	50

二、有机花椰菜春季大棚栽培

1. 品种选择

选用早熟、耐寒、成熟期较集中，品质优良的品种。

2. 播种育苗

① 播种时间 12月中旬至1月初在大棚内播种育苗，3月上旬定植于棚内。如棚内设置小拱棚等多层覆盖，可于2月下旬定植。

② 苗床准备 营养土用腐熟优质农家肥、草炭、腐叶土等配制。每平方米园土施腐熟优质堆肥10～15千克，及少量磷矿粉，充分混匀。播种床需铺配制好的营养土8～10厘米厚，移植床铺10～12厘米厚，铺后要耧平，并轻拍畦面。然后覆盖塑料薄膜，7～10天后即可播种。

③ 播种 播种前应将种子晒2～3天，然后将种子放在30～40℃的水中搅拌15分钟，除去瘪粒，在室温下浸泡5小时，再用清水洗干净备播。每平方米苗床播种5～8克，如采用营养方穴播，一般要播所栽株数的1.5倍。播种前灌水，使土层达到饱和状态为宜，待底水渗下后，开始播种。播种时先薄撒一层过筛细土。播种可采用撒播，即将种子均匀撒在育苗床上，立即覆盖过筛细土2～3厘米厚，覆盖薄膜，并用细土将四周封严；也可采用点播，播种前按10厘米×10厘米规格划营养方，在土方中间扎0.5厘米深的穴，每穴点播2～3粒种子。播后覆土、盖膜。也可使用营养钵育苗，即将配制好的营养土装入10厘米×10厘米的营养钵中，浇足水，在苗床上码好，扣棚增温，7～10天后，在营养钵中央按一个0.5厘米深的穴，每穴点播2～3粒种子。有条件的可采用穴盘育苗。

3. 苗期管理

① 温度管理 播后白天温度控制在20～25℃，夜间温度不低于8℃，促进幼苗迅速出土。苗齐后至第一片真叶显露要适当通风。第一片真叶显露到分苗，尽量保持育苗畦白天温度不低于20℃，夜间温度不低于8℃。苗期如果处于较长时间的低温和干旱，营养生长受到抑制，则会变成小老苗，容易引起早期现花，使花球质量变劣。分苗前3～5天，适当降低畦内温度炼苗。幼苗拱土、齐苗和间苗后各撒一次细土，厚0.3厘米左右，以保墒和提高畦温，缓苗后到定植前，要特别注意保温，防止长时间温度偏低，以免提前通过春化阶段而先期结球。

② 间苗、分苗 在子叶展开，第一片真叶显露时各进行一次间苗，定苗距1.5～2.0厘米。分苗在播后一个月左右，幼苗2～3叶期时进行。分苗畦的建造与播种畦相同。分苗前一天，育苗畦浇大水以

利起苗。分苗间距 10 厘米×10 厘米，栽后立即浇水。分苗后立即盖严塑料薄膜，棚内 5～6 天不通风，尽量提高棚温，促进缓苗。缓苗后适当中耕。

4. 整地施肥

施足基肥，一般每亩施有机肥 4000～5000 千克，磷矿粉 40 千克，钾矿粉 20 千克，加适量硼、镁肥料。深翻 20～25 厘米，整地作畦，畦宽 1.2～1.5 米，定植前 10 天左右覆盖地膜。

5. 适时定植

当秧苗具 6～7 片真叶时即可定植。定植前要求棚内 10 厘米处的地温稳定在 8℃以上，气温稳定在 10℃以上。定植前 20 天左右扣棚，揭盖草帘，尽量提高棚温，进行烤畦。每畦栽 3～4 行，株距 35～40 厘米。挖好定植穴，带土定植，把带土坨的苗栽于穴中，并埋土于幼苗根部，使根与土密接，促发新根。

6. 田间管理

① 温度管理　定植后 7～10 天内适当提高棚温，白天保持 20～25℃，夜间 13～15℃，不低于 10℃，一般不通风。缓苗后降温蹲苗 7～10 天，白天保持 15～20℃，夜间 12～13℃。超过 25℃即放风降温，防止高温抑制生长和发生茎叶徒长现象。夜间不能长时间低于 8℃，以免先期结球。结球期温度控制在 18～20℃，当外界夜间最低气温达到 10℃以上时，要昼夜大通风，花球出现后，控制温度不要超过 25℃。

② 水肥管理　定植初期可不急于浇缓苗水。通风时，选晴暖天气中耕，定植 15 天后第一次追肥，每亩追施腐熟稀畜粪水或沼液 1000～1500 千克，施肥后随即浇水，并及时中耕，控水蹲苗。出现花球后，隔 5～6 天浇一次水，追肥 2～3 次。小花球直径达 3 厘米左右时，应加大肥水，促花球膨大，随水冲施稀粪 1000 千克左右。以后，在整个花球生长期不能缺水，每 5～7 天浇一次水，保持地面湿润。在花球膨大中后期可喷 0.1%～0.5%硼砂液，每隔 3～5 天喷一次，共喷 3 次。

③ 保护花球　花球直径长到 10 厘米以上时，叶片遮掩不住花球，花球受日光直射，易变黄，影响商品价值，这时可将 1 片心叶折倒，覆盖在花球上或摘 1 片光叶盖在花球上，也可用草绳把上部叶丛束起来遮光。部分品种心叶可以始终包裹花球，自行护花，不需要折

叶盖花球。

7. 及时采收，分级上市

花球已充分长大，表面平整，基部花枝略有松散，边缘花枝开始向下反卷而尚未散开，此时为收获适期（彩图51）。

应配置专门的整理、分级、包装等采后商品化处理场地及必要的设施，长途运输要有预冷处理设施。有条件的地区建立冷链系统，实行商品化处理、运输、销售全程冷藏保鲜。有机花椰菜产品的采后处理、包装标识、运输销售等应符合 GB/T 19630—2011 有机产品标准要求。花椰菜分级标准见表27。

表 27　花椰菜分级标准（供参考）

项目	等　　级		
	特级	一级	二级
品种	同一品种		同一品种或相似品种
紧实度	各小花球肉质花茎短缩，花球紧实	各小花球肉质花茎短缩，花球尚紧实	各小花球肉质花茎略伸长，花球紧实度稍差
色泽	洁白色	乳白色	黄白色
形状	具有本品种应有的形状		基本具有本品种应有的形状
清洁	花球表面无污染		花球表面有少许污物
机械伤	无	伤害不明显	伤害不严重
散花	无	无	可有轻度散花
绒毛	无	有轻微绒毛	

三、有机花椰菜春季露地栽培

1. 品种选择

花椰菜属幼苗春化型作物，不同品种通过春化阶段对低温的要求不一样，因此，春栽宜选用耐寒性强的春季生态型品种。如错用秋季品种就会发生苗期早现球，产量和品质降低。

2. 播种育苗

为能在高温到来之前形成花球，必须适期播种。播种时间应结合当地气候条件和品种特性选择。中原和华北地区露地栽培一般在1月份播种。播种育苗方法同塑料大棚春季大棚栽培育苗方式。

3. 整地施肥

最好选用未种过十字花科蔬菜的秋耕晒垡的冬闲地，前茬作物以瓜类、豆类较好，前作收获后要及时深耕冻垡。栽植地应施足基肥，每亩施优质农家肥 5000 千克，磷矿粉 30～50 千克，钾矿粉 20 千克，缺硼、钼地区加施少量硼、钼肥，与土壤混匀耙细后作畦。定植前 10 左右覆盖地膜，以提高地温。

4. 定植

① 定植时间　春花椰菜露地栽培适时定植很重要，如定植过晚，成熟期推迟，形成花球时正处于高温季节，花球品质变劣；定植过早，常遇强寒流，生长点易受冻害，且易造成先期现球，影响产量。一般在地下 10 厘米处地温稳定在 8℃左右、平均气温在 10℃左右为定植适期。当寒流过后开始回暖时，选晴天上午定植。露地栽培定植期一般在 3 月中旬，地膜加小拱棚的可适当提前定植。

② 定植方法　按畦宽 1.3 米，株行距 0.4～0.5 米开挖定植穴，按品种特性合理密植，一般早熟品种每亩定植 3500～4000 株，中熟品种 3000～3500 株，中晚熟品种 2700 株左右。土壤肥力高，植株开展度较大，可适当稀些，反之应稍密些。定植后浇一遍定根水。

5. 田间管理

① 肥水管理　浇过定根水后 4～5 天，视土壤干湿状况再浇缓苗水。当基肥不足时，可随缓苗水追肥。莲座期，每亩施腐熟稀粪水 2000～2500 千克，如果此期缺肥，会造成营养体生长不良，花球早出而且易散球。当部分植株形成小花球后追肥一次，10～15 天后再追一次肥。出现花球后 5～6 天浇一次水，收获花球前 5～7 天停止浇水。在花球膨大中后期喷 0.1%～0.5%硼砂液，0.01%～0.08%的钼酸钠或钼酸铵，可促进花球膨大，3～5 天喷一次，共喷 3 次。

② 中耕蹲苗　浇过缓苗水后，待地表面稍干，即进行中耕松土，连续松土 2～3 次，先浅后深，以提高地温，增加土壤透气性，促进根系发育。结合中耕适当培土。地膜覆盖的地块不要急于浇缓苗水，以借助地膜升高地温，促使发根。不盖地膜的田块在浇缓苗水后，要适当控制浇水，加强中耕，适度蹲苗。

③ 保护花球　春露地花椰菜生长后期气温较高，日照较强，应采取折叶措施保护花球，一般在花球横径 10 厘米左右时，把靠近花球的 2～3 片外叶束住或折覆于花球表面，当覆盖叶萎蔫发黄后，应

及时更换。

6. 采收

花球应适时采收。过早收获，产量不高；过晚采收，花球品质下降，失去了市场竞争力。采收标准：花球充分长大，表面平整，基部花枝略有松散，边缘花枝开始向下反卷而尚未散开。收获时，每个花球带4～5片小叶，以保护花球避免在贮藏与运输过程中受损伤和污染。

四、有机花椰菜夏季露地栽培

花椰菜夏季露地栽培（彩图 52）都处于高温多雨的季节，不利于花椰菜生长，管理水平要求高。

1. 品种选择

选择耐热、耐湿、早熟的优良品种。

2. 适期播种

在长江流域，宜在 4 月 20 日～5 月 10 日播种。播种过早，易出现未熟抽薹和产生侧芽；播种过晚，立秋后才能收获，达不到栽种夏花椰菜的目的。黄淮流域此期不能播种，因生长期温度太高，花球不能正常生长。夏花椰菜育苗期间，多遇倒春寒、阴雨和冰雹天气，苗床要选择向阳、地下水位低的地块。育苗前 7～10 天翻土，用清粪水作底肥，栽种每亩要求播种子 50 克，播后搭小拱棚覆盖，出现第一对真叶后揭膜。

3. 精细整地

选择前茬未栽过十字花科蔬菜肥沃地块栽种，深耕 20 厘米，作小高畦，开好畦沟和排水沟，畦高 15～18 厘米，宽 80 厘米，沟宽 35 厘米。每亩施足有机肥 2000 千克，磷矿粉 50 千克，钾矿粉 20 千克，采用地膜覆盖栽培。

4. 及时定植

苗龄 20～25 天，株高 10～12 厘米，5 片真叶时，选择茎粗壮、叶深绿、根系发达的健壮苗定植。株行距 30 厘米×40 厘米，选晴天定植，移栽时需要根直，浅栽，压紧根部，并立即浇定根水。

5. 田间管理

① 中耕除草　未采用地膜覆盖的，要求中耕除草 2～3 次，中耕要浅，先远后近，根部杂草用手拔除，不能伤根、叶，到封垄时停止中耕除草。

②　肥水管理　夏花椰菜生长快，需肥量大，一般需追肥3～4次，幼苗移栽成活后进行第一次追肥，每亩浇清粪水1500～2500千克，莲座期每亩浇清粪水4000千克，在莲座初期和后期分2次追肥。开花初期重追肥一次，每亩追施清粪水2500千克。遇到伏旱，应注意及时灌水。

③　覆盖花球　夏花椰菜花球形成时正值炎热夏天，花球在阳光下暴晒易变黄色，影响品质。因此，在开花初期，花球直径达8～10厘米时，就应折叶盖花，但叶不要折断，以保证盖花期间叶片不萎蔫。

五、有机花椰菜秋季露地栽培

1. 品种选择

花椰菜秋季露地栽培，前期正值高温季节，因此必须选用苗期耐热的适宜品种。一些耐寒性好、冬性强的品种不能在秋季栽培，否则会出现温度条件高，不能通过春化阶段，而不能形成花球的现象。

2. 播种育苗

①　播种时间　一般华北地区6月中下旬，东北、西北地区5月中下旬至6月初，长江以南地区6月下旬至9月播种。播种过早，病害严重，而且花球形成早，不利于贮藏；播种过晚，植株生长天数减少，花球小，产量低。

②　苗床准备　苗床应选择地势高燥、通风良好、能灌能排、土质肥沃的地块。前茬作物收获后，及早清除杂草和地下害虫，翻耕晒田。按2.7米的间距划线作畦埂，在畦埂处挖排水沟，排水沟的两侧为压膜区。根据土壤肥力，每平方米育苗床施过筛的腐熟粪肥15～20千克。施肥后将床土倒2遍，将土块打碎与粪土混匀。整平整细畦面，再用脚把畦面平踩一遍，然后用平耙耙平，做成平整的四平畦，以备播种。

③　播种　播种前给苗床浇足底水，翌日在苗床上按10厘米×10厘米规格划方块，然后在方块中央扎眼，深度不超过0.5厘米，然后再用喷壶洒一遍水，水渗下后撒一层薄薄的过筛细土，然后按穴播种，每穴2～3粒，使种子均匀分布在穴里，播种后覆盖约0.5厘米厚的过筛细土。随后立即搭棚。

④　搭棚　播种季节日照强烈，常遇阵雨或暴雨，为防止高温烤苗和雨水冲刷，需搭盖遮阳防雨棚，以遮光、降温、防雨、通风为目

的，可搭成高 1 米左右的拱棚，上盖遮阳网或苇席，下雨之前要加盖塑料薄膜防雨，如用塑料薄膜搭成拱棚，切忌盖严，四周须离地面30 厘米以上，以利于通风降温。有条件的采用大棚加遮阳网覆盖育苗效果更佳。

3. 苗期管理

① 遮阴　播种后 3～4 天幼苗出齐，如 4 天后幼苗出齐，应及时灌一次小水，以保证幼苗出土一致。苗出齐后，将塑料薄膜及遮阳网撤掉，换上防虫网。经过搭荫棚遮阳，可降低土面温度 5～8℃，减少幼苗的蒸腾作用，避免幼苗萎蔫，防止地面板结，有利于幼苗正常生长。一般幼苗出土到第一片真叶出现，每天上午 10 时至下午 4 时均需遮阳。后期逐渐缩短遮阳的时间，直至不再遮阳。

② 水肥管理　苗期要有充分的水分，一般每隔 3～4 天浇一次水，保持苗床见干见湿，土壤湿度为 70%～80%，以促进幼苗生长，苗期水分管理是关键，绝不能控水，防止干旱使幼苗老化。当小苗长到 3～4 片叶时，应追施少量稀淡粪水。浇水和追肥应在傍晚或早晨进行，冷灌夜浇，降低地温。

③ 间苗分苗　子叶展开时及时间苗，每穴只留 1 株。当幼苗具有 2～3 片真叶时，按大小进行分苗。分苗选阴天或傍晚进行，苗距 8 厘米左右。分苗床管理与苗床相同。苗龄 30～40 天，当幼苗有 6～7 片真叶时即可定植，幼苗过大定植不易缓苗。

4. 整地施肥

选择地势高、排水好、不易发生涝害的肥沃田块种植，前茬最好为番茄、瓜类、豆类、大蒜、大葱、马铃薯等作物，切忌与小白菜、结球甘蓝等十字花科蔬菜连作。前作应及时腾茬整地。施足基肥，一般每亩施农家肥 3000～4000 千克，磷矿粉 30～50 千克，钾矿粉 20千克。深翻 20 厘米，耙平。早熟品种以做成高 25～30 厘米、宽 1.3米左右的畦为宜，中晚熟品种畦宽 1.5 米左右。

5. 及时定植

早熟品种 6～7 片叶时定植，中熟品种 7～8 片叶时定植，晚熟品种 8～9 片叶时定植。在早晨或傍晚定植，菜苗最好随起随种。可采用平畦或起垄栽培，定植株距 40～50 厘米，行距 50 厘米，每亩2600～3000 株。定植前苗畦浇透水，水渗干后进行切块，带土坨移栽，一般在晴天的下午或阴天移栽，移栽后应立即浇水。

6. 田间管理

① 水分管理　花椰菜生长喜湿润的气候，忌炎热干燥。当气候干热少雨时，花椰菜花球出现晚，花球小，产量低。由于很难控制空气湿度，因此，栽培中必须加强浇水管理。定植 3～4 天后浇一次缓苗水。无雨季节每隔 4～5 天浇一次水。植株生长前期因正值高温多雨季节，所以，既要防旱，又要防涝。花椰菜在整个生育期中，有两个需水高峰期：一个是莲座期，另一个是花球形成期。整个生长过程中，应根据天气及花椰菜生长情况，灵活掌握用水，一般前期小水勤浇，后期随温度的降低，浇水间隔时间逐渐变长，忌大水漫灌，采收前 5～7 天停止浇水。

② 肥料管理　除施足基肥外，花椰菜生长前期，因茎叶生长旺盛，需要氮肥较多，至花球形成前 15 天左右、丛生叶大量形成时，应重施追肥；在花球分化、心叶交心时，再次重施追肥；在花球露出至成熟还要重施 2 次追肥。每次每亩施稀粪水 2500～3000 千克，晚熟品种可增加一次。肥料随水施入。

③ 中耕除草　高温多雨易丛生杂草，未采用地膜覆盖时，在缓苗后应及时中耕，促进新根萌生，中耕要浅，勿伤植株，一般中耕 2～3 次，到植株封垄时停止中耕除草。显露花球前，要注意培土保护植株，防止大风刮倒。

④ 覆盖花球　花椰菜的花球在日光直射下，易变淡黄色，并可能在花球中长出小叶，降低品质。因此，在花球形成初期，把接近花球的大叶主脉折断，覆盖花球，覆盖叶萎蔫后，应及时换叶覆盖。有霜冻地区，应进行束叶保护，注意束扎不能过紧，以免影响花球生长。

7. 采收

一般秋花椰菜从 9 月中旬开始陆续采收，在气温降到 0℃时应全部收完，采收时，花球外留 5～6 片叶，用于运输过程中保护花球免受损伤。在收获和装运时，要轻拿轻放，不要碰伤花球。收获后选洁白、无病、无损伤的花球，去掉花球外的大叶，用保鲜膜包裹，码放在贮藏窖的层架上。

六、有机花椰菜病虫害综合防治

花椰菜主要病害有病毒病、黑腐病、霜霉病等，主要害虫有蚜虫、小菜蛾、菜青虫、斜纹夜蛾、甜菜夜蛾等。防治技术参见有机甘蓝病虫害综合防治。

第十六章

有机青花菜栽培技术

一、有机青花菜栽培茬口安排

长江中下游地区可进行春秋两季栽培，栽培方式可分为秋季露地栽培、春季露地栽培、冬季保温设施栽培、夏季遮阴栽培，排开播种，以分期上市。有机青花菜栽培茬口安排见表28。

表 28　有机青花菜栽培茬口安排（长江流域）

种类	栽培方式	建议品种	播期	定植期	株行距/厘米×厘米	采收期	亩产量/千克	亩用种量/克
青花菜	秋露地	绿岭、翠峰、宝塔青花菜	6~7月	7~8月	40×50	10~11月	750~1000	15~20
	秋冬季	绿岭、梅绿90、绿江南、金盾120	7~8/中	8~9/中	40×50	12月至翌年3月	750~1000	15~20
	春季	山绿、梅绿90、狼眼	元月前后	3月	40×50	4~5月	750~1000	15~20
	夏季	里绿、王冠、科罗伊、酋长	5/中~6/上	6/中~7/上	(40~45)×50	8~9/上	750~1000	15~20

二、有机青花菜春季栽培

1. 播种选择

长江流域一般元月前后在大棚育苗，3月定植，4~5月采收。华北地区一般12月中旬至翌年1月上旬在温室播种育苗，2月中旬~3月上旬定植，4月上旬~5月上旬采收上市。广西一般在1月下旬~3月上旬播种，3月中旬后定植，5~6月采收上市。露地栽培的播种期为3月下旬，在小拱棚内育苗，4月下旬定植于露地。

2. 品种选择

春季栽培，植株生长发育的过程伴随着气温的不断升高，到花球膨大期气温一般会超过花球发育的最适温度，往往容易引起一些畸形花球的发生，如带叶花球，就是因为温度较高，抑制花球发育，而小花枝基部的小叶又开始生长，伸出花球造成的。春季雨水较多，特别是后期进入梅雨季节，在高温、高湿条件下，很容易发生软腐病。因此，春季青花菜栽培最好在高温、梅雨到来之前将花球收获，中晚熟品种生育期长，结球期将会遇上较高的气温，因而不能结球或形成松散的或品质差的花球，故不能用。极早熟、早熟品种，虽然能满足在梅雨季节前收获，但由于易感应低温而通过春化，很容易形成小花球，故也不能用。最好选用冬性强、耐寒、耐热、株型紧凑、花球紧实、不易发生早期抽薹的中熟、中晚熟品种。

3. 培育壮苗

① 苗床准备　选择离水源较近、地势高、排水好、管理方便、背风向阳的地块作苗床，每亩青花菜需要 4～8 米^2 的苗床。用新鲜菜园土和腐熟干细的有机肥，按 7∶3 的比例混合均匀后，每立方米混合土中加入磷矿粉 1 千克和草木灰 2.5～5 千克。将营养土铺于苗床上（苗床宽 1～1.5 米），厚 10～15 厘米，整平耙细，压实。

② 催芽播种　每平方米播种 1～2 克，定植 1 亩需用种子 15～20 克。先将种子放入 55～60℃ 温水中，搅动，使其快速下沉，保持 55℃ 的恒温，10～15 分钟后捞出，再在 36～37℃ 的温水中浸泡 2～3 小时，捞出即可直接播种或催芽后播种。

播种宜选择晴天傍晚或阴天进行，播种时，先将覆盖在苗床上的薄膜揭掉，如苗床湿度不够，可用清水淋湿，而后将经浸泡或催芽的种子用干细土或干沙子拌匀，使之分散后再均匀播种在苗床上。条播或点播均可，最好实行点播，播后用细土覆盖，厚约 0.5 厘米，然后用塑料薄膜直接盖在床面，四周用泥土压严。

③ 苗床管理　播种后，阳畦要覆盖好塑料薄膜，夜间覆盖好草苫。出苗前无须给苗床浇水，出苗后及时揭除薄膜，改用小拱棚覆盖。当棚温高于 30℃ 时应通风降温，遇寒流夜温低于 0℃，下午 4 时前在膜上加盖草帘、无纺布等保温材料防冻。晴热天，穴盘苗每隔 1～2 天在上午浇一次水，营养钵每 3～4 天上午浇一次水。2 叶 1 心前一般只喷清水。

待幼苗具 2～3 片真叶时移入分苗床中，分苗床制作同播种床，也要填充培养土。为促进缓苗，要选择晴天上午分苗。分苗采用贴苗法：即在分苗床内按 10 厘米的行距开浅沟，浇水，趁水未渗下即将秧苗按 10 厘米的株距贴于沟边，随即覆土。覆土不可过深过浅，以与在原苗床的入土深度相同为宜。分苗后阳畦上盖好薄膜，夜间盖上草苫。也可用 8 厘米×10 厘米的营养钵分苗。采用小拱棚分苗的，分苗后，插好拱架，盖上薄膜，夜间可盖上草苫保温。

缓苗前注意保温，使苗床白天不高于 25℃，夜间不低于 10℃，缓苗后加强通风，白天气温 15～20℃，夜间 10℃以上，不低于 8℃。苗期一般不追肥，如果秧苗瘦弱时，可叶面喷洒有机营养液肥。叶面追肥应在无风天下午进行，每 7～10 天喷一次，连喷 2～3 次。定植前 5～7 天炼苗，起苗前一天晚上，将苗床浇透水，切块，并加大通风量，待长出 5～7 片真叶时定植。

如采用育苗移栽的方法，营养钵要选择直径 8～10 厘米的营养钵。穴盘育苗最好选用 72 孔的穴盘，育苗基质采用腐熟的鸡粪加 30％蛭石和少量水，再加 5％的磷矿粉，混合搅拌均匀后装入 72 孔穴盘中并刮平，苗床在播种前 1 个月翻耕并暴晒后整平，铺上地膜以防止窜根。随后将装好基质的穴盘排整齐，盖好大棚顶膜防雨水。播种前 1～2 天将种子用信封袋装好在太阳光下晒种，但时间不宜过长，也不可暴晒。播种前先将穴盘内基质浇透水，每穴播 1 粒种子。播种完成后铺一层基质并刮平，再盖塑料小拱棚，此方法播种不用分苗。

4. 整地施肥

青花菜需肥量大，一般秋耕时每亩施优质农家肥 3000～4000 千克、磷矿粉 50 千克、钾矿粉 30 千克，缺硼田加施硼砂 1 千克，撒施后深耕细耙，定植前半个月左右覆膜烤地，作畦宽 1.5 米的平畦；南方常作高畦，宽 1 米，高 15～20 厘米，畦间宽 30～40 厘米。做好畦后，有条件的可再盖地膜，地膜要拉平压紧，使膜与畦面密接。

5. 及时定植

当外界日平均气温稳定在 6℃以上，表土 10 厘米处温度稳定在 5℃以上，寒流已过时开始定植，定植过早，容易出现早抽薹现象。定植宜在冷尾暖头的晴暖天气进行，最好在定植后能有 3～5 个晴暖天气。

每畦栽两行，早熟品种株距 34～37 厘米，中熟品种株距 40～44 厘米，晚熟品种株距 52～60 厘米，依品种不同每亩定植 2000～3000

株。定植深度以不掩盖秧苗子叶节为标准。也可先栽好苗再浇水。

采用地膜覆盖栽培有利于增温、提早收获。可采用先定植后盖膜，边铺膜边掏苗，掏苗时注意勿使幼苗受伤。也可采用先盖膜后定植，定植时按株行距用刀片在地膜上划十字形切口作为定植孔，将定植孔下的土挖出，栽好苗后，再将挖出的土覆回，定植孔周围用泥土压严。若采用营养钵或穴盘育苗，定植穴开口可大一些，定植前可用洒水壶向营养土淋透水。

6. 田间管理

① 温度管理　定植后要闷棚 4～5 天，尽量提高棚温，白天气温 25℃左右为宜，夜间 13～15℃。幼苗开始生长后再开始通风降温，保持白天 20～22℃，夜间 10～12℃。莲座期逐步加大通风量，保持温度 15～20℃，花球形成期保持温度 14～18℃，不可超过 25℃，不低于 5℃。

② 追肥管理　在重施基肥的基础上，要分期追肥，重点追施发棵肥和膨球肥，特别注意磷、钾肥的施用。第一次在定植缓苗后，结合培土，每亩穴施腐熟粪肥 500 千克；第二次在花芽分化前后，即定植后 20 天左右，植株有 12～15 片叶正值旺盛生长，将要封垄时，每亩施腐熟粪肥 500 千克，随水施入或挖穴深施；第三次在植株约有 20 片叶，正值顶花球形成期，每亩施腐熟粪肥 500 千克，于现蕾时施入。如留侧枝结球，主茎花球大部分采收后，每亩施腐熟粪肥 500 千克，可促进腋芽生长成球，提高侧花球产量。

现蕾后用 0.2％硼砂溶液喷施，可增加花球产量和改善品质。叶面喷肥以无风的傍晚为宜，隔 7～10 天喷一次，一般喷 2～3 次。

③ 浇水管理　青花菜生长前期气温低，一般无需灌水，避免浇水引起土温急剧下降。定植后不必急于浇缓苗水，以保温、促进幼苗生长为主。此后温度上升，放风口应加大，并加大浇水量，一般10～15 天浇一次水。在花芽分化前后及花球肥大期要严防缺水。露地栽培的大雨后要及时排水，切勿积水，以防病害的发生与蔓延。每次采摘主、侧花球后，应立即浇水追肥，促进其余侧花球生长。

④ 整枝　中晚熟品种易产生侧枝，主花球未收获前应先打去侧枝，或当大部分主球长到 12～16 厘米时，适当留 3～4 个侧枝。青花菜结球期不束叶，无需用老叶遮盖花球，否则将影响其色泽和品质。

⑤ 地膜管理及除草　田间要防止地膜破裂，遇有裂口和压膜不

严之处应及时用土压实。覆盖地膜后，不需中耕，但要经常检查，注意拔出根际杂草。当杂草滋生时，还可用土压草，以防草荒。

7. 及时采收，分级上市

青花菜与普通花椰菜相比，花球收获期要求严格，采收需适时。过早收获则蕾球尚未充分发育长大，花球小，产量低，收获过晚，蕾球已松散，球面高低不平，且蕾粒粗松，甚至显露出黄色的花瓣，新鲜度会迅速下降，以致降低商品价值和食用品质。青花菜从出现主花球至主花球长大，达到商品成熟，中熟品种一般需 30 天左右。当花球形成，小花充分膨大，花球边缘小花蕾群也充分肥大时采收（彩图53），采收时每个花球外要留 3～4 片小叶，以护托花球，但花茎不能留得过长。主侧花球兼用品种，主花球采收后，可选留 2～4 个较粗壮的侧枝，继续加强肥水管理，经 20 天左右又可采收侧花球。青花菜在常温下不耐贮存，花蕾易转黄或花球易散花，故应随采收随包装或运往加工厂，运输过程中注意防压防振。

应配置专门的整理、分级、包装等采后商品化处理场地及必要的设施，长途运输要有预冷处理设施。有条件的地区建立冷链系统，实行商品化处理、运输、销售全程冷藏保鲜。有机青花菜产品的采后处理、包装标识、运输销售等应符合 GB/T 19630—2011 有机产品标准要求。有机青花菜商品采收要求及分级标准见表 29。

表 29　有机青花菜商品采收要求及分级标准

作物种类	商品性状基本要求	大小规格	特级标准	一级标准	二级标准
青花菜	花球充分发育，具有适于鲜销、正常运输和装卸要求的成熟度；新鲜、无萎蔫，有光泽；修整良好，允许保留 3～4 片嫩叶；主花茎切削平整，不变色，髓部组织致密，不空心；无虫及病虫导致的损伤；无裂缝，无冷害、冻害，无严重机械损伤；清洁，无异味，无杂质，无不正常的外来水分；无腐烂、发霉	最大直径（厘米）大：>15 中：10～15 小：<10	外观一致；花球圆整、完好；花球紧实，不松散；色泽浓绿、一致；花蕾细小、紧实，未开放；花茎鲜嫩，分支花茎短；无机械损伤	外观基本一致；花球较圆整、完好；花球尚紧实，四周略有松散；色泽浓绿、基本一致；花蕾较紧实，但尚未开放；花茎鲜嫩，分枝花茎短；允许有机械损伤，但不明显	外观基本一致；花球完好；花球略松散；色泽略显黄绿或有少量异色花蕾；花蕾有少量开放；花茎较嫩，分支花茎较长。允许有机械损伤，但不严重

注：摘自 NY/T 941—2006《青花菜等级规格》。

三、有机青花菜夏季栽培

青花菜夏季栽培，使用遮阳网覆盖，应选用耐热、抗病、早熟的品种。在山区，夏季有较凉爽的自然气候条件，气温较低，昼夜温差大，再配合相应的遮阳、防雨措施，使产品在盛夏上市，经济效益可观，故夏季栽培以高山地区居多。

1. 品种选择

选择适合夏季栽培的早熟品种，要求品种耐高温，冬性较弱，在高温下也能形成叶球，具有较强的抗病虫害能力。

2. 适时播种

在长江流域，宜于5月中旬至6月上旬播种育苗，6月中旬至7月上旬定植，8～9月上旬采收。

3. 培育壮苗

选地势较高、通风凉爽、排水优良、土壤肥沃且前茬为非甘蓝类蔬菜的地块作苗床，增施腐熟厩肥，翻耕耙细田块，整平作畦，畦高30厘米、宽1米左右。播种前，灌足底水，等水完全渗下后，干籽播种，可条播或撒播，将种子均匀撒播到苗床上。

也可按10厘米×10厘米的单株营养面积在苗床上用竹片或小刀划出小方格点播。播后用0.5厘米厚过筛细土覆盖种子。然后在苗床上盖一层稻草或遮阳网等，保湿保温。

有条件的，最好采用营养钵或纸筒播种育苗。营养土采用园土与腐熟有机肥混合配制，每亩需园土600千克、腐熟的猪牛圈肥100千克，混合均匀后用塑料薄膜覆盖密封堆积10天左右。播种前装入营养钵内，浇透水，水渗下后，将种子直接播于营养钵中，每钵2～3粒种子，然后再撒上一层细土，在大棚上盖银灰色遮阳网或22目银灰色防虫网。遮阳网两边离地1.6～1.8米，防虫网要全棚覆盖。

一般2～3天即可出苗，幼苗出齐后，要及时揭除覆盖物。同时在苗床上搭荫棚，在晴热天中午前后上面盖草帘或遮阳网，阴天不盖。因苗期正处于高温季节，苗的生长速度较快，苗期比冬、春季短，管理上主要注意防止幼苗因高温而导致的徒长和雨水直接冲刷幼苗，因此雨天应在小拱棚上覆盖薄膜，塑料薄膜边沿的高度与青花菜苗高齐平或稍高于青花菜苗，使秧苗处于一个四周通风的环境。晴天可让苗床秧苗充分见光，使其自然生长。如温度过高，可用遮阳网覆盖在拱棚上或搭荫棚盖稻草降温。如遇连阴后乍晴，必须采取遮阳措施，否则会造成闪苗。

夏季气候炎热，应给苗床早、晚各浇一次水，保持土壤湿润。暴雨前，用塑料薄膜搭在棚架上，防止雨水冲刷苗床。幼苗长至1~2片真叶时，结合间苗，根据苗情适当追肥一次。

采用条播或撒播的，幼苗有2~3片真叶时要进行分苗。分苗床每平方米施腐熟有机肥7千克，与土壤混匀后做成高畦。分苗要在傍晚进行，按10厘米×10厘米株行距分苗。分苗后及时浇水。高温天气，中午仍要用遮阳网等在床上搭荫棚降温。对于早熟品种也可以不进行分苗，但播种要稀，出苗后要数次间苗，保证苗床通风良好。分苗后要勤浇水。

育苗苗龄不宜过长，以免造成小老苗，导致定植后株形矮小，生长势弱，早期现球而减产。极早熟品种以30~35天，具5片真叶定植为好；早熟品种以35~40天，具5~6片真叶定植为好；中晚熟品种以40~45天，具6~7片真叶定植为好。定植前一周，逐步撤除薄膜等覆盖物，使之适应外界环境，起苗前应浇足水。

4. 整地施肥

选择土壤肥沃、保水保肥能力较强、排灌方便且前茬为瓜类、豆类或水稻的地块栽培较好。前作收获后，清洁除草，深耕晒地，每亩施腐熟厩肥3000~5000千克，磷矿粉40千克，钾矿粉20千克，配施适量的硼、镁、钼等微量元素。做成深沟高畦，畦面呈弧形，畦宽1米，畦沟深25~30厘米，畦沟宽30~40厘米。

5. 适时定植

幼苗具5~7片真叶时即可定植，定植前7天控水倒苗，进行秧苗锻炼，提高幼苗抗逆性，定植应选晴天傍晚进行，起苗时尽可能多带土护根，减少伤根，营养钵育苗的，可直接带土定植。定植时要选择生长健壮、无病虫害、根系发达的苗定植，不用细弱的苗。

一般每畦种植2行，行距50厘米。一般早熟品种可密植，株距40厘米左右，亩栽3000株左右；中晚熟品种株距45厘米左右，亩栽2500株。可对称定植，也可交叉定植。定植后覆土应与苗坨相平或至子叶处。定植后随即用井水畦灌，定植后若进行畦面覆盖，对于降温保湿及防止暴雨冲刷有较大作用。采用大棚栽培的，应在大棚上覆盖遮阳网或在旧棚膜上覆盖草帘。

6. 田间管理

① 遮阴管理　定植后以遮光降温为重点。根据天气情况灵活掌握揭盖遮阳网或其他覆盖物的时间，晴天中午前后光照强、温度高以及下暴雨前要及时盖上，清晨及傍晚或连续阴雨天气，温度不高，光照不强时要及时揭开。

② 追肥管理　早熟品种，追肥可以少施，以基肥为主。中晚熟品种除施足基肥外，还要分次追肥。第一次追肥可在定植后 5~7 天缓苗后进行，每亩施腐熟粪肥 500 千克；第二次追肥在第一次追肥后 7~10 天进行，每亩施腐熟粪肥 500 千克。以后每隔 10 天左右根据植株生长状况再进行 2~3 次追肥。追肥应选晴天的早晨或傍晚进行，不要在高温条件下追肥，追肥要避开雨季，防止肥料流失，但也不宜在土壤较干时进行。出现花球时还可用 0.2% 硼砂溶液喷洒叶面。

③ 浇水管理　青花菜喜湿润环境，整个生长期需要供应充足的水分，特别是结球期切不可干旱。遇阴雨天要排除田间积水，生长后期降雨减少，除结合追施水肥供应水分外，还可采取沟灌补水。

④ 中耕除草　活棵后中耕松土防止土壤板结，增加根部的透气性，促进根系发育，减少水肥流失，并清除杂草，多风地区应在中耕的同时培土防倒伏。封垄前中耕除草 2~3 次，植株封行后中耕可停止。

7. 及时采收

采收应在清晨进行。花球边缘小花蕾群略有松散时为采收适期。采收时，将花球下部带花茎 10 厘米左右一起割下，并保留 3~4 片小叶。对于主侧花球兼用种，主花球采收后，选留 2~4 个较粗壮的侧枝，继续加强肥水管理，经 20 天左右仍可采收 2~3 次侧花球。

四、有机青花菜秋季露地栽培

1. 品种选择

青花菜秋季露地栽培（彩图 54），前期气温高，阳光充足，后期天气转凉，正好符合青花菜整个生长过程对温度的要求，最适合青花菜生长发育，是青花菜最主要的栽培季节，早、中、晚熟品种均可选用，但因秋季栽培前期温度较高，最好选择耐热性较好的优质品种。此外，品种的熟性不同，它们通过低温春化，即由营养生长转化为生殖生长的条件不同。有些晚熟品种因春化要求的温度低，时间长，如果环境不能满足要求，它们的营养生长就不能转为生殖生长，也不能正常结球。

2. 播种育苗

在长江流域，一般 6～7 月播种，10～11 月采收。

① 苗床准备　秋季露地栽培，育苗期间正值高温多雨季节，最好采用育苗盘育苗。如露地育苗，则苗床应选择地势高燥、通风良好、浇水方便的地方作育苗床，同时利用大棚（大棚只覆盖顶部，四周留空）或在苗床上搭防雨遮荫棚，遮阳网午间前后起到遮阴、降温的作用，塑料薄膜在雨天覆盖，可防止雨水把地面拍实，妨碍出苗或将刚出土的幼苗打坏。

要求以 1∶20 的秧本比留足苗地，苗床在播前一周进行土壤耕作，深沟高畦，苗床畦宽连沟 2 米，沟宽 40～50 厘米，深 15～20 厘米。苗床整理要求下粗上松，畦面泥细、平、光滑。播前喷洒苗床，并浇水湿透苗床。

② 播种　播种时的浇水量应达 10 厘米深，使床土饱和，水渗下后在床面均匀撒一层营养土，然后均匀条播或撒播种子，播种必须均匀，常采用细泥沙拌和种子干籽直播的方法。

由于夏秋季栽培生长期较短，育苗的时间也不能长，苗龄一般不能超过 30 天，因此一般播种后不再假植，为了培育壮苗，应以条播、稀播为好。条播时要在畦面上划压出 1 厘米深、相距 7～8 厘米的播种小沟，播种时宜选择晴天傍晚或阴天，每隔 1 厘米播 1 粒种子（如果不准备假植，则要间隔 3～5 厘米播 1 粒种子）。播后覆一层细土，盖土厚度以看不出种子为宜，不能太厚。再在苗床上盖一层稻草或 2～3 层遮阳网遮阴保湿。

③ 苗期管理　从播种至出苗需要 2～3 天，发芽出苗期主要依靠浇水调节土温，使土温保持在 25～30℃的适宜温度下，浇水可在午前或傍晚进行，尽量避免在浇水后遇到阴雨天气，此期畦面用遮阳网全天覆盖 2～3 天进行降温防雨，等出苗后两子叶展开转绿时及时揭掉遮阳网。

子叶转绿后至 2 叶 1 心期，架好小拱棚并盖上遮阳网，晴天上午 8 时至下午 4 时盖遮阳网降温，其余时间揭去，阴天及小雨时不盖网，间歇盖网时间历时一周。注意保持畦面湿润，一般 4～5 天浇一次水，可在傍晚时用喷壶喷水，防止幼苗萎蔫，雨后要防止田间积水。

幼苗 2 叶 1 心期后进入迅速生长期，要继续做好见干见湿的水分管理，并开始进行间苗，使苗床幼苗生长空间达 10 厘米^2 1 株的均匀水平。一般情况下，采用营养土育苗的，整个秧苗生长期间不需再进行追肥，如果发现幼苗生长瘦弱并呈现缺肥症状时，可叶面追施有机营养液肥，叶面追肥选择无风天气的下午进行。使用遮阳网进行遮阴时，一定要根据天气情况及时揭盖。出苗期可全田覆盖，出苗后晴天中午前后及时盖上，但在阴天、雨天以及晴天除中午的一段时间要及时揭开，定植前撤网炼苗，否则，覆盖遮阳网有时反而导致光线不足而使幼苗生长瘦弱。

④ 假植 播种后 15～20 天，幼苗有 2～3 片真叶时分苗一次。分苗床每平方米施腐熟有机肥 15 千克，与土壤混匀后做成高畦。分苗要在阴天或晴天傍晚进行，按 8 厘米×10 厘米株行距分苗。分苗后及时浇水，并覆盖遮阳网遮阴，培育嫩壮苗。分苗后要勤浇水，浇水要适当，保证苗床既不缺水又不过湿。定植前 2～3 天，选择傍晚天气较凉爽时，把拱棚上的塑料膜、遮阳网全部撤除。如果不进行分苗，则不仅播种要稀，而且在出苗后要数次间苗，保证苗床通风良好，同时间去病苗、弱苗。

3. 穴盘育苗

有条件的，可利用穴盘进行育苗，有助于培育健壮秧苗。

① 苗床准备 穴盘育苗也要作苗床，一般选用 128 孔的专用塑料穴盘，育苗基质可以购买，也可以自己配制，采用草炭、珍珠岩、蛭石的混合基质，体积比为 6：3：1，同时每立方米基质撒磷矿粉 25 千克。装土之前，用水调节基质含水量至 60% 左右，即用手紧握基质，基质成团，而又无水渗出。将预湿好的基质装入穴盘，用小木板轻轻敲打穴盘，使基质充实，紧挨并排两行于地膜上，并将每个穴盘表面刮平。

② 播种 播种前将装好基质的穴盘用细喷壶反复将基质浇足、浇透底水，至穴盘底有水渗出即可，再用木钉板（上有直径 0.8～1 厘米、高 0.6 厘米的圆柱形突起）压孔，孔深 0.5 厘米。再将压好孔的盘按两个一排整齐排放在苗床上。每个孔内播 1 粒干种子，播后覆盖基质，并用小木板将盘面刮平，再稍稍喷水，以见基质湿为宜，盘面再盖一层地膜，以利于保湿，并在地膜上覆盖一层稻草，同时在稻

草上浇一次水，以利于遮阴降温。

③ 苗床管理　出苗前要用遮阳网遮阴降温，并打开通风口，促进空气对流，以降低棚内温度，每天上午 9 时、下午 4 时分别在稻草上淋水一次进行降温，使棚内温度控制在 25～30℃，基质温度控制在 20～25℃。

当穴盘有 60％的种子出苗时，要及时去掉盖在穴盘上的稻草和地膜。同时将洒落在穴盘和走道上的稻草捡干净，并将露根的幼苗根部轻轻摁入基质内，以防幼根被晒干。为防幼苗徒长，此时要求棚内白天温度控制在 23℃左右，夜间 13℃左右。当 2 片叶子充分展开时，汰劣取优进行补苗，穴盘育苗要求每穴最后留 1 株苗。由于播种时会出现每穴播 2～3 粒或多粒，因此在出苗后，用小竹片挑出多余的小苗，移到没有出芽的穴内，移过后要浇水，这样既保证全苗，又减少种子用量。

从第一片真叶露心开始为培育壮苗的重要阶段。应控制温度，增强光照，调节湿度，适当追肥。白天温度控制在 25℃，夜间 15℃，并逐步延长光照时间，逐步增大通风量。由于秋季棚内温度高，孔穴体积小，蒸发量大，基质中的水分损失多，故必须有充足的水分供给，以免影响幼苗生长。晴天每天喷水 2 次，分别在上午 9～10 时和下午 4～5 时，每次都要喷透，以利于根系在基质中生长。喷水要均匀，同时穴盘外侧因水分的蒸发量大应多喷一次。幼苗 2～3 片真叶时，为使幼苗生长均匀一致，将育苗盘适当调换位置。叶面追施有机营养液肥 2～3 次。同时清除育苗场所内走道、空地及大棚四周杂草。

定植前 4～5 天，卷起大棚四周的遮阳网，以后逐渐揭去大棚顶部的遮阳网，同时将上午的喷水量减少至平时的一半，下午当幼苗因缺水稍有萎蔫时再喷水，下午的喷水量要充足。经过 4～5 天的炼苗，幼苗就可以适应外界高温、强光的环境。

4. 整地施肥

选择土质较肥、排水较好且为与十字花科蔬菜非连作的田地。前茬作物收获后，尽早耕翻晒土。定植前，每亩施腐熟有机肥 3000～4000 千克，磷矿粉 50 千克，钾矿粉 20 千克，翻耕入土，将地面耙平耙细，做成宽 1.1～1.3 米、高 25 厘米的畦，畦沟宽 30～35 厘米，每畦栽 2 行。

5. 及时定植

秋栽定植密度要略小于春季，早熟品种的定植适宜苗龄 30 天左右，5～6 片叶的壮苗；晚熟品种可定植 7～8 片叶的大苗，苗龄不超过 30 天。

选择阴天或晴天傍晚时定植。起苗前 1～2 天苗床浇透水，起苗时尽可能多带土护根。营养钵和穴盘育苗的，可以直接带土定植。由于花球大小由植株营养体的大小决定，特别是秋季栽培生长时间短，如用细弱的苗定植，即使以后再施足肥料，植株营养体也长不大，形成小花球。因此要选择生长健壮、无病虫害、根系发达的苗定植。早熟品种可密植，株距 40 厘米左右，亩栽 3000 株左右；中晚熟品种株距 45 厘米左右，亩栽 2500 株左右。每畦两行，对称式定植或交叉定植。

采取明水定植法，按株距要求挖穴后，将秧苗逐一栽入，栽苗的深度，一般比原苗床深度稍深，然后覆土轻压，再浇大水，定植水一定要浇足，以促进秧苗根系与土壤密接，使易于产生新根，迅速缓苗。

6. 田间管理

① 浇水管理　定植后气候逐渐干燥，要及时浇水，可采取沟灌，急灌急排，不宜串灌和漫灌。但在植株封行至现蕾期间应适当控制水分。现球后要保持地面湿润，不可干燥，但水分也不宜过多。青花菜为深根性作物，怕涝，特别是在排水差的黏性土壤栽培时，积水对植株的生长非常不利，不易发根，生长势弱，植株下部叶片脱落，且病害严重，因此雨季要注意排水。

② 追肥管理　早熟品种生育期短，追肥可以少施，以基肥为主。中晚熟品种除施足基肥外，还要分次追肥。第一次在定植后 15～20 天，结合培土，追发棵肥。第二次在 10～12 叶时追开盘肥。顶花球出现后追施花球肥。主、侧枝兼收型的品种，当主花球将收获前，可根据侧花球的生长情况，再追施一次肥，以促进侧枝小花球的发育。每次每亩施腐熟畜粪肥 2000 千克。现蕾后可用 0.2％硼砂根外追肥 2～3 次。

③ 中耕松土　在生长过程中前期以促为主，经常浇水，活棵后需中耕松土，并除去杂草，多风地区注意培土防倒伏。植株封行后叶片覆盖地面，中耕可停止。在生长后期及时摘除老叶、病残叶。

④ 植株调整　秋季青花菜侧枝发生快而多，如果任其随便生长，会导致主花球显蕾晚、发育慢，且花球小。如到天冷之前不能收获适宜的花球，要进行整枝，即在主花蕾现蕾前，将基部发育好的侧枝留下 3～4 个，以上的侧枝全部去掉。当主花球收获后，将所留侧枝的上部叶片仅保留 2～3 片。

为了延长收获期，达到冬季供应的目的，除采用保护地栽培外，在霜冻前还可将带小花球的植株连根起出，移到温室或大棚中假植，可陆续收获到新年或春节。

7. 适时采收

青花菜的适收期很短，应适时采收，每天采收。收主球时，连茎秆长 25 厘米切断，除去叶柄后立即包装运送市场。收获时间以清晨温度较低时为宜。

五、有机青花菜病虫害综合防治

可参考有机甘蓝病虫害综合防治。

第十七章

有机胡萝卜栽培技术

一、有机胡萝卜栽培茬口安排

长江流域有机胡萝卜主要是露地秋冬季、春季栽培。有机胡萝卜栽培茬口安排见表30。

表30　有机胡萝卜栽培茬口安排（长江流域）

种类	栽培方式	建议品种	播期	定植期	株行距/厘米×厘米	采收期	亩产量/千克	亩用种量/克
胡萝卜	秋露地	新黑田五寸人参、三红胡萝卜	7/中下～8月	直播或条播	15×20	11/下～12/上	3000	500～800
	春露地	新黑田五寸人参、红誉五寸	3月上中旬	直播	(15～18)×20	6月	3000	500～800

二、有机胡萝卜秋播栽培

1. 品种选择

胡萝卜秋播栽培（彩图55）对品种的要求不严格，选择产量高、品质好、采收迟、耐贮藏的品种即可。

2. 整地施肥

选择地势高燥，土层深厚，土质疏松、保水能力强、排水良好、富含有机质的沙壤土或壤土。如果土壤坚硬、通气性差、酸性强，则易使肉质根皮孔突起，外皮粗糙，品质差，产量低。前作收获后适时进行灭茬、深松，灭茬深度12～15厘米，深松深度30厘米以上，剔出瓦砾、玻璃等硬物及废塑料等。

基肥一定要充分腐熟，新鲜厩肥和未经充分腐熟的粪肥不要施用，以免在发酵过程中将幼苗主根烧伤，形成畸形根或引起地下害虫的为害。每亩施充分腐熟堆肥、厩肥或畜粪尿 3000～4000 千克，或腐熟花生饼肥 150 千克，或腐熟大豆饼肥 150 千克，另加磷矿粉 40 千克及钾矿粉 20 千克，于耕翻整地时施入。

多采用深沟高畦，梳子形，畦面宽 1.2～2 米，畦高 15～20 厘米，沟宽 0.3～0.5 米，畦面上耕作层厚 25～30 厘米。

3. 播种育苗

① 播期选择　适时播种是获得高产、优质的重要条件之一。根据胡萝卜叶丛生长期适应性强，肉质根膨大要求凉爽气候的特点，在安排播种期时，应尽量使苗期在炎热的夏季或初秋，使肉质根膨大期尽量在凉爽的秋季。秋季冷凉的气候，最适于胡萝卜肉质根的伸长和膨大，故易获得高产。由于胡萝卜苗期的耐旱及耐热力强，为了使肉质根的生长安排在最适宜的温度条件下，必须将播种期适当提早，秋播胡萝卜播期最好在 7 月中下旬至 8 月中下旬，11 月下旬至 12 月上旬收获。

② 种子处理　种子要选用籽粒饱满且经过休眠的新种子，种子播前晒种 2 天，搓去种子上的刺毛，把种子倒入 40℃ 水中浸种 2 小时，捞出沥干水分放在 20～25℃ 的温度下催芽 3～4 天，种子露白时，即可播种。

③ 种子直播　掌握墒情适时在畦上开双行条播，行距 15～17 厘米，沟深 2.5～4 厘米，每亩用种量 500～800 克，先沿沟浇水，水渗下后撒播种子，随播种随覆土，覆土 1 厘米，不宜过厚，并轻轻镇压，保证种子与土壤结合紧密。进口种子可用采用穴播或点播。

④ 播后管理　播后到出苗要求保持土壤湿润。在播种时掺入 2%～5% 的小白菜或茼蒿种子，可为出苗后的胡萝卜幼苗遮阳。播种后最好在畦面上覆盖麦秸草等，以保墒、降温、防大雨冲刷等，有利于出苗，出苗后陆续撤去覆草。

4. 田间管理

① 间苗　胡萝卜喜光，种植过密不利于肉质根的形成，因此，幼苗出齐后要及时间苗，早间苗，稀留苗，是胡萝卜高产的关键。第一次间苗在 1～2 片真叶、苗高 3 厘米时进行，苗距 3～4 厘米，并在行间进行浅中耕，促使幼苗生长；第二次间苗在苗高 7～10 厘米时进行，保持株距 6～7 厘米，并进行中耕除草一次；第三次定苗，在株

高 15～20 厘米时进行，苗距为 10～15 厘米。间苗时应着重拔去叶色特别深的苗、叶片及叶柄密生粗硬茸毛的苗、叶数过多的苗、叶片过厚而短的苗等，这些苗多形成经权根、心柱较粗或肉质根细小等。

②　灌溉　发芽期要浇 3 次水，三水齐苗，经常保持土壤湿润，使土壤湿度保持在 65%～80%。幼苗期应尽量控制浇水，防徒长。当苗高 16 厘米，真叶 4～5 片开始破肚时，随浇一次透水，以促进叶部生长，引根深扎。开始破肚到露肩前，要适当控制浇水，使根部继续伸长，抑制侧根发育。露肩后肉质根肥大期，对水分的需要较多，要经常保持土壤湿润，防止忽干忽湿。胡萝卜肉质根长到手指粗时，应及时浇水，使土壤经常保持湿润。如果水分供应不足，土壤干旱，就容易引起肉质根木质部的木栓化，使侧根增多，如果浇水过多，则会引起肉质根开裂，降低产品质量。

③　追肥　追肥应施用速效粪肥，全生长期可分 3 次追肥。肉质根迅速膨大期进行第一次追肥，以后每隔 15 天施一次，共施三次，追肥可选择米糠饼、豆饼或菜籽饼的浸出液，经充分腐熟后使用，可对水 10 倍作根外追肥，对水 5 倍直接浇根追肥。或每次每亩用畜粪尿 150 千克结合浇水进行，并适当增施生物钾肥。

④　培土　胡萝卜根一般露出土面不多，但由于受雨水冲刷或土层浅，土质坚实时，上部也会露出土面，受阳光直射而变成青色，组织硬化，影响品质，可结合中耕除草进行培土，以不使肉质根露出土面为宜。

5. 及时采收，分级上市

要适时收获，收获过晚，胡萝卜肉质根容易硬化，或在田间遭受冻害而不耐贮藏，一般在 10 月下旬开始收获，陆续供应市场，准备贮藏的秋胡萝卜，可在 11 月上旬收获。胡萝卜质量应达到"一齐六无"标准，即胡萝卜外观整齐、无损伤、无烂、无冻、无病、无分权、无开裂（彩图 56）。做到单收获、单运输、单削缨、单贮藏。贮藏保鲜胡萝卜应放在 0～3℃、空气相对湿度保持在 90%～95%、二氧化碳保持在 3%～7% 的窖内贮藏。严禁与有毒有害物品一起堆放，确保无污染。

应配置专门的整理、分级、包装等采后商品化处理场地及必要的设施，长途运输要有预冷处理设施。有条件的地区建立冷链系统，实行商品化处理、运输、销售全程冷藏保鲜。有机胡萝卜产品的采后处

理、包装标识、运输销售等应符合 GB/T 19630—2011 有机产品标准
要求。有机胡萝卜商品采收要求及分级标准见表 31。

表 31   有机胡萝卜商品采收要求及分级标准

作物种类	商品性状基本要求	大小规格	特级标准	一级标准	二级标准
胡萝卜	新鲜、果面清洁、无杂质；无虫及病虫害造成的损伤；紧实，没有木质化；无分杈和侧根；无异常的外来水分；无腐烂、异味；果顶部切口水平、整齐；无裂果	长度（厘米）大：>20 中：15~20 小：<15	外观一致；光滑，肉质根呈该品种固有的色泽，色泽一致；肉质根发育均匀，质地脆嫩，无裂缝；无冷害及机械伤；顶部无绿色或紫色	外观基本一致；光滑，肉质根呈该品种固有的色泽，色泽基本一致；肉质根发育基本均匀，有愈合的轻微裂缝；无明显的冷害及机械伤；顶部以下2厘米以内允许有绿色或紫色	外观基本一致；肉质根呈该品种固有的色泽，允许稍有异色，允许因装卸或清洗导致的轻微裂缝或裂纹；稍有冷害及机械伤；顶部以下3厘米以内允许有绿色或紫色

注：摘自 NY/T 1983—2011《胡萝卜等级规格》。

三、有机胡萝卜春夏栽培

胡萝卜春播夏收属于反季节栽培，近年来栽培面积逐渐增加，主
要是为满足出口需要。

1. 品种选用

春播胡萝卜对品种的选择十分严格，宜选用冬性强、不易先期抽
薹、耐热、抗病的早熟或中熟小型品种，尽量在炎夏到来前，肉质根
已基本膨大，达到商品采收标准。出口的胡萝卜，要求为皮、肉、芯
柱颜色一致的橙红色品种。

2. 整地施肥

前茬以番茄、甘蓝、白菜、茄子、豆科作物以及越冬菠菜为好。
选择土层深厚、肥沃、排水良好的壤土或沙壤土栽培。在冬前进行秋
翻晒垡，开春土壤化冻后尽早整地，播种前深耕 30 厘米以上，去除
土壤或基肥中的砖块或石块等。利用塑料大棚和小拱棚栽培的，播前
15~20 天盖棚膜，以利于提高地温，提早化冻整地，促进播种后及
早出苗。

每亩施充分腐熟的优质农家肥 3000~4000 千克，草木灰 100~

150 千克。耕耙整平后，做成高 5 厘米、宽 0.8 米的畦，沟宽 20 厘米，露地栽培最好起垄后覆盖地膜。

3. 适时播种

春胡萝卜播种过早容易抽薹，过晚播种导致肉质根膨大处在 25℃以上的高温雨季，造成肉质根畸形或沤根。胡萝卜肉质根膨大的适宜温度在 18～25℃，因此，在选用耐抽薹春播品种的前提下，可在日平均温度 10℃与夜平均温度 7℃时播种。在长江中下游地区，一般春胡萝卜播种适期为 3 月上中旬。利用塑料小拱棚或塑料大棚，播种期还可适当提前，作畦撒播或条播。

为了提早出苗，播种前 5～7 天应进行种子处理，将种子用 40℃ 温水浸 2 小时，搓去刺毛，控净水后，用纱布包好，置于 20～25℃ 的温度下催芽 5～7 天，每天用清水冲洗一次，60% 种子露白时播种。

条播时，行距为 20 厘米，适当镇压。采用地膜覆盖栽培的，可在播种时在膜面用直径 3 厘米打孔器，开穴点播，株行距均为 16 厘米，播深 1 厘米，每穴点籽 5～8 粒，然后覆土盖严。

4. 田间管理

播后出苗前视墒情浇水，保持土壤湿润。条播的，1～2 片真叶时间苗，留苗株距 3 厘米，3～4 片真叶时第二次间苗，留苗株距 6 厘米，4～5 片真叶时定苗，小型品种株距 12 厘米，每亩留苗 4 万株左右，大型品种株距 15～18 厘米，每亩留苗 3 万株左右。每次间苗后要结合中耕松土，防止曲根。间苗时最好采用掐苗的方法，以防间苗时松动土壤，造成根系损伤，引起死苗、杈根，影响产量及品质。此外，还应注意中耕除草，并结合中耕加强培土，防止肉质根顶端露出地面形成青肩。

定苗后及时浇水、追肥，幼苗期应尽量控制浇水，进行中耕蹲苗，防止叶片徒长而影响肉质根生长，原则上只要土壤见干见湿即可。8～9 片叶时，肉质根开始膨大，结束蹲苗。整个生育期要浇水追肥 2～3 次，第一次在定苗后 5～7 天进行，第二次在 8～9 片真叶即肉质根膨大初期进行。追肥可选择米糠饼、豆饼或菜籽饼的浸出液，经充分腐熟后使用，可对水 10 倍作根外追肥，对水 5 倍直接浇根追肥。4 月中旬在畦埂上种植 1 行玉米，可降低地温。

5. 适时收获

一般播后 90～100 天，可分期分批采收。早熟品种可从 6 月上旬开始收获。6月下旬气温上升到30℃以上，抑制了肉质根的膨大，影响肉质根的品质，可全部采收。收获后经预冷贮存于0～3℃冷库中，可供应整个夏秋季节。

四、有机胡萝卜病虫害综合防治

胡萝卜的常见病害主要有根线虫病、软腐病、菌核病，虫害有蛴螬、地老虎和蚜虫。

1. 农业防治

选用适合当地生长的高产、抗病虫、抗逆性强、品质好的优良品种栽培。从无病株上采种，做到单收单藏。在无病地栽植，或与葱蒜类蔬菜及水稻实行3年以上轮作。深翻晒土，并可适量撒些生石灰消毒。增施基肥和追肥。合理密植，注意通风透光，适当灌水，雨后及时排水，降低空气湿度。及时间苗和定苗。清除田间病株残体，集中到地边一处，加石灰分层堆积或集中烧毁，以减少田间病原。及时铲除田间杂草。

2. 物理防治

用黄板诱杀蚜虫和白粉虱，用银灰色反光膜驱避蚜虫，用黑光灯、高压汞灯、频振式杀虫灯和糖醋液，诱杀蛾类、小地老虎、蝼蛄等。大棚里可在通风口安装防虫网。

3. 生物防治

可释放害虫的天敌防治害虫，如赤眼蜂可防治地老虎，七星瓢虫可防治蚜虫和白粉虱，还有捕食螨和天敌蜘蛛等。可利用微生物之间的拮抗作用，如用抗霉剂防治病毒病等。也可利用植物之间的生化他感作用，如与葱类作物混种，可以防止枯萎病的发生等。

4. 矿物质、植物药剂防治

用硫黄、生石灰进行土壤消毒。喷用木醋液300倍液，连喷2～3次，可在发病前或初期防治土壤和叶部病害。沼液可防治蚜虫和减少枯萎病的发生。用苦楝油防治潜叶蝇，用36%苦参碱水剂防治红蜘蛛、蚜虫、小菜蛾和白粉虱等，用草木灰浸泡后的滤液还可进行叶面喷施防治蚜虫，沼液或堆肥提取液可用来防治蚜虫。用苏云金杆菌防治害虫。用波尔多液控制真菌性病害。浓度为0.5%的辣椒汁可预防病毒病。防治胡萝卜微管蚜、柳二尾蚜等，用2.5%鱼藤酮乳油600～800倍液喷雾。

第十八章

有机萝卜栽培技术

一、有机萝卜栽培茬口安排

长江流域有机萝卜主要为露地秋冬茬、冬春茬、春夏茬、夏秋茬栽培，冬春季节也可利用塑料大棚进行越冬生产，夏季还可利用海拔1200～1800米的冷凉山地生产。有机萝卜栽培茬口安排见表32。

表32　有机萝卜栽培茬口安排（长江流域）

种类	栽培方式	建议品种	播期	定植期	株行距/厘米×厘米	采收期	亩产量/千克	亩用种量/克
萝卜	冬春大棚	白玉春、雪单1号、上海小红萝卜	10/中～翌年2/中	条播或穴播	30×33	翌年1～4月	3000	250～500
	春露地	白玉春、春白玉、长白春、天鸿春	2/上中～4/上	条播或穴播	(20～25)×(30～40)	5～6月	1500～2000	250～500
	夏秋露地	短叶13号、宁红1号、夏抗40、东方惠美、美浓	7～8月	条播或穴播	穴播25×(30～35)	9～10月	1500～2000	250～500
	秋冬露地	白玉春、雪单1号、短叶13号、南畔洲、黄州萝卜	8/上～10/上	条播或穴播	(30～40)×(40～50)	11/上～翌年1月	4000	250～500
	冬春露地	白玉春、春不老、玉长河、长白春、皓胜、春雪莲	10/中下	条播或穴播	30×33	3～4月	3000	250～500
	夏秋大棚	短叶13号、夏抗40、东方惠美	6～8月	条播或穴播	30×40	播后40～50天	1500～2000	250～500

二、有机萝卜秋冬栽培

1. 精细整地

种植秋冬萝卜（彩图 57），应选择土层厚、土壤疏松的壤土或沙壤土。前茬以瓜类、茄果类、豆类蔬菜为宜，其中尤以西瓜、黄瓜、甜瓜较好，其次为马铃薯、洋葱、大蒜、早熟番茄、西葫芦等蔬菜和小麦、玉米等粮食作物。

深耕、精细整地，耕地时间以早为好，第一次耕地应在前茬作物收获后立即进行，耕地的深度因萝卜的品种而异，肉质根入土深的大型萝卜应深耕 33 厘米以上，肉质根大部分露在地上的大型和中型萝卜深耕 23～27 厘米，小型品种可深耕 16～20 厘米。耕地的质量要好，深度必须一致，不可漏耕。第一次耕起的土块不必打碎，让土块晒透以后结合施基肥再耕翻数次，深度逐次降低。最后一次耕地后必须将上下层的土块打碎。

2. 施足基肥

整地的同时要施入基肥。萝卜施肥以基肥为主，追肥为辅。基肥一定要充分腐熟，新鲜厩肥和未经充分腐熟的粪肥不要施用，以免在发酵过程中将幼苗主根烧伤，形成畸形根或引起地下害虫的为害。每亩宜施入腐熟农家肥 3000～4000 千克，或腐熟大豆饼肥 150 千克，或腐熟花生饼肥 150 千克，另加磷矿粉 40 千克及钾矿粉 20 千克。另外，长江流域有机萝卜基地宜每 3 年施一次生石灰，每次每亩施用 75～100 千克。

3. 播种育苗

① 播期　秋冬萝卜应在秋季适时播种，使幼苗能在 20～25℃ 的较高温度下生长，但播种期也不宜过于提早，以免幼苗期受高温、干旱、暴雨、病虫等的为害，使植株生长不良，播种期过早也会影响后期肉质根的肥大，甚至发生抽薹糠心等现象。在长江流域，一般 8 月中下旬播种为宜。

② 播种　撒播、条播和穴播均可。撒播即将种子均匀地撒播于畦中，其上覆薄土一层，这种方法的优点是可以经济利用土地，但对整地、筑畦、撒种、覆土等技术的要求更为严格，缺点是用种量较多，间苗、除草等较为费工。条播即根据行距开沟播种，优点是播种比较均匀，深度较一致，出苗整齐，较撒播法省种、省工、省水。为

了提高产量，也可以加宽播种的幅度，以兼具条播与撒播的优点。穴播即按作物的株、行距开穴播种，或先按行距开沟，再按株距在沟内点播种子，每穴中播1粒或几粒种子。

萝卜播种方式的选择，一般可根据种子价格和数量的多少、不同的作畦方式、不同的栽培季节及根型大小不同而选用不同的方式。秋萝卜一般撒播较多，条播次之，穴播最少。大个型品种多采用穴播；中个型品种多采用条播；小个型品种可用条播或撒播。播种时，必须稀密适宜，过稀时容易缺苗，过密则匀苗费力，苗易徒长，且浪费种子。一般撒播亩用种量500克，点播用种量100～150克，穴播的每穴播种2～3粒，穴播的要使种子在穴中散开，以免出苗后拥挤，条播的也要播得均匀，不能断断续续，以免缺株。撒播的更要均匀，出苗后如果见有缺苗现象，应及时补播。

③ 密度　大型萝卜株距40厘米，行距40～50厘米，若起垄栽培时，株距27～30厘米，行距54～60厘米。中型品种株行距（17～27)厘米×(17～27)厘米。小型四季萝卜株行距为（5～7)厘米×(5～7)厘米。播种时的浇水方法有先浇水、播种后盖土，与先播种、盖土后浇水两种。前者底水足，上面土松，幼苗出土容易，后者容易使土壤板结，必须在出苗前经常浇水，保持土壤湿润，才易出苗。播种后盖土约2厘米厚，疏松土稍深，黏重土稍浅。播种过浅，土壤易干，且出苗后易倒伏，胚轴弯曲，将来根形不正；播种过深，不仅影响出苗的速度，还影响肉质根的长度和颜色。

4. 田间管理

① 及时间苗　萝卜的幼苗出土后生长迅速，要及时间苗。间苗的次数与时间要依气候情况、病虫为害程度及播种量的多少而定，间苗的时间应掌握"早间苗、稀留苗、晚定苗"的原则。一般在第一片真叶展开时即可进行第一次间苗，拔除受病虫侵害、生长细弱、畸形、发育不良、叶色墨绿而无光泽，或叶色太淡而不具原品种特征的苗。间苗次数，一般用条播法播种的，间苗3次，即在生有1～2片真叶时，每隔5厘米留1株；苗长至3～4片真叶时，每隔10厘米留苗1株；6～7片真叶时，依规定的距离定苗。用点播法播种的，间苗2次，在1～2片真叶时，每穴留苗2株；6～7片叶时每穴留壮苗1株。间苗后必须浇水、追肥，土干后中耕除草，使幼苗生长良好。

② 合理浇灌　播种时要充分浇透水，使田间持水量在 80％以上。幼苗期，苗小根浅需水少，田间持水量以 60％为宜，要掌握"少浇、勤浇"的原则，在幼苗破白前的一个时期内，要小水蹲苗，以抑制侧根生长，使直根深入土层。从破白至露肩，需水渐多，要适量灌溉，但也不能浇水过多，以防叶部徒长，"地不干不浇，地发白才浇"。肉质根生长盛期，应充分均匀供水，田间持水量维持在 70％～80％，空气湿度 80％～90％。肉质根生长后期，仍应适当浇水，防止糠心。浇水应在傍晚进行。"露肩"到采收前 10 天停止浇水，以防止肉质根开裂，提高萝卜的耐贮性。无论在哪个时期，雨水多时都要注意排水，防止积水沤根。

③ 追肥　基肥充足而生长期较短的品种，少施或不施追肥，尤其不宜用人粪尿作追肥。大型萝卜品种生长期长，需分期追肥，但要着重在萝卜生长前期施用。第一次追肥在幼苗第二片真叶展开时进行，每亩施腐熟沼液，按 1∶10 的比例对水成 1500 千克施用；第二次在"破肚"时，每亩施腐熟沼液，按 1∶2 的比例对水成 1500 千克施用；第三次在"露肩"期以后，用量同第二次。或在定苗后，每亩施腐熟豆饼 50～100 千克或草木灰 100～200 千克，在植株两侧开沟施下，施后盖土。当萝卜肉质根膨大盛期，每亩再撒施草木灰 150 千克，草木灰宜在浇水前撒于田间。追肥后要进行灌水，以促进肥料分解。

④ 中耕除草、培土、摘除黄叶　萝卜生长期间必须适时中耕数次，锄松表土，尤其在秋播的萝卜苗较小时，气候炎热雨水多，杂草容易发生，必须勤中耕除草。高畦栽培时，畦边泥土易被雨水冲刷，中耕时，必须同时进行培畦。栽培中型萝卜，可将间苗、除草与中耕三项工作结合进行，以节省劳力。四季萝卜类型因密度大，有草即可拔除，一般不进行中耕。长形露身的品种，因为根颈部细长软弱，常易弯曲倒伏，生长初期宜培土壅根。到生长的中后期必须经常摘除枯黄老叶，以利通风。中耕宜先深后浅，先近后远，至封行后停止中耕，以免伤根。

⑤ 防止肉质根开裂　肉质根开裂的重要原因是在生长期中土壤水分供应不均。例如秋冬萝卜在生长初期遇到高温干旱而供水不足时，肉质根因皮层的组织已渐硬化，到了生长中后期，温度适宜、水

分充足时，肉质根内木质部的薄壁细胞迅速分裂膨大，硬化了的周皮层及韧皮部细胞不能相应生长，因而发生开裂现象。所以栽培萝卜在生长前期遇到天气干旱时要及时灌溉，到中后期肉质根迅速膨大时要均匀供水，才能避免肉质根开裂的损失。

⑥ 防止肉质根空心　萝卜空心严重影响食用价值。空心与品种、播期、土壤、肥料、水分、采收期及贮藏条件等都有密切的关系，因此在栽培或贮藏时要尽量避免各种不良条件的影响，防止空心现象的发生。

⑦ 防止肉质根分杈　分杈（彩图58）是肉质根侧根膨大的结果。导致肉质根分杈的因素很多，如土壤耕作层太浅，土质坚硬等。土中的石砾、瓦屑、树根等未除尽，阻碍了肉质根的生长，也会造成分杈。长形的肉质根在不适宜的土壤条件下，一部分根死亡或者弯曲，因此便加速了侧根的肥大生长。施用新鲜厩肥也会影响肉质根的正常生长而导致分杈。此外营养面积过大，侧根没有遇到邻近植株根的阻碍，由于营养物质的大量流入也可以肥大起来成为分杈。相反，在营养面积较小的情况下，营养物质便集中在主根内，分杈现象较少。

⑧ 防止肉质根辣味　辣味是由于肉质根中芥辣油含量过高所致的。其原因往往是气候干旱、炎热，肥料不足，害虫为害严重，肉质根生长不良等。此外，品种间也有很大的差异。

5. 及时采收，分级上市

采收前2～3天浇一次水，以利采收。采收时要用力均匀，防止拔断。收获后挑出外表光滑、条形匀称、无病虫害、无分杈、无斑点、无霉烂、无机械伤的萝卜，去掉大部分叶片，只保留根头部5厘米的茎叶，以利于保鲜。精选后的萝卜要及时清洗（彩图59）。洗净的萝卜放在阴凉处晾干，然后上市销售或送加工厂加工。

应配置专门的整理、分级、包装等采后商品化处理场地及必要的设施，长途运输要有预冷处理设施。有条件的地区建立冷链系统，实行商品化处理、运输、销售全程冷藏保鲜。萝卜产品的采后处理、包装标识、运输销售等应符合 GB/T 19630—2011 有机产品标准要求。有机萝卜商品采收要求及分级标准见表33。

表 33　有机萝卜商品采收要求及分级标准（供参考）

作物种类	商品性状基本要求	特级标准	一级标准	二级标准
萝卜	具有同一品种特征,适于食用;块根新鲜洁净,发育成熟,根形完整良好;无异味,无异常水分	同一品种,形状正常,大小均匀,肉质脆嫩致密,新鲜,皮细且光滑,色泽良好,清洁;无腐烂、裂痕、皱缩、黑心、糠心、病虫害、机械伤及冻害;每批样品不合格率不得超过 5%	同一品种,大小均匀,形状较正常,新鲜,色泽良好,皮光滑,清洁;无腐烂、裂痕、皱缩、糠心、冻害、病虫害及机械伤;每批样品不合格率不得超过 10%	同一品种或相似品种,大小均匀,清洁,形状尚正常;无腐烂、皱缩、冻害及严重病虫害和机械伤;每批样品不合格率不得超过 10%

三、有机萝卜春露地栽培

春萝卜是春播春收或春播初夏收获类型萝卜,生长期一般为40～60 天,对解决初夏蔬菜淡季供应有一定作用,具有栽培技术简单、生长期短的特点,可提高土地利用率,增加单位土地面积的收益。

1. 品种选择

由于生长期间有低温长日照的发育条件,栽培不当易抽薹,应选择耐寒性强、植株矮小、适应性强、耐抽薹的丰产品种。

2. 播期选择

春萝卜播期安排非常重要,播种太早,地温、气温低,种子萌动后就能感受低温影响而通过春化,容易抽薹开花;播种过晚,气温很快升高,不利于肉质根的发育,或使肉质根出现糠心,产量下降。原则上,播种期以 10 厘米地温稳定在 6℃以上为宜,在此前提下尽量早播。在长江中下游地区,露地栽培一般 3 月中下旬,土壤解冻后即可播种,不迟于 4 月上旬为宜。采用地膜覆盖,还可提早 5～7 天播种。

3. 整地施肥

①整地　避免与秋花椰菜、秋甘蓝、秋萝卜等十字花科蔬菜重茬,前作最好为菠菜、芹菜等越冬菜。早深耕、多耕翻、充分冻垡、打碎耙平土地,耕深23 厘米以上。农谚有"吹一吹（晒垡）,足抵上一次灰",说明萝卜对整地的要求很高。因此,种植萝卜的田块应在前茬作物收获后及早清洁田园,尽早耕翻晒垡、冻垡,最好在封冻前

浇一次水，晒地或冻垡时间越长，土壤就晒得越透，冻得酥，有利于土壤的风化与消除病虫，播种后苗齐苗壮，抗逆性强，收获早，产量高，质量好，用药少，安全性好。

②施肥　春萝卜生育期短，产量高，需肥多而集中，故应施足基肥，一般每亩施腐熟有机肥3000～4000千克，磷矿粉40千克，钾矿粉20千克（或草木灰50千克），与畦土掺匀，按畦高20～30厘米作畦，畦宽1～2米，沟深40～50厘米。注意施用的有机肥必须经过充分腐熟、发酵，切不可使用新鲜有机肥，否则极有可能出现主根肥害、腐烂现象。基肥宜在播种前7～10天施入。偏施氮肥易徒长，肉质根味淡。施磷肥可增产，且可提高品质，可在播种前穴施。

4. 及时播种

采用撒播、条播、穴播均可。耙平畦面后按15厘米行距开沟播种，然后覆土将沟填平、踏实。也可撒播，将畦面耙平后，把种子均匀撒在畦面上，然后覆土。目前在春萝卜生产上，主要采用韩国白玉春系列等进口种子，价格较贵，宜穴播，株距20～25厘米，行距30～40厘米，穴深1.5～2.0厘米，每穴3～4粒。播后覆土或用腐熟的渣肥盖籽，稍加踏压，浇一次水，最后加盖地膜。

5. 田间管理

幼苗出土后，及时用小刀或竹签在膜上划一个十字形开口，引苗出膜后立即用细土封口。当第一片真叶展开时进行第一次间苗，每穴留苗3株；长出2～3片真叶时，第二次间苗，每穴留2株；5～6片真叶时定苗1株。对缺苗的地方及时移苗补栽。间苗距离，早熟品种为10厘米，中晚熟品种为13厘米。苗期应多中耕，减少水分蒸发。结合间苗中耕一次。

早春气温不稳定，不宜多浇水，畦面发白时可用小水串沟，切忌频繁补水和大水漫畦，以免降低地温，影响生长。"破肚"后，肉质根开始急剧生长时浇水，以促进肉质根生长。浇水后适当控水蹲苗，时间为10天左右。肉质根迅速膨大期至收获期间要供应充足的水分，此期水分不足会造成肉质根糠心，味辣、纤维增多，一般每3～5天浇一次水，保持土壤湿润。无论哪个时期，雨水多时要注意排水。

春萝卜施肥原则是以基肥为主，追肥为辅，追施粪肥，一般在定苗后结合浇水追肥，如每亩施腐熟粪肥500千克左右，切忌浓度过大与靠根部太近，以免烧根，粪肥浓度过大，会使根部硬化，一般应在浇水时对水冲施，粪肥施用过晚，会使肉质根起黑箍，品质变劣，或破裂，或产生苦味。

要防止先期抽薹的现象。萝卜等根菜类在肉质根未充分肥大前，就有"先期抽薹"现象。抽薹取决于品种特性和外界条件的影响。如果在肉质根膨大未达到食用成熟前，遇到低温及长日照满足了其阶段发育所需要的条件，植株就会抽薹开花。在栽培上常因品种选用不当、品种混杂、播期太早以及管理技术水平不当等引起先期抽薹，尤其在露地冬春萝卜或山地萝卜种植时更易出现"先期抽薹"的现象。所以，防止先期抽薹的关键在于使萝卜在营养生长期间避免有通过阶段发育的低温和长日照条件。例如在不同季节、不同地区选用适宜的品种，适期播种，选用阶段发育严格的品种及耐抽薹的品种等。另外加强栽培管理，肥水促控结合，也可防止和减少先期抽薹的现象。

6. 及时收获

收获是萝卜春季生产中的一个关键技术环节，当肉质根充分膨大，叶色转淡时，应及时采收，否则易出现空心、抽薹、糠心等现象，失去商品价值。春季萝卜价值越早越高，应适时早收，拔大留小，每采收一次，随即浇水。对于先期抽薹的植株，肉质根尚有商品价值者，应及早收获，否则品质下降，失去商品价值。对于肉质根已经没有商品价值的植株也要拔除。

四、有机萝卜冬春栽培

冬春萝卜（彩图60），又叫越冬萝卜，初冬至早春利用各种保护地设施分期播种，分期上市，供应冬春市场，或满足人们冬春季节对时鲜萝卜的需要，丰富冬春市场蔬菜供应，具有栽培容易、管理省工、成本低等特点，经济效益较高。

1. 播期选择

萝卜的生长温度是6～25℃，在有草苫覆盖的塑料大中棚栽培，可于9月下旬～12月份随时播种，其中9月下旬～10月上旬也可以采用地膜覆盖（白色地膜或黑色地膜）进行播种，但后期需采取塑料薄膜等进行浮面覆盖，防止冻伤。

2. 品种选择

萝卜冬春栽培，正值寒冷的冬季，气温低，日照短，光照弱，后期易通过春化阶段而先期抽薹，影响肉质根的形成和膨大，对产量和品质造成影响，故品种选择很重要，应选用耐寒、耐弱光、冬性强、单根重较小、不易抽薹的早熟品种。

3. 整地播种

选择土壤疏松、肥沃、通透性好的沙壤土。每亩施腐熟有机肥3000～4000千克，磷矿粉40千克，钾矿粉20千克，精细整地。播种前15～20天，把保护设施的塑料薄膜扣好，夜间加盖草苫，尽量提高设施内的温度，使之不低于6℃。

选晴天上午播种，一般用干籽直播，也可浸种后播种，浸种时，可用25℃的水浸泡1～2小时，捞出后，晾干种子表面浮水即可播种。小型品种多用平畦条播或撒播。在畦内按20厘米行距开沟，沟深1.0～1.5厘米，均匀撒籽，覆土平沟后轻轻镇压。撒播时，一般是先浇水，待水渗下后撒籽，覆土1.0～1.5厘米。肉质根较大的品种，可起垄种植，垄宽40厘米，上面开沟播种两行。进口种子价格较贵，一般按株行距采用穴播。

4. 田间管理

① 温度管理　生长前期正处于最适宜萝卜生长气候状态，可不必覆盖大棚裙边，11月上中旬后，夜间温度低于10℃左右，应覆盖裙边，关闭大棚适当保温。但白天中午温度较高，宜通风降温。中后期进入冰冻季节，应考虑保温，并在大棚内加入小拱棚防止冻害，夜间可加盖草苫保温，保持室温白天25℃左右，夜间不低于7～8℃。采用地膜覆盖应在后期采取塑料农膜或无纺布等防止初霜造成冻害。

② 及时间苗　凡播种密的，间苗次数多些，以早间苗、晚定苗为原则，一般第一片真叶展开时，第一次间苗，至大破肚时选留健壮苗1株。

③ 合理灌溉　播种时要充分浇水，幼苗期要小水勤浇，以促进根向深处生长，从破白至露肩的叶部生长期，不能浇水过多，要掌握"地不干不浇，地发白才浇"，从露肩到圆腔的根部生长盛期，要充分均匀供水，保持土壤湿度70%～80%。根部生长后期应适当浇水，防止空心。雨水多时注意排水。在采收前半个月停止灌水。由于冬季栽培温度低、光照弱、水分蒸发较慢，故较其他季节栽培的浇水量和浇水次数少些。

④ 分期追肥　施肥原则以基肥为主，追肥为辅，一般中型萝卜追肥3次以上，主要在植株旺盛生长前期施，第一、第二次追肥结合

间苗进行，每亩追施腐熟粪肥 1000～1500 千克。破肚时第三次追肥。大型萝卜生长期长，需分期追肥，追肥应掌握轻、重、轻的原则，追肥是补足氮肥，以粪肥为主，但又切忌浓度过大或靠根部太近，以免烧根，粪肥应在浇水时对水冲施。

⑤ 中耕除草　萝卜生长期间要中耕除草松表土，中型萝卜可将间苗、除草与中耕三项工作同时结合进行。高畦栽培的，还要结合中耕，进行培土，保持高畦的形状。长形萝卜要培土壅根，以免肉质根变形弯曲。到生长的中后期需经常摘除枯黄老叶。

5. 及时收获

冬春保护地萝卜的收获期不太严格，应根据市场需要和保护地内茬口安排的具体情况确定，一般是在肉质根充分长大时分批收获，留下较小的和未长足的植株继续生长。根据市场需要和价格，10～12月播种的应尽可能在元旦或春节期间集中收获，以获得较好的经济效益。每收获一次，应浇水一次。

五、有机萝卜夏秋露地栽培

夏秋萝卜一般从 4 月下旬至 7 月下旬分期播种，在 6 月中旬至10 月上旬收获，可增加夏季蔬菜花色品种，丰富 8～9 月蔬菜供应。夏秋萝卜整个生长期内，尤其是发芽期和幼苗期正处炎热的夏季，不论是高温多雨或高温干旱的气候，均不利于萝卜的生长，且易发生病毒病等病害，致使产量低而不稳。栽培难度大，应采取适当措施才能获得成功。

1. 品种选择

选用耐热性好、抗病、生长期较短、品质优良的早熟品种。

2. 整地施肥

前茬多为洋葱、大蒜、早菜豆、早毛豆及春马铃薯等，选择富含腐熟有机质、土层深厚、排灌便利的沙壤土，其前作以施肥多、耗肥少、土壤中遗留大量肥料的茬口为好，深耕整地、多犁多耙、晒白晒透。早熟萝卜生长期短，对养分要求较高，必须结合整地施足基肥，基肥施用量应占总施肥量的 70%，一般每亩施充分腐熟的农家肥4000～5000 千克，磷矿粉 40 千克，钾矿粉 20 千克。整地前将所有肥料均匀撒施于土壤表面，然后再翻耕，翻耕深度应在 25 厘米以上，将地整平耙细后作畦，作高畦，一般畦宽 80 厘米，畦沟深 20 厘米。

3. 播种

在雨后土壤墒情适宜时播种。如果天旱无雨，土壤干旱，应先浇水，待 2～3 天后播种。在高畦或高垄上开沟，用干籽条播或穴播。播种密度因品种而异，小型萝卜可撒播，间苗后保持 6～12 厘米的株距；中型品种，穴播，穴距 25 厘米，行距 30～35 厘米，每穴 2～3粒；条播，条距 30～35 厘米，间距 15～20 厘米，播种 1～2 粒。

播种后若天气干旱，应小水勤浇，保持地面湿润，降低地温。若遇大雨，应及时排水防涝。如果畦垄被冲刷，雨后应及时补种。播后用稻草或遮阳网覆盖畦面，以起到防晒降暑、防暴雨冲刷、减少肥水流失等作用。齐苗后及时揭除稻草和遮阳网，以免压苗或造成幼苗细弱。幼苗期必须早间苗，晚定苗。幼苗出土后生长迅速，一般在幼苗长出 1～2 片叶时间苗一次，在长出 3～4 片叶时再间苗一次。定苗时间一般在幼苗长至 5～6 片叶时进行。

有条件的可采用防虫网覆盖栽培，防虫网应全期覆盖，在大棚蔬菜采收净园后，将棚膜卷起，棚架覆盖防虫网，生产上一般选用24～30 目的银灰色防虫网。如无防虫网，也可用细眼纱网代替。安装防虫网时，先将底边用砖块、泥土等压结实，再用压网线压住棚顶，防止刮风卷网。在萝卜整个生育期，要保证防虫网全程覆盖，不给害虫以入侵机会。

4. 田间管理

萝卜需水量较多，但水分过多，萝卜表皮粗糙，还易引起裂根和腐烂，苗期缺少水分，易发生病毒病。肥水不足时，萝卜肉质根小且木质化程度高，苦辣味浓，易糠心。一般播种后浇足水，大部分种子出苗后再浇一次水。叶子生长盛期要适量浇水。营养生长后期要适当控水。肉质根生长期，肥水供应要充足，可根据天气和土壤条件灵活浇水。注意大雨后及时排水防涝，避免地表长时间积水，产生裂根或烂根。高温干旱季节要坚持傍晚浇水，切忌中午浇水，收获前 7 天停止浇水。

缺硼会使肉质根变黑、糠心。肉质根膨大期要适当增施钾肥，出苗后至定苗前酌情追施护苗肥，幼苗长出 2 片真叶时追施少量肥料，第二次间苗后结合中耕除草追肥一次。在萝卜露白至露肩期间进行第二次追肥，以后看苗追肥。追肥不宜靠近肉质根，以免烧根。中耕除草可结合浇水施肥进行，中耕宜先深后浅、先近后远，封行后停止中耕。

5. 及时采收

夏秋萝卜应在产品具有商品价值时适时早收，可提高经济效益，并减少因高温、干旱造成糠心而影响品质。

六、有机萝卜病虫害综合防治

1. 农业防治

合理间作、套种、轮作。选用抗病品种，秋冬收获时，要严格挑选无病种株以减少来年的毒源，减少种子带毒。秋播适时晚播，使苗期躲过高温、干旱的季节，待不易发病的冷凉季节播种，可减轻病毒病等病害的发生。加强田间管理，精细耕作，消灭杂草，减少传染源。施用充分腐熟的有机肥。加强水分管理，避免干旱现象。及时拔除病苗、弱苗。

2. 物理防治

利用黑光灯、糖醋液、性诱剂诱杀害虫。用银灰色膜避蚜，也可以用黄板黏杀蚜虫。利用防虫网栽培避蚜防病毒，夏季闲棚高温进行土壤消毒等。

3. 生物防治

萝卜霜霉病、萝卜黑斑病、萝卜白斑病、萝卜白锈病及萝卜炭疽病等病害，药剂防治可选用77%氢氧化铜可湿性粉剂600～800倍液喷雾，可用50%春雷·氧氯铜可湿性粉剂800倍液，或用5%菌毒清水剂200～300倍液喷雾，或用石硫合剂、波尔多液等喷雾。萝卜黑腐病、萝卜软腐病等，可用72%硫酸链霉素可溶性粉剂3000～4000倍液喷雾，或2%嘧啶核苷类抗生素水剂150～200倍液灌根防治。

蚜虫可用2.5%鱼藤酮乳油400～500倍液喷雾，菜青虫可用100亿活芽孢/克苏云金杆菌可湿性粉剂800～1000倍液喷雾。蚜虫和菜青虫均可用1%苦参碱水剂600～700倍液喷雾防治。

第十九章

有机芹菜栽培技术

一、有机芹菜栽培茬口安排

有机芹菜栽培茬口安排见表34。

表34 有机芹菜栽培茬口安排（长江流域）

种类	栽培方式	建议品种	播期	定植期	株行距/厘米×厘米	采收期	亩产量/千克	亩用种量/克
芹菜	春季大棚	春丰、开封玻璃脆、青梗芹	1/上～3/中	3～5月	12×20	5～7月	3000	25
	春露地	春丰、开封玻璃脆、青梗芹	2/底～4/上	直播	12×20	6～8月	3000	25
	夏季大棚	津南实芹、白芹、开封玻璃脆	4/中下～5/上中	6月～7/上中	12×20	8～9月	3000	25
	秋季	开封玻璃脆、津南实芹、文图拉	5/下～8月	7～10月	12×20	10～翌年2月	3000	25
	越冬	春丰、开封玻璃脆、实芹1号	8～9月	9/上～10/上	(6～7)×(15～16)	1/上～2月	3000	25

二、有机芹菜栽培

1. 品种选择

春芹菜选用较抗寒、冬性早、抽薹晚、生长势旺、品质好、适于春季栽培的品种。夏、秋芹菜选用耐热、抗病品种。越冬芹菜（彩图61）选用耐寒、冬性强、抽薹迟的品种。

2. 育苗播种

① 播期确定 春芹菜大、中、小棚一般元月上旬～3月中旬采

用保护地育苗，露地于 2 月底～4 月直播。夏芹菜一般在 4 月中下旬～5 月，多直播，也可育苗移栽。秋芹菜 5 月下旬～8 月育苗移栽。越冬芹菜多露地育苗，一般 8～9 月初直播，也可采用育苗移栽，播期提前 15 天左右。

②苗床准备　选择地势高燥、富含有机质、肥沃、排灌方便的生茬地，深翻，晾晒 3～5 天，选取肥沃细碎园土 6 份，配入充分腐熟猪粪渣 4 份，混合均匀，过筛，每平方米床土中施入草木灰 1.5～2.5 千克，铺在苗床上，厚 12 厘米左右，耙平作畦。

③浸种催芽　催芽时先除掉外壳和瘪籽，用 20～25℃温水浸泡 24 小时。浸种后用清水冲洗几次，边洗边搓开表皮，摊开晾种，种子半干时，用湿布包好埋入盛土的盆内，或掺入体积为种子 5 倍的细沙装入木箱中，置于 15～20℃条件下催芽。每天要用清水淘洗 1～2 次，5～7 天可出芽。

夏秋种子，播前 7～8 天将种子放在凉水中浸泡 24 小时，揉搓，洗掉黏液，将种子晾至半干，用湿布包好，放在阴凉通风处或水缸旁或吊挂在井内距离水面 30～40 厘米处催芽，保持温度 15～20℃，每天翻动 1～2 次，并用凉水清洗一次，5～7 天种子发芽时可播。

④播种　播种时先打透底水，然后将种子均匀地撒播在床面上，覆土厚 0.5 厘米左右。苗床播种量每平方米 3～4 克，大田直播约 1 千克。播后覆盖一层地膜。

⑤苗期管理　春芹菜，育苗期间夜间低温可加小拱棚保温。出苗 50% 时撤地膜。苗出齐后，白天揭开小拱棚，温度控制在白天 15～20℃，夜间 10～15℃。白天气温 20～25℃，夜间 13～15℃时，要撤除小拱棚。苗期不要浇水过多，保持床面湿润，见干立即浇水。及时间苗，结合间苗清除杂草。有条件的最好移苗 1～2 次。幼苗 60 天左右可定植。定植前 10 天左右加大放风量炼苗，少浇水或不浇水。定植前夜温逐渐降到 5℃左右，直到全部撤掉覆盖物。直播的，为了防止秧苗因密集徒长，应在苗出齐后和 1～2 片真叶期间苗两次。

夏秋芹菜，播种后采用覆盖秸秆、稻草等遮阴降温，保持畦面湿润，早晚小水勤浇，暴雨或热雨过后，可用浇井水降温，用催芽的种子播种，播后 2～5 天可出苗，当幼苗拱土时，要轻浇一水，1～2 天后苗便出齐。出苗后于傍晚逐渐撤去覆盖物，并覆盖一层细土，揭掉覆盖物前先浇水。第一片真叶展开前，小水勤浇，当第一片真叶展开后，保持土壤湿润，间苗 1～2 次。2～3 片真叶，浇水要见干见湿，随浇水追稀薄粪肥 1～2 次。4～5 片真叶可定植。

越冬芹菜，9 月前播种气温较高，须遮阴，9 月以后播种不必遮阴。真叶展开后要追肥，追肥后要及时灌水，保持畦面见干见湿。及时间苗 1～2 次。结合间苗拔除杂草。

3. 及时定植

春芹菜，露地定植一般在严霜过后，当地日平均气温稳定在 7℃以上时定植。大、中、小棚栽培，当棚内室温稳定在 0℃以上可定植，地温以 10～15℃为好。若在大棚内扣小拱棚，还可提早一周左右。定植前半月整地作畦，每亩施腐熟农家肥 5000 千克，磷矿粉 40千克，钾矿粉 20 千克。耙细耧平，畦宽 1 米。定植前苗床浇透水。选择晴天上午定植，西芹畦栽 4 行，穴距 30 厘米，单株，本芹栽 5～6 行，穴距 10～12 厘米，每穴 4～5 株。边栽边浇水，栽植不能太深，以土不埋住心叶为宜。

夏秋芹菜，前茬收获后立即深翻，晒茬 3～5 天，亩施优质腐熟有机肥 4000～5000 千克，磷矿粉 40 千克，钾矿粉 20 千克。耙细整平作畦。若用草木灰在畦上覆施后再定植，对活棵和生长极为有利。多作高畦，畦宽 1～1.7 米不等。苗龄 50～60 天，选阴天或多云天气定植，定植前浇透水，起苗时带主根 4 厘米左右铲断。本芹株行距 10 厘米×15 厘米，每穴双株。西芹株行距 27 厘米×40 厘米，单株。

越冬芹菜，一般前茬为秋白菜等，前作收获后立即整地。每亩施腐熟有机肥 3000～5000 千克，磷矿粉 40 千克，钾矿粉 20 千克。作畦，畦宽 1.5～1.8 米。丛行距（6～7）厘米×（15～16）厘米，每丛2～3 株。

4. 田间管理

① 春芹菜管理 露地定植初期适当浇水，加强中耕保墒，提高地温。缓苗后浇缓苗水，不要蹲苗。灌水后适时松土，植株高 30 厘米时，肥水齐攻，追肥后应立即灌水。以后再不能缺水干旱，每隔3～5 天浇一次水，两次后改为 2 天浇一次水，始终保持畦面湿润。也可适当再追 1～2 次肥。

大、中、小拱棚定植初期要密闭保温，一般不放风，棚内温度可到 25℃左右，心叶发绿时温度降至 20℃左右，超过 25℃要放风，随着外界气温逐渐升高加大放风量。定植时浇透水，定植后浇一次缓苗水。植株高达 33～35 厘米时，要肥水齐攻。追肥时要将塑料薄膜揭开，大放风，待叶片上露水散去后，每亩撒施腐熟畜粪尿 1000 千克左右。追肥后浇一次水，以后隔 3～4 天浇一次水，保持畦面湿润至收获。采收前不要施稀粪。

② 夏秋芹菜管理　定植到缓苗期，小水勤浇，保持土壤湿润，遇雨天及时排水防涝。缓苗后，及时中耕、除草，控制浇水，若植株表现缺肥，可每亩追施腐熟畜粪尿 500 千克左右。旺盛生长期，要肥水齐攻，第一次每亩追施腐熟畜粪尿 500 千克，然后浇一次水，10 天后每亩可随水施腐熟畜粪尿 750～1000 千克，10～15 天后再追一次肥，然后浇水，前期 2～3 天浇一次，后期天气渐凉，4～5 天一次。

③ 越冬芹菜管理　前期如干旱，可在缓苗期覆盖遮阳网，昼盖夜揭，后期天气转凉，可露地栽培。若后期遇冰雪天气要覆盖膜防霜冻，可大棚栽培，在 11 月下旬早霜到来时盖棚膜。定植后浇定根水，4～5 天后，地表见干，苗见心后，浇一次水，雨水后中耕松土，入冬前浇一次防冻水。平均气温回升到 4～5℃时，要去掉黄叶，浇返青水，及时中耕培土。旺盛生长期，肥水齐攻，每亩施稀薄畜粪尿 1000 千克，以后每隔 4～5 天浇一次水，采收前 7 天停止浇水。

5. 软化栽培

春播芹菜一般不进行培土软化，多在秋凉后进行。软化栽培方式有如下几种。

① 培土软化　培土软化栽培多在秋季进行，育苗、定植及田间管理与秋芹菜大致相同。用于培土软化的芹菜栽培行距应拉大到 33～40 厘米，当月平均气温降到 10℃左右，植株高度在 25 厘米左右时开始培土。培土前连日充分灌大水 3 次。5～7 天后，用稻草将每丛植株的基部捆扎起来，再松土一次，在植株的两旁培土，拍紧，使土面光滑。第一次培土厚约 33 毫米，隔 2～3 天再培土一次，连续培土 5～6 次，至高度 20～25 厘米，让植株的心叶露出来。培土的时间最好是晴天下午叶面上没露水时进行。所用的土不要混入粪干，以免引起腐烂。土要细碎，不能有土块。约 30 天后就可收获上市。

② 套种软化　采用套种软化栽培，可解决芹菜苗期占地时间长，高温下不易出苗的困难。选择搭架的瓜类和茄果类如黄瓜、番茄等作为套作物，采用条播，宽窄行种植。选用产量高、不易空心、纤维少的芹菜品种，适时开沟条播。随时摘除下部老叶。当套作物采收完

毕，芹菜苗高约 7 厘米，要剪除套作物，但不要连根拔除，以免损伤芹菜幼苗和根系，同时拔掉架材。当套作物清除后，要灌一次水，中耕蹲苗 2～3 周。加强肥水供应，促使芹菜旺盛生长。一般在 10 月中上旬开始培土，并每隔 3～5 天培土一次，共培土 4～5 次，至初霜时基本封满，同时要在培土前浇足水。

③ 围板软化　芹菜栽培行距 33～40 厘米，苗高 35 厘米左右时，将植株扶起来，露出行间土壤。然后用长 1.7～3.5 米，宽 13～17 厘米，厚 2～3 厘米的木板或竹板两块，放在芹菜植株的两边，板的两端用木桩固定。在两板中间培土 13～17 厘米厚，使植株不受外伤，土不落进菜心。早芹菜第一次培土高 10～15 厘米，第二次主要是加高和修补坍塌的培土，第三次培土高度与围板的高度持平，约 30 天即可收获。晚芹菜培土 2～3 次后可收获。

④ 自然软化　属密植半遮阴的软化，秋芹菜按 7 厘米×7 厘米的株、行距丛植，每丛 3～4 株。如果田块低凹，在畦边四周培土 20～28 厘米高，用稻草、芦苇或茅草等做成草帘围在四周。在植株封行前，中耕 2～3 次。

⑤ 遮阳软化　利用温室或大、中、小拱棚等，前茬收获后不拆除拱棚骨架，在芹菜收获前 25 天左右，采用单层或双层遮阳网覆盖，必要时可外加麦草等遮阳。整体软化效果最佳，且更易管理，是软化栽培的最佳方法。缺点是投入大，如果前茬不是设施栽培，不提倡使用此法。

6. 及时采收，分级上市

一般定植 50～60 天后，叶柄长达 40 厘米左右，新抽嫩薹在 10 厘米以下，即可收获。除早秋播种的实行间拔采收外，其他都一次采收完毕。春早熟栽培易先期抽薹，应适当早收。在芹菜价格较高，或有先期抽薹现象时，还可擗收。芹菜从田间采收后，即在清洁的水池内淋洗，去掉污泥，整理一遍，分等级扎成小把，整齐地排放在特定的盛器内，随即运送至销售点，保持鲜嫩，及时销售（彩图 62）。短期贮存时，温度宜保持在 0～2℃，空气相对湿度应保持在 98%～100%。

应配置专门的整理、分级、包装等采后商品化处理场地及必要的设施，长途运输要有预冷处理设施。有条件的地区建立冷链系统，实行商品化处理、运输、销售全程冷藏保鲜。有机芹菜产品的采后处理、包装标识、运输销售等应符合 GB/T 19630—2011 有机产品标准要求。有机芹菜商品采收要求及分级标准见表35。

表35　有机芹菜商品采收要求及分级标准

作物种类	商品性状基本要求	大小规格	特级标准	一级标准	二级标准
芹菜	同一品种或相似品种；无泥土等杂质；基本完好；无黑心，基本无抽薹；无软腐、腐烂、变质、异味；基本无萎蔫；去除根（如适用）、老叶和黄叶	最大叶柄长（厘米）长：≥40中：30～40短：≤30	具有该品种特有的外形和颜色特征；清洁、整齐、紧实（适用时），鲜嫩，切口整齐（如有），无糠心、分蘖、褐茎，无由冷冻、病虫害、机械原因或其他原因引起的损伤	具有该品种特有的外形和颜色特征；清洁、整齐，较紧实（适用时），较鲜嫩，纤维含量较少，切口整齐（如有），基本无糠心、分蘖、褐茎，基本无由冷冻、病虫害、机械原因或其他原因引起的损伤	具有该品种特有的外形和颜色特征；较清洁，较整齐，允许少量糠心、分蘖、褐茎，允许少量由冷冻、病虫害、机械原因或其他原因引起的损伤

注：摘自 NY/T 1729—2009《芹菜等级规格》。

三、有机芹菜病虫害综合防治

芹菜的病害有早疫病、斑枯病、菌核病、病毒病、软腐病和黑斑病等，主要虫害为蚜虫。

1. 农业防治

从无病株上采种，选用无菌且抗病虫性好的种子。种子在55℃恒温水中浸15分钟。重病地实行2～3年轮作。发病初期摘除病叶及底部失去功能的老叶，带出田外深埋。避免大水漫灌，露地栽培雨后及时排水，控制田间湿度。施足底肥。排开播种，培育壮苗。加强肥水管理，促进根系发育和植株旺盛生长，以提高植株的抗病力。若在高温季节育苗，应遮阳降温。

2. 物理防治

采用银灰膜驱蚜，兼防病毒病。有条件的可设防虫网，防止害虫进入。用黄板诱杀蚜虫、粉虱、斑潜蝇等。

3. 生物防治

用植物源农药，如蚜虫宜用苦参碱或乳油鱼藤酮防治。草木灰浸泡后的滤液叶面喷施防治蚜虫。沼液或堆肥提取液防治蚜虫。

第二十章

有机莴笋栽培技术

一、有机莴笋栽培茬口安排

有机莴笋栽培茬口安排见表36。

表36　有机莴笋栽培茬口安排（长江流域）

种类	栽培方式	建议品种	播期	定植期	株行距/厘米×厘米	采收期	亩产量/千克	亩用种量/克
莴笋	春露地	圆叶白皮、大皱叶、红圆叶	2/中～3/下	4/上	20×27月	6月	2000	50
	夏露地	成都二白皮、早熟尖叶、大皱叶	4～5/上中	直播	20×27	6～7月	1500	50
	夏季大棚	成都二白皮、早熟尖叶、大皱叶	5/上～6/上	5/下～6月	25×(30～35)	7～8月	1500	50
	秋露地	特抗热二白皮、夏秋香笋王、红圆叶	7上～8/下	8/下～9/下	25×(30～35)	9/下～12/上	1500	50
	冬春大棚	尖叶鸭蛋笋、杭州尖叶、大尖叶	9/下～10/上	11/上中	(30～35)×(30～40)	3月～4/上	2000	50
	冬露地	雪里松、秋冬香笋王、寒春王	9/下～10/上	11/上中	(30～35)×(30～40)	4/中～5/下	2000	50

二、有机莴笋栽培

1. 品种选择

越冬莴笋（彩图63）、春莴笋选用耐寒、适应性强、抽薹迟的品种。夏、秋莴笋（彩图64），选用耐热的早熟品种。

2. 培育壮苗

选地势高燥、排水良好的地块作苗床，播前5～7天每亩基施腐熟有机肥4000～5000千克。在整地前施入后深翻，整平整细，盖上塑料薄膜等待播种。在5～9月播种的，播种前需低温催芽。用凉水将种子浸泡1～2小时，用湿布包好，置于井下离水面30厘米处，每天淋水1～2次，3～4天即可发芽。

春莴笋，大棚育苗播种时，先揭开苗畦上薄膜，浇足底水，待水渗下后，将种子掺在少量的细沙或细土中拌匀后撒播，10米²苗床播种25～30克，播后覆土0.3～0.5厘米，盖严薄膜，夜间加盖遮阳网或草苫保温，露地育苗加盖小拱棚，幼苗出土前，晚揭早盖覆盖物，不通风，提高床温。幼苗出土后，适当通风，白天保持床温12～20℃，夜间5～8℃。遮阳网早揭晚盖，2～3片真叶时间苗一次，苗距4～5厘米，移栽前5～6天，加大通风炼苗。

夏莴笋，选阴天播种。4～5月上中旬播湿籽盖薄膜，出苗后撤去。5月下旬～7月上中旬，用小拱棚或平棚覆盖遮阳网至出苗或2片真叶。大雨天用遮阳网覆盖防雨水冲刷。10米²播种5～10克。2片真叶前间苗一次，4～5片真叶时间苗一次，苗距10厘米。健壮苗还可按株行距10厘米左右高密度栽植。每次间苗、定苗和移栽缓苗后，结合浇水施腐熟稀粪水。雨天清沟排渍。

秋莴笋，播前先将床浇湿浇透，播后浇盖一层浓度为30％～40％的腐熟猪粪渣及覆盖一层薄稻草，或覆盖黑色遮阳网，播发芽籽或湿籽。出苗前双层浮面覆盖在苗床土上，出苗后盖银灰色遮阳网。早晚浇水肥，保持床土湿润，及时除草间苗。

3. 定植与管理

定植时，选择排水条件好的壤土，每亩施腐熟有机肥4000～5000千克，磷矿粉40千克，钾矿粉20千克。深翻整平，做成1.2～1.5米宽的高畦。起苗前，先将苗床浇水。

春莴笋，苗龄25～30天，5～6片叶时定植，株行距20厘米×27厘米，深度以埋到第一片叶柄基部为宜。栽后浇压苗水。以叶上市，株行距15厘米×20厘米。地膜覆盖栽培的，底肥一次施足，并盖好地膜，雨天排水防渍。大棚和露地栽培，选晴暖天气中耕1～2次，适时浇水追肥，前期淡粪勤浇，保持畦面湿润，植株基本封垄时，可嫩株上市。以茎为产品的，每亩浇施浓度为30％～40％腐熟人畜粪 3000～4000 千克 1～2 次。

秋莴笋，苗龄 25 天定植，株行距 25 厘米×（30～35)厘米，以嫩株上市，株行距 15 厘米×20 厘米。阴天或下午定植，及时浇压蔸水，利用大棚、小拱棚或平棚覆盖遮阳网，缓苗后撤去。少中耕，浅中耕，淡粪勤浇，保持土壤湿润，在植株封垄期前后，每亩施浓度为 30%～40%腐熟人畜粪 3000～4000 千克 2～3 次。

越冬莴笋，苗床底肥不宜过足。苗龄 40 天左右地膜覆盖定植，株行距（30～35)厘米×（30～40)厘米。成活后追施 1～2 次淡粪水，如翌年以成株上市，越冬前应注意炼苗，不宜肥水过勤，冰冻前重施一次防冻肥水。翌春及时清除杂草，浅中耕一次，追肥浓度由小到大。茎基开始膨大后，追肥次数减少，浓度降低。采用地膜和大棚栽培的，要施足底肥，注意通风管理。

4. 及时采收，分级上市

在茎充分肥大之前可随时采收嫩株上市。当莴笋顶端与最高叶片的尖端相平时适时收获。秋莴笋可在晴天用手掐去生长点和花蕾。采收后，在基部用刀削平，断面光洁，并将植株下部的老叶、黄叶割去，保留嫩茎中上部嫩梢嫩叶，按粗细长短分等级，扎成小捆，装入菜筐，用清洁水稍冲洗后销售。冷库贮藏保鲜，将经过挑选的莴笋扎成小捆，放入薄膜保鲜袋中，经过预冷后，架藏在温度为 0℃冷库内，温度要稳定。

表 37　有机莴笋商品采收要求及分级标准

作物种类	商品性状基本要求	大小规格	特级标准	一级标准	二级标准
茎用莴笋	清洁、修整良好、无杂质；外观形状完好，带嫩尖，具有适于鲜销的成熟度；无不正常的外来水分；外观新鲜、不失水，无老叶、黄叶和残叶，具有品种的固有色泽；无腐烂和变质现象；无虫及病虫导致的损伤；茎秆无抽薹，无空心，无裂口；无异味	茎秆质量(克)　大：>500　中：350～500　小：<350	茎秆直，外观一致；茎秆鲜嫩；成熟度适宜、一致，无现蕾，保留 4 环嫩叶片；茎秆无机械损伤	茎秆较直，外观基本一致；茎秆较鲜嫩；成熟度基本一致，无现蕾；允许有少量轻微的机械损伤	茎秆较直，外观稍有差异；茎秆较鲜嫩，允许外皮稍有木质化；成熟度基本一致，允许少量现蕾；允许少量的机械损伤和锈斑

注：摘自 NY/T 942—2006《茎用莴苣等级规格》。

应配置专门的整理、分级、包装等采后商品化处理场地及必要的设施，长途运输要有预冷处理设施。有条件的地区建立冷链系统，实行商品化处理、运输、销售全程冷藏保鲜。有机莴笋产品的采后处理、包装标识、运输销售等应符合 GB/T 19630—2011 有机产品标准要求。有机莴笋商品采收要求及分级标准见表 37。

三、有机莴笋病虫害综合防治

莴笋病虫害不多，在生产上很少使用农药，但也有霜霉病、菌核病、病毒病、褐斑病等病害，以及蚜虫、红蜘蛛等虫害发生。在农业综合防治上，可采取如下措施：选用抗病品种；提倡与非菊科蔬菜、禾本科作物轮作 2~3 年；深翻土壤，加速病残体的腐烂分解，清除病株残体，打掉失去光合作用的底叶或病叶，携出田外；合理密植，合理施肥，施足腐熟有机肥，开沟排水，增强田间通风透光，降低田间湿度；采用覆膜栽培，带土定植，地膜贴地或采用黑色地膜；夏秋栽培时，采用覆盖遮阳网或棚膜适当遮阳；露地种植采用与甜玉米或菜豆（4~6）：1 间作，改善田间小气候；注意适时播种，出苗后小水勤灌，勿过分蹲苗。

第二十一章

有机菠菜栽培技术

一、有机菠菜栽培茬口安排

有机菠菜栽培茬口安排见表38。

表38　有机菠菜栽培茬口安排（长江流域）

种类	栽培方式	建议品种	播期	定植期	采收期	亩产量/千克	亩用种量/克
菠菜	春露地	上海圆叶、圆叶菠菜、法国菠菜	2/下～3/上中	直播	4/中～5/中下	1000～1500	3500
	夏防雨大棚	广东圆叶菠菜、明星菠菜	5/中～7/上	直播	6/下～8/下	1000～1500	1000～3500
	秋露地	华菠1号、绍兴菠菜、大叶菠菜	8/上～9/中	直播	10～11月	1500	5000
	冬露地	菠杂9号、10号，沈阳大叶圆菠，华菠2号	9/下～11/上	撒播	11/下～4月	1500	4000～5000

二、有机菠菜秋季栽培

秋菠菜（彩图65）是指8月上旬至9月中旬播种，10月至11月收获的一茬菠菜。该茬菠菜在生长期内，温度逐渐下降，日照时间逐渐缩短，气候条件对叶丛的生长有利。该茬菠菜表现产量高，品质优，是菠菜一年中的栽培主茬。

1. 品种选择

秋菠菜播种后，前期气温高，后期气温逐渐降低，光照比较充足，适合菠菜生长，日照逐渐缩短，不易通过阶段发育，一般不抽薹，在品种选择上不很严格。但早秋菠菜宜选用较耐热抗病、不易抽薹、生长快的早熟品种。

2. 整地施肥

选择向阳、疏松肥沃、保水保肥、排灌条件良好、中性偏酸性的土壤。前茬收获后，深翻 20～25 厘米，清除残根，充分烤晒过白。整地时，每亩施腐熟有机肥 4000～5000 千克，磷矿粉 25～30 千克，钾矿粉 20 千克，石灰 100 千克，整平整细，做成平畦或高畦，畦宽 1.2～1.5 米。

3. 播种育苗

① 播种方式 菠菜一般采用直播，且以撒播为主。早秋菠菜最好在保留顶膜并加盖遮阳网的大、中棚内栽培，或在瓜棚架下播种。

② 催芽播种 新收种子有休眠期，最好用陈种子。每亩用种 5 千克。可播干种子，但早秋播种因高温期间难出苗，可催芽湿播，即将种子装入麻袋内，于傍晚浸入水中，次晨取出，摊开放于屋内或防空洞阴凉处，上盖湿麻袋，每天早晚浇清凉水一次，保持种子湿润，7～9 天左右，种子即可发芽，然后播种；也可采用放在 4℃ 左右低温的冰箱或冷藏柜中处理 24 小时，然后在 20～25℃ 的条件下催芽，经 3～5 天出芽后播种。

播前先浇底水，然后播种，轻梳耙表土，使种子落入土缝中，再浇泼一层腐熟人畜粪渣或覆盖 2 厘米厚细土，上盖稻草或遮阳网，苗出土时及时揭去部分盖草。幼苗 1.5～2 片叶时，间拔过密小苗，结合间拔除杂草。

4. 田间管理

① 遮阴 幼苗期高温强光照时，于 10∶30～16∶30 盖遮阳网，阵雨、暴雨前应盖网或盖膜防冲刷，降湿。雨后揭网揭膜。

② 浇水 幼苗期处于高温和多雨季节，土壤湿度低，要勤浇水、浇小水、浇清凉水，早晚各一次，随着苗逐渐长大，减少浇水次数，以保持土壤湿润为原则，切忌大水漫灌，雨后注意排涝。在连续降雨后突然转晴的高温天气，为防菠菜生理失水，引起叶片卷缩或死亡，应在早晚浇水降温。到幼苗长有 4～5 片叶时，进入旺盛生长期，需水量大，根据土壤墒情及时灌水。一般在收获前灌水 3～4 次。

③ 追肥 追肥应早施、轻施、勤施，土面干燥时施，先淡施后浓施。阵雨、暴雨天，或高温高湿的南风天不宜施。前期高温干燥，

长出真叶后，天气较凉爽时，傍晚浇泼一次 20% 左右的清淡粪水，以后随着植株生长与气温降低，逐步加大追肥浓度。但采收前 15 天应停施粪肥。

5. 及时采收，分级上市

一般播后 35～40 天，苗高 10 厘米，有 8～9 片叶时，开始分批间拔大苗，陆续上市，菠菜商品要求同一品种或相似品种，大小基本整齐一致（彩图 66）。鲜嫩、翠绿，叶片光洁，无泥土及草，无白斑，无病虫害，无老叶、黄叶、子叶。切根后，根长不超过 0.5 厘米，茎叶全长 14～20 厘米。菠菜从菜地采收后，在清水池中轻轻淋洗，去掉污泥，即放室内整理一遍，按质量检测要求分成等级，扎成 0.5～1 千克小捆，而后整齐地装入菜筐，运至销售点，保持鲜嫩销售。

应配置专门的整理、分级、包装等采后商品化处理场地及必要的设施，长途运输要有预冷处理设施。有条件的地区建立冷链系统，实行商品化处理、运输、销售全程冷藏保鲜。有机菠菜产品的采后处理、包装标识、运输销售等应符合 GB/T 19630—2011 有机产品标准要求。有机菠菜商品采收要求及分级标准见表 39。

表 39　有机菠菜商品采收要求及分级标准

作物种类	商品性状基本要求	大小规格	特级标准	一级标准	二级标准
菠菜	无杂质；无皱缩、无萎蔫；无腐烂或变质；整理基本完好，无侧根，无黄叶；无异味	株高(厘米) 大：≥30 中：20～30 小：<20	同一品种。整齐，清洁，完好，鲜嫩。无抽薹、分蘖，无损伤	同一品种。较整齐，清洁，完好，较鲜嫩。无抽薹、分蘖，基本无损伤	同一品种或相似品种。较整齐，较清洁，较鲜嫩，允许少量抽薹、分蘖，允许少量由冷冻、病虫害、机械原因或其他原因引起的轻微损伤

注：摘自 NY/T 1985—2011《菠菜等级规格》。

三、有机菠菜大棚早春栽培

1. 品种选择

菠菜早春大棚栽培（彩图 67）应选用耐寒、抗抽薹的品种。

2. 整地施肥

在秋茬蔬菜收获后，不要去掉棚膜，直接施肥、整地、作畦。一般每亩施充分腐熟农家肥 3000～5000 千克、磷矿粉 20～25 千克、钾矿粉 10～15 千克，做成宽 1～1.5 米的平畦。

3. 适时播种

一般在 12 月初催芽播种。播种前一天，用凉水泡菠菜种子 12 小时左右，搓去黏液，捞出沥干，然后播种，或在 15～20℃条件下进行催芽，3～4 天大部分种子露白后即可播种。播种时在平整的畦面上均匀撒上种子，播种深度 1～1.5 厘米，再踩一遍后浇透水。最好采用条播，行距为 8～10 厘米，一般每亩播种约 4 千克。

4. 肥水管理

棚内菠菜浇水较少，播种后至翌年 2 月中旬，以保苗为主，在 12 月下旬浇一次透水，以保墒保苗。翌年 2 月中旬随着外界气温的不断升高，菠菜开始返青生长，应浇一次水，直到 3 月上旬要随时追肥浇水。

菠菜追肥多采用撒施沼肥，应切忌将沼肥撒在心叶里，以免造成烧苗，每次追肥应结合浇水进行。越冬之前，菠菜幼苗高 10 厘米左右，需根据生长情况追施一次越冬肥。春节过后，幼苗开始生长，应追肥一两次。

5. 温度管理

菠菜为耐寒性蔬菜，不耐高温。生长期间应注意大棚通风，尽量避免棚温长时间高于 25℃。

6. 及时采收

进入 3 月中下旬要及时收获，否则会影响下一茬的生产。收获前 1～2 天要浇水，早晨叶片上露水多时收获，用镰刀贴畦面留 1～2 厘米主根割下，摘掉老叶黄叶，捆成 500 克左右的小把。在菜筐四周衬上薄膜，把菠菜捆码入筐内包严上市。

四、有机菠菜春露地栽培

春菠菜是指于早春播种，春末夏初收获的菠菜，一般为露地栽培，不加设施，4 月中旬～5 月中下旬应市，对调剂春淡蔬菜供应有重要意义。春菠菜播种时，前期气温低，出苗慢，不利于叶原基的分化，后期气温高，日照延长，有利于花薹发育，所以植株营养生长期较短，叶片较少，容易提前抽薹，产量较低。

1. 品种选择

春菠菜播种出苗后，气温低，日照逐渐加长，极易通过阶段发育而抽薹。因此，要选择耐寒和抽薹迟，叶片肥大，产量高，品质好的品种。

2. 整地施肥

选背风向阳、肥沃疏松、爽水的中性偏微酸性土壤，前茬收获后，清除残根，深翻土壤。整地时每亩施腐熟有机肥 4000～5000 千克，磷矿粉 40 千克，钾矿粉 20 千克。撒在地面，深翻 20～25 厘米，耙平作畦，深沟、高畦、窄垄，一般畦宽 1.2 米左右，并用薄膜将畦土盖好待播种。

3. 播种培苗

开春后，气温回升到 5℃以上时即可播种，南方一般宜在 2 月下旬～3 月上中旬。播种太早，因播种时温度低，播种到出苗时间延长，抽薹提前，反而不利于产量的提高；播种太迟，因生长中后期雨水多，温度高，易感染病害，产量下降。

春菠菜播种时温度仍比较低，如果干籽播种，播种后的出苗期需要 15 天以上，这就使出苗后的叶丛生长时间缩短，导致产量降低。因此，播前最好先浸种催芽，方法是将种子用温水浸泡 5～6 小时，捞出后放在 15～20℃的温度下催芽，每天用温水淘洗一次，3～4 天便可出芽。播种时先浇水，再撒播种子，播后用梳耙反复耙表土，把种子耙入土中，然后撒一层陈垃圾或火土灰盖籽，再浇泼一层腐熟人畜粪渣或覆土 2 厘米左右。

4. 田间管理

① 防寒保温　前期可用塑料薄膜直接覆盖到畦面上，或用小拱棚覆盖保温，促进早出苗。直接覆盖时，出苗后应撤去薄膜或改为小拱棚覆盖。并加强小拱棚昼揭夜盖，晴揭雨盖，尽量让菠菜幼苗多见光、多炼苗。

② 追肥浇水　选晴天及时间苗，并根据天气、苗情及时追施肥水。一般从幼苗出土到 2 片真叶展平前不浇肥水，前期可用腐熟畜粪水淡施、勤施，进入旺盛生长期，勤浇沼液肥，每亩顺水追施沼液肥 500 千克。以后根据土壤墒情，酌情浇水，保持土壤湿润，一般浇水 3～5 次。采收前 15 天要停追施畜粪水，而改为追施速效有机氮肥（如沼液肥）。供应充足氮肥，促进叶片生长，可延迟抽薹，是春菠菜

管理的中心环节。

③ 适时采收 一般播后 30～50 天，抢在抽薹前根据生长情况和市场需求及时采收。

五、有机菠菜夏季栽培

夏菠菜，又称伏菠菜，是指于 5～7 月份分期排开播种，6 月下旬～8 月下旬采收的一茬菠菜。夏季高温和强光的不利气候条件，对菠菜种子出苗及植株的正常生长造成不良影响，从而使夏菠菜产量低，品质差。且易先期抽薹，病虫害难以控制，因而栽培难度大，其栽培要点如下。

1. 品种选择

选用耐热性强、生长迅速、抗病、产量高、不易抽薹的品种。

2. 整地施肥

夏菠菜生长阶段正处于高温期，当营养生长受到抑制时，播种后很短的时间内就会抽薹。为了促进营养生长，防止过早抽薹，应供应充足的肥水。要重施基肥，前茬作物收获后，清洁田园，立即施肥整地，每亩撒施腐熟堆肥 3000～4000 千克，磷矿粉 30～35 千克，钾矿粉 10～15 千克作基肥。

3. 播种育苗

5 中旬～7 月上旬分期排开播种。种子须经低温处理，可用井水催芽法，即将种子装入麻袋内，于傍晚浸入，次晨取出，摊开放于屋内或防空洞阴凉处，上盖湿麻袋，每天早晚浇清凉水一次，保持种子湿润，7～9 天左右，种子即可播种；也可放在 4℃ 左右低温的冰箱或冷藏柜中处理 24 小时，然后在 20～25℃ 下催芽，经 3～5 天出芽后播种。

在黏质地块种夏菠菜，土壤水分不易下渗或蒸发，因此最好用起垄栽培的方式。一般 50 厘米起 1 垄，每垄种 2 行，5 厘米 1 穴，每穴播 2 粒，一般每亩用种 1 千克左右。在沙壤土地块种植夏菠菜，因水分易下渗或蒸发，可用畦栽。一般作 1.5 米宽的畦，其中畦面宽 1.15 米，垄宽 35 厘米，每畦种 9 行，株距 2.5 厘米，行距 12 厘米，每亩用种 3.5 千克。

4. 田间管理

① 遮阳 全程应采取避雨栽培，出苗后利用大棚或中、小拱棚覆盖遮阳网，晴盖阴揭，迟盖早揭，降温保湿，防暴雨冲刷。遮阳网

的遮阳率应达 60%，安装遮阳网时最好距离棚膜 20 厘米（降温效果显著）并可自由活动。在晴天的上午 10 时以后至下午 4 时以前的高温时段，将大棚用遮阳网遮盖防止阳光直射；在阴雨天或晴天的上午 10 时以前和下午 4 时以后光线弱时，将遮阳网撤下来，既可防止强光高温，又可让菠菜有充足的阳光进行光合作用。有条件的最好在长出真叶后于大棚上加 0.45 毫米孔径的防虫网避虫，采收前 15 天去除遮阳网。

② 浇水　要勤浇水、浇少水、浇清凉水，早晚各一次，随着苗逐渐长大，减少浇水次数，保持土壤湿润。切忌大水漫灌，雨后注意排涝。旺盛生长期，需水量大，据土壤墒情及时灌水。

③ 追肥　追肥要掌握轻施、勤施，土壤干燥时施，先淡施后浓施。出真叶后及时浇泼一次 20% 左右的清淡畜粪水，但采收前 15 天应停施粪肥，生长盛期，应分期结合浇水追施速效肥 2~3 次，每亩用沼液 500 千克。每次施肥后要连续浇 5 天清水。

④ 适时采收　一般播后 25 天，苗高 20 厘米以上时，可开始采收。

六、有机菠菜主要病虫害综合防治

菠菜主要虫害有：地下害虫、甜菜夜蛾、蚜虫、斑潜蝇、蜗牛等。前茬收获后翻耕 10~20 厘米，施足腐熟有机肥作基肥。加强田间管理，及时清除病株和失去功能的病残叶片，改善田间通风透光条件。适时浇水，禁止大水漫灌，雨后及时排水，控制土壤湿度。用灭蝇纸诱杀潜叶蝇成虫，每亩设置 15 个诱杀点诱杀。或悬挂 30 厘米×40 厘米大小的橙黄色或金黄色黄板涂黏虫胶、机油或色拉油，诱杀潜叶蝇、蚜虫。或用银灰色地膜驱避蚜虫。用人工捉拿甜菜夜蛾幼虫、菜青虫等。用 1% 苦参碱水剂 600 倍液或鱼藤酮喷雾，或用草木灰浸泡后的滤液叶面喷雾防治蚜虫，沼液或堆肥提取液也可用来防治蚜虫。在甜菜夜蛾卵孵化盛期用 8000IU/微升苏云金杆菌可湿性粉剂 200 倍液喷雾防治。采用防虫网防虫效果最佳。

主要病害有：立枯病、炭疽病、白斑病、枯萎病、霜霉病和病毒病。因菠菜生长期短，病害很少发生，主要通过合理的轮作和间作、合理施肥和灌溉、中耕除草、施用无菌有机肥等农业防治法，或利用微生物制剂防治病害。发现病害后，及时摘除病叶、老叶或整株病残体清扫干净，集中深埋或烧毁，减少病原菌基数。

第二十二章

有机蕹菜栽培技术

一、有机蕹菜栽培茬口安排

有机蕹菜栽培茬口安排见表 40。

表 40 有机蕹菜栽培茬口安排（长江流域）

种类	栽培方式	建议品种	播期	定植期	采收期	亩产量/千克
蕹菜	冬春大棚	泰国空心菜、广西白梗空心菜	2/下～3/上	撒播或条播	4～6 月	1000～4000
	春露地	泰国空心菜、园叶青梗空心菜、白梗空心菜	3/下～5 月	撒播或条播	5～9 月	1000～40000
	夏露地	泰国空心菜	6～8 月	撒播或条播	7/上～10 月	1000～4000
	延秋大棚	泰国空心菜、圆叶青梗空心菜	9 月～10/上	撒播或条播	10 月～12/上	1000～4000

二、有机蕹菜栽培

1. 品种选择

选用江西大叶空心菜、泰国空心菜，一次性采收的还可选用广西白籽或黑籽空心菜。

2. 整地施肥

蕹菜分枝性强，不定根发达，生长迅速，栽培密度大，采收次数多，丰产耐肥，应选择向阳、肥沃、有水源的地块种植。栽植前 20 天施基肥，每亩施腐熟有机肥 2500～3000 千克或腐熟畜粪尿 1500～

2000 千克，磷矿粉 40 千克，钾矿粉 20 千克（或草木灰 100 千克），翻入土中作基肥，整平作畦，闭棚升温。注意基肥要提前施用，不能施完基肥就播种。

3. 育苗定植

播种前先用 55℃左右温水泡 30 分钟，然后用 25℃左右常温水浸泡 24 小时，捞出洗净后置 25℃左右催芽室催芽，待种子破皮露白点后，苗床打透底水，即可播种。

撒播或条播均可，多采用撒播，每亩用种量 25～30 千克，条播每亩用种量 18～22 千克。撒播应将种子均匀地撒在畦面上，再用木板在畦面上均匀地拍打，使种子与土壤结合紧密，有利于水分吸收，促进发芽生长。条播要先在畦面上横划出一条条深 2～3 厘米的小沟，沟距 15 厘米，然后将种子均匀地播在沟内。播后覆盖细土 1～2 厘米厚，浇足水。

冬春季早春大棚栽培（彩图 68），畦面盖地膜，畦上架小拱棚，然后封闭大棚增温保湿。多数出苗后揭除地膜，加强大棚通风透气管理，昼揭夜盖，保持棚温白天 25℃左右，夜间 12℃以上。播种 30 天待苗高 15～20 厘米时，即可间苗上市，7 天左右一次，分 3～4 次大量采收，留一部分坐蔸或按 10 厘米×20 厘米株行距定植大田，每窝 2～3 株。大棚膜可延至 5 月下旬揭除。

蕹菜因其茎节可生不定根，可以进行扦插育苗。大田扦插按行、穴株 20 厘米定植，每穴 1～2 株。插条斜插入土深 6 厘米，留 2～3 节叶片露出土面，压紧表土，每天浇水一次，连续浇 4～5 天直到成活。

4. 田间管理

缓苗后，应及时中耕、蹲苗。随着气温升高，经常浇水，大棚旱栽要保持土壤湿润和较高空气湿度，每天淋水 2 次。但若遇长期阴雨天，相对湿度长期在 100％时，会诱发病害，此时要适当减少淋水次数和水量，并且在无雨天，气温在 15℃以上的中午进行通风降湿。遇寒潮、大北风天或夜晚，要做好大棚的密封保温工作，保证棚内温度在 12℃以上，10℃以下会受冻而死亡，阳光充足温度较高的白天，棚内气温超过 35℃时，要及时打开棚的两边通风降湿，防止徒长和病害发生。

蕹菜生长快，需肥水量大，要及时追肥。生长期视土壤干湿情况，用浓度为 10%～20% 的粪水浇泼 2～4 次，促进茎叶肥大。每次采收后追施浓度为 30%～40% 的畜粪尿 1～2 次，保持畦面湿润。在整个生长过程中每隔 10 天喷施一次有机营养液肥，效益尤佳。

生长期间要及时中耕除草，封垄后可不必除草中耕。

5. 及时采收，分级上市

幼苗高 20 厘米时可间拔采收。当主蔓或侧蔓长达 30 厘米左右时，采收嫩梢。温度不高，生长较慢时，可隔 10 天左右采收一次，而旺盛生长期须每周采摘一次。在采收初期易发生跑藤现象，即蔓徒长纤细、节间长，是因肥水管理不当和不及时采收造成的，而且常发生在主蔓上，应在第一次采收时即留基部 2～3 个节摘去主蔓。采收 3～4 次后，适当重采，仅留 1～2 节，促进茎基部重新萌发，茎蔓粗壮。若茎蔓过密或过弱，可疏除过密过弱枝条或全部刈割一次，重施肥水更新。集中采收幼苗每亩产量 1000～1500 千克，多次采收亩产量可达 4000 千克以上。采收后及时清理黄叶、枯叶、老茎。若留芽过多，发生侧蔓过多，营养分散，生长纤弱缓慢，影响产量和品质。

应配置专门的整理、分级、包装等采后商品化处理场地及必要的设施，长途运输要有预冷处理设施。有条件的地区建立冷链系统，实行商品化处理、运输、销售全程冷藏保鲜。有机蕹菜产品的采后处理、包装标识、运输销售等应符合 GB/T 19630—2011 有机产品标准要求。有机蕹菜商品采收要求及分级标准见表 41。

表 41　有机蕹菜商品采收要求及分级标准（供参考）

外观要求	同一品种或相似品种，大小基本整齐一致，茎叶色泽鲜艳，粗大肥嫩，无黄叶，无明显缺陷(缺陷包括机械伤、抽薹、腐烂、病虫害等)
一级标准	新鲜洁净，色泽优良，质地脆嫩；无病斑，无虫眼，株形端正；长度 30～40 厘米
二级标准	新鲜洁净，色泽良好，质地脆嫩；允许下部叶片有少量虫眼；长度 20～40 厘米
三级标准	允许有病斑、虫眼；其他要求达不到一级、二级标准

三、有机蕹菜主要病虫害综合防治

蕹菜主要病害有猝倒病、灰霉病、白锈病、褐斑病等，主要虫害有菜青虫、小菜蛾、夜蛾科虫、蚜虫等。

1. 农业防治

冬季清除地上部枯叶及病残体，并结合深翻，加速病残体腐烂，采收罢园后，要彻底清除病株残叶，集中烧毁。重病田实行 1～2 年轮作，施用腐熟的有机肥，减少病虫源。科学施肥，加强管理，培育壮苗，增强抵抗力。雨季来临时，应做好开沟排水工作，使田间不积水，降低湿度。需浇水时应选择在晴天下午进行，每次浇水不要超量，切忌大水漫灌。

2. 物理防治

在设施栽培条件下，设置黄板诱杀蚜虫。利用频振式杀虫灯诱杀蛾类、直翅目害虫的成虫。利用糖醋酒液引诱蛾类成虫，集中杀灭。利用银灰膜驱赶蚜虫，或防虫网隔离。

3. 生物防治

蝶蛾类卵孵化盛期选用苏云金杆菌可湿性粉剂、印楝素或川楝素进行防治。成虫期可施用性引诱剂防治害虫。

4. 药剂防治

炭疽病：用 77％氢氧化铜等无机铜制剂防治。

轮斑病：可用 1:0.5:(160～200) 波尔多液防治。

蕹菜褐斑病：发病初期，可选用 77％氢氧化铜可湿性粉剂 500 倍液喷雾防治。

蕹菜炭疽病：发病初期，可选用 30％氧氯化铜悬浮剂 700 倍液等喷雾防治。

蕹菜细菌性叶枯病：用种子重量 0.3％的 47％春雷・氧氯铜可湿性粉剂拌种。发病初期，可选用 47％春雷・氧氯铜可湿性粉剂 600 倍液，或 77％氢氧化铜可湿性粉剂 500 倍液等喷雾防治。

蕹菜叶斑病：发病前，可选用 1:1:100 倍量式波尔多液、30％氧氯化铜悬浮剂 800 倍液等喷雾防治，每隔 7～10 天喷施一次，连续防治 3～4 次。

蕹菜腐败病：发病初期，可选用 5％井冈霉素水剂 1500 倍液喷雾防治。

第二十三章

有机苋菜栽培技术

一、有机苋菜栽培茬口安排

有机苋菜栽培茬口安排见表42。

表42　有机苋菜栽培茬口安排（长江流域）

种类	栽培方式	建议品种	播期	定植期	采收期	亩产量/千克	亩用种量/千克
苋菜	冬春大棚	红圆叶苋菜、彩色苋、大红袍、穿心红	2/下～3月	撒播	4～5月	1500	3～5
	春露地	红猪耳朵苋菜（穿心红）、红圆叶苋菜	3/下～8月	撒播	5/中下～10月	1500	2
	延秋大棚	紫叶苋、红圆叶苋、红荷叶苋	9月～10/上	撒播	10月～12/上	1500	1.5

二、有机苋菜栽培

1. 选地整地

实施轮作，选择地势较平坦，排灌方便，杂草较少的肥沃土壤种植，清洁田园，翻耕深度15～20厘米，施足基肥，基肥以有机肥为主，一般每亩施用腐熟畜粪尿1500～2000千克或腐熟圈粪3000千克，磷矿粉40千克，钾矿粉20千克，石灰150千克。然后做成宽约1.5米的平畦，畦面整细整平。

2. 选种播种

一般采用撒播，由于种子细小，播前将苋菜种子加适量细沙混合拌匀后撒播，播种前要浇足底水，水渗下后，撒底土，再播种。早春栽培（彩图 69），由于气温较低，出苗较差，每亩播种量为 3～5 千克；晚春播用种量为 2 千克，秋播用种量为 1.5 千克。撒播的可用齿耙浅耧，条播的春季可稍深，夏季宜浅，播后不盖土或盖薄土，也可覆以细沙或草木灰或畜粪尿，也可用镇土代替覆土。播种后视天气和土壤进行浇水追肥。条播的株行距为 15 厘米×35 厘米。以采收嫩茎为主的，要进行育苗移栽。

3. 肥水管理

春季播种因地温低，空气干燥，出苗慢，可考虑用小拱棚或地膜覆盖的方法促使出苗快而整齐。春播后 7～12 天出苗，晚春和秋播的只需 3～5 天即可出苗。追肥一般在幼苗有两片真叶时追第一次肥，每亩施 10％腐熟畜粪尿或沼液 1000～1500 千克，以后每 7～10 天施肥一次。每采收一次追肥一次，每亩每次施浓度为 20％～30％的腐熟畜粪尿或沼液 500 千克。

春季栽培的苋菜，浇水不宜过大，夏、秋季栽培时要适当灌水，灌溉时不能用受污染的水灌溉，要经常保持田间湿润，遇到干旱及时浇水。如遇雨涝，应立即排水防涝。

4. 中耕整枝

幼苗生长期间要及时中耕除草，以免草荒影响苋菜苗生长。苋菜多次采收的还要整枝，即当主枝采收后，可在主枝基部 2～3 节剪下嫩枝，促进侧枝萌发。

5. 及时采收，分级上市

春播苋菜在播后 40～45 天，株高 10～12 厘米，具有 5～6 片真叶时开始采收。第一次采收，即间拔过密植株，以后的各次采收用刀割取幼嫩茎叶即可，20～25 片真叶以后进行第二次采收，待侧枝萌发生长到约 15 厘米时再进行第三次采收。每次采收，基部留桩约 5 厘米，以利发枝供下次采收。秋播苋菜播后约 30 天采收，一般一次性采收完毕。采收后，在室内进行整理，去掉杂草、泥土，摘除黄叶、残叶以及病虫为害的叶片。商品苋菜要求产品鲜嫩，无泥，无黄叶，无白点，无病斑，无虫害，无杂草，不结籽，不带根须。

应配置专门的整理、分级、包装等采后商品化处理场地及必要的设施，长途运输要有预冷处理设施。有条件的地区建立冷链系统，实行商品化处理、运输、销售全程冷藏保鲜。有机苋菜产品的采后处理、包装标识、运输销售等应符合 GB/T 19630—2011 有机产品标准要求。有机苋菜商品采收要求及分级标准见表43。

表 43　有机苋菜商品采收要求及分级标准（供参考）

外观要求	质地鲜嫩，无病虫为害，茎叶完整、清洁，无黄叶、破损叶
一级标准	新鲜洁净，色泽优良，质地脆嫩；无病斑，无虫眼，株形端正；长度25～30厘米
二级标准	新鲜洁净，色泽良好，质地脆嫩；允许下部叶片有少量虫眼；长度25～35厘米
三级标准	允许有病斑、虫眼；其他要求达不到一级、二级标准

将整理分级后的苋菜扎成 0.5 千克的齐头小把，随即用水冲洗一下，小心放入塑料箱内，每箱约 10 千克，运送至销售处上市。产品应注意保鲜，要放在阴凉处，严防风吹日晒。

三、有机苋菜病虫害防治

苋菜生长健壮，病虫害较少，偶有病毒病、黑斑病、炭疽病、褐斑病和蚜虫、甜菜夜蛾等的发生，在农业措施上，可选用优良抗病品种，提高作物自身抗病能力，施肥以有机肥为主。实施轮作，清洁田园，减少病虫害的发生。高温、干旱季节，覆盖遮阳网降温促生长，并在发病初期即采收上市。

苋菜病毒病：注意防治蚜虫。适时喷施叶面营养剂，促植株早生快发，减轻为害。发病后，可选用 0.5％菇类蛋白多糖水剂 300～400 倍液，或高锰酸钾 600～1000 倍液等喷雾防治，每 7 天一次，连续防治 3～4 次。

苋菜黑斑病：可选用 47％春雷·氧氯铜可湿性粉剂 800 倍液等喷雾防治。

苋菜炭疽病：选用 2％嘧啶核苷类抗生素水剂 200 倍液，或 2％武夷菌素水剂 200 倍液、47％春雷·氧氯铜可湿性粉剂 600～800 倍液等喷雾防治，隔 7～10 天一次，连续防治 2～3 次。

苋菜褐斑病：可选用 2％嘧啶核苷类抗生素水剂 200 倍液等喷雾防治。

第二十四章

有机大葱栽培技术

一、有机大葱栽培茬口安排

大葱用种子繁殖，可以春播或秋播，一般以春播为主。有机大葱栽培茬口安排见表44。

表 44 有机大葱栽培茬口安排（长江流域）

种类	栽培方式	建议品种	播期	定植期	株行距/厘米×厘米	采收期	亩产量/千克	亩用种量/克
大葱	秋播	章丘大葱、中华巨葱、日本巨葱	8/下～9/下	6/中下～7/上	(5～6)×80	9～11月	2500～4000	150
	春播	章丘大葱、中华巨葱、日本巨葱	2/下～3/下	6/中下～7/上	(5～6)×80	10～11月	2500～4000	150

二、有机大葱栽培

1. 栽培季节

南方可秋播也可春播，但以春播为主，春播当年冬季即可收获，但产量较低。一般秋播于8月下旬至9月下旬播种。冬前幼苗严格控制不超过3叶。春播宜早不宜迟，一般在2月下旬至3月下旬。

2. 育苗

① 床土准备　选地势平坦、排灌方便、土质肥沃的生茬地作育苗地。每亩撒施腐熟有机肥4000～5000千克。深翻坑土，耙细整平，畦宽1～1.3米。

② 播种　秋播宜选用当年的新种子。一般干播，也可将种子放入清水中搅拌10分钟，捞出秕籽和杂质，再在60～65℃的温水中不

断搅拌，浸泡 20~30 分钟后播种。将畦面耧平，打透底水后均匀撒播种子，67 米² 播种 150~300 克，播后覆土 0.5~1.0 厘米。

③ 苗期管理　秋播育苗，播后再盖草或遮阳网保墒。管理上以控为主。播后 2~3 天若床土干裂，用耙轻耧一遍，保持上干下湿。齐苗后到苗高 5 厘米时，视土壤墒情，浇小水 2~3 次，保持土壤湿润。越冬前控制肥水防徒长。土地封冻前结合追肥浇一次防冻水，并撒施草木灰、厩肥防寒。越冬后，幼苗开始返青生长，要及时把覆盖的马粪或农家肥耧出畦外，并适当整修，轻松表土一遍。幼苗返青后及时拔除杂草。苗高 5~10 厘米和 15~20 厘米时各间苗一次，结合松土除草，并浇水一次。幼苗生长盛期，亩施腐熟粪尿肥 2000 千克，定植前注意控水蹲苗。秋播幼苗可在当年作小葱上市。

春播育苗，播后要盖地膜保温保湿。管理上以促为主。尽量满足肥水，保持畦面见干见湿，及时间苗，一般春季间苗 2 次，第一次在返青后进行，撒播的保持苗距 2~3 厘米，第二次在苗高 18~20 厘米时，保持苗距 6~7 厘米，条播的适当缩小苗距，结合间苗和中耕，随时拔除杂草。幼苗生长期应少浇水，随着气温回升和葱苗生长，增加浇水次数和浇水量，定植前 5~8 天控水蹲苗。炎夏来临前幼苗也可作小葱上市。

3. 定植

① 定植时期　无论秋播或春播，定植适期均为 6 月中下旬至 7 月上旬，苗高 35~40 厘米，茎粗 1~1.5 厘米。不宜过早过晚。

② 整地施肥　选地势高燥，土质肥沃，排灌方便的非葱蒜类地块，前茬多以茄果类、瓜类、白菜类、豆类等蔬菜或马铃薯、小麦等经济作物，最好实行 5 年以上轮作，深翻 30~50 厘米，每亩撒施腐熟有机肥 2500~5000 千克，磷矿粉 40 千克，钾矿粉 20 千克，与土混匀耙细，按行距 80 厘米开沟，沟的深度和宽度均为 30~35 厘米，垄背拍光踏实。

③ 定植　定植前 2~3 天将苗床浇一次水，边起苗边分级边定植。采用插葱法，即先在沟中浇水，水下渗后立即插葱，或将葱种插植于沟内，边插边将葱株两边的松土踏实，随后灌透水，插植时以不埋没葱心为宜，株距 5~6 厘米，亩栽 2~3 万株。还可加大密度，价格好时，在国庆节前后作青葱上市。

4. 田间管理

① 肥水管理　大葱栽后不浇水，雨后及时排水，降雨或灌水后及时中耕。缓苗后开始肥水管理，由小水少浇到大水多浇，即在缓苗后浇小水，叶片和葱白迅速生长期浇大水。8 月上旬，每亩施腐熟有机肥 2000 千克，撒于垄背上，浅锄一次，把有机肥锄入沟中，接着浇一次水促进生长。8 月下旬，每亩施入腐熟有机肥 1500～2000 千克。9 月上旬后，应结合浇水追施腐熟有机肥 2 次，方法如前。9 月下旬前后，每隔 7 天左右浇一次透水，保持土壤湿润。

② 培土　追肥后及时培土，一般在大葱栽植 30～35 天开始，15 天左右一次，第一、第二次培土应浅，第三、第四次培土宜厚，培土宜在上午露水干后，或下午土壤凉爽时进行，以不埋心叶为度。

5. 及时采收，分级上市

大葱的收获期在土壤上冻前 15～20 天，秋播大葱一般在 9 月至 10 月收获鲜葱后供应市场，春播大葱，一般在 10 月上旬收获供应鲜葱（彩图 70），在 10 月中旬至 11 月上旬收获进行干贮越冬，一般当叶肉变薄干垂、管状叶内水分较少时收获贮藏冬葱，过晚会使假茎失水，产量降低，并易受冻害。大葱收获后，应及时进行产品处理和包装。

表 45　有机大葱商品采收要求及分级标准

作物种类	商品性状基本要求	大小规格	特级标准	一级标准	二级标准
大葱	品种或相似品种；较清洁；基本完好；葱白无严重的松软和汁液外溢；去除老叶和黄叶；无腐烂、变质、异味；无病虫害导致的严重病斑和外皮开裂等损伤；无冷冻、高温、机械导致的严重损伤	葱白长度（厘米） 长：>50 中：30～50 短：<30 同一包装中的允许误差（%） 长：≤15 中：≤10 短：≤5	具有该品种特有的外形和色泽。清洁，整齐，直立，葱白肥厚，松紧适度，质嫩，纤维少，葱白无破裂、空心；汁液外溢和明显失水，无冷冻、病虫害原因引起的病斑及机械等损伤	具有该品种特有的外形和色泽。清洁，整齐，较直立，葱白较肥厚，质嫩，纤维少，葱白基本无破裂、弯曲、汁液外溢，无冷冻、病虫害原因引起的病斑及机械等损伤	清洁，较整齐，允许少量葱白松软、破裂、弯曲和葱白汁液少量外溢，无冷冻、病虫害等原因引起的病斑，允许轻微机械伤

注：摘自 NY/T 1835—2010《大葱等级规格》。

应配置专门的整理、分级、包装等采后商品化处理场地及必要的设施，长途运输要有预冷处理设施。有条件的地区建立冷链系统，实行商品化处理、运输、销售全程冷藏保鲜。有机大葱产品的采后处理、包装标识、运输销售等应符合 GB/T 19630—2011 有机产品标准要求。有机大葱商品采收要求及分级标准见表 45。

三、有机大葱主要病虫害综合防治

大葱常见病害主要有紫斑病、锈病、菌核病、黄矮病、霜霉病、灰霉病、软腐病、黑斑病等。常见的虫害主要有葱蛆、葱蓟马、斑潜蝇、斜纹夜蛾、甜菜夜蛾等。

1. 防治原则

按照"预防为主，综合防治"的植保方针，以生态（农业）防治、物理防治、生物防治为主，化学防治为辅。化学防治要选用高效、低毒、低残留农药，杜绝使用剧毒、高残留农药，严格按安全间隔期用药。

2. 农业防治

选用前茬未种植过葱蒜类蔬菜，土壤肥沃的沙壤土种植大葱；施足基肥，适时追肥，增强植株抗病能力；雨季注意排水，发病后控制灌水，以防病情加重；及早防治虫害；前茬蔬菜收获后，及时、彻底清除田间的病残体，集中深埋或烧毁；选用抗病品种。种子消毒可用 50℃ 温水浸 25 分钟，然后用冷水冷却后晾干播种，适时播种或定植，密度不要过密。

3. 生物防治

当病虫害达到防治指标时，应首先选用生物农药杀虫；抗生素类杀菌，主要有嘧啶核苷类抗生素、硫酸链霉素、木霉素等；细菌类杀虫剂，主要是苏云金杆菌生物农药；以及植物源杀虫剂，如苦参碱等。

4. 物理防治

常用的方法主要有覆盖隔离、诱杀、热处理等。

① 覆盖隔离　利用防虫网（30 目以上）覆盖，隔离害虫。

② 诱杀　利用光、色、味引诱害虫，进行抓捕和诱杀。如灯光诱杀、色板诱杀、气味诱杀、色膜驱避等。

灯光诱杀：利用昆虫对（365±50）纳米波长紫外线具有较强的

趋光特性，引诱害虫扑向灯的光源，光源外配置高压击杀网，杀死害虫，达到杀灭害虫的目的。

色板诱杀：利用害虫对颜色的趋性进行诱杀。在高于蔬菜生长点的适当位置，每 $30\sim50$ 米^2 放置规格为 20 厘米×20 厘米的色板 1 块，板上涂抹机油等黏液，黄板诱杀黄色趋性的害虫如蚜虫、粉虱、斑潜蝇等，蓝板诱杀蓝色趋性的蓟马等害虫。

气味诱杀：利用害虫喜欢的气味来引诱，并捕杀。

性激素诱杀：性诱剂对小菜蛾、斜纹夜蛾等雄蛾具有很好的诱杀效果，每亩投放性诱剂 $6\sim8$ 粒。

糖醋液诱杀：糖醋液诱杀葱蛆成虫，糖醋液（糖∶醋∶水为 1∶2∶2.5）加少量敌百虫拌匀，倒入放有锯末的容器中置于田间，每亩地放 $3\sim4$ 盆；糖醋酒液诱杀甜菜夜蛾成虫，将糖醋酒液（糖∶醋∶酒∶水∶敌百虫为 3∶3∶1∶10∶0.5）装入直径 $20\sim30$ 厘米的盆中放到田间，每亩地放 $3\sim4$ 盆。

色膜驱避：蚜虫对银灰色具有负趋性，在蔬菜棚室内张挂银灰色的薄膜条或在地面覆盖银灰色的地膜等，有利于驱避蚜虫。

③ 热处理　利用高温杀死害虫。如高温闷棚、种子干热处理等。

第二十五章

有机大蒜栽培技术

一、有机大蒜栽培茬口安排

大蒜在秋季 9~10 月播种，把蒜瓣直接排种到大田中。以青蒜为目的，播种稍早，可采取剥开蒜瓣或清水浸泡或低温等打破休眠的措施提前到 7~8 月播种，国庆节前后采收上市，也可在 9~10 月播种，翌年 3 月前抽薹收获上市；以蒜头为目的的，9 月中下旬播种，翌年 3~4 月采收蒜薹，4~5 月采收蒜头。有机大蒜栽培茬口安排见表 46。

表 46　有机大蒜栽培茬口安排（长江流域）

种类	栽培方式	建议品种	播期	定植期	株行距/厘米×厘米	采收期	亩产量/千克	亩用量/千克
大蒜	秋露地	白皮蒜、紫皮蒜	7/下~8/下中	点播	10×10	11~翌年 2 月（青蒜）	1500~2000	300
	冬露地	白皮蒜、紫皮蒜	9/中下	直播	10×10	12~翌年 2 月收蒜苗　翌年 3/下收蒜薹　翌年 5/下收蒜头	1000　500　750	150~300

二、有机大蒜栽培

1. 品种选择

青蒜栽培选用早熟中等大小蒜球作种。蒜薹和蒜头栽培选用白皮蒜或紫皮蒜作种。

2. 种蒜处理

播种前掰开蒜头，剔除芽尖损伤瓣，挑选完整粗壮的大、中型瓣作种瓣；依大小分级，小而扁平的蒜瓣作青蒜栽培用。选蒜瓣的同时，还要去茎盘。并采用如下方法打破休眠：一是剥蒜皮；二是用清水浸泡1～2天再播种，或将蒜瓣在30%尿水中浸泡1～2天。三是采用低温处理，即将蒜瓣用纱网吊入深井水中浸24小时，或用冷水浸洗后放在阴凉处，蒜瓣发根露嘴时播种。也可将蒜瓣放在0～4℃低温下处理1个月。

3. 整地施肥

忌连作，选择地势高燥、质地疏松肥沃、有机质含量高的地块。前茬收获后，深翻晒垡，并浅耕1～2次。整地前，每亩施入腐熟土杂肥2500～5000千克，播种沟中可拌入100～150千克饼肥、草木灰50千克，浅翻，细耙，使土肥充分混合后作畦。

4. 适期播种

在南方，作青蒜栽培（彩图71），播期可提早到7月下旬至8月下旬，也可延迟到10月播种迟熟品种，多在8月中旬播种，当年11～12月就可采收青蒜；作蒜头栽培的一般在9月中下旬播种。栽培青蒜，按株距3厘米分别播于定植沟两侧，种尖朝上，插正插稳，每亩用种300千克；栽培蒜头，一般株距为9厘米，每亩用种150千克左右。采用平畦打孔播种，行向南北向，打孔后在每个小孔中播一蒜瓣，微露尖端，播后盖土2厘米，拍平。也可按行距开浅沟条播，沟深6～7厘米，按株距播种，种瓣直立插入沟中，播后盖土，拍平。也可在插蒜后用腐熟人畜粪淋浇在定植沟内，覆薄土，上盖稻草或麦秆，或在沟行间套播热白菜，可起到遮阴降温作用。

5. 田间管理

① 幼苗期　秋播大蒜播种后立即灌水一次，接近出苗时浇一次水。出苗后酌情浇水，表土见干需浇一次水，长出2片真叶后中耕松土，适当蹲苗，一般中耕3次，土壤封冻前灌越冬水，灌后在畦面盖稻草、落叶等防寒防冻。早春气温回升后结合浇水开沟每亩追施腐熟有机肥1000～1500千克。

② 返青期　幼苗越冬后日平均气温稳定在1～2℃时，应及时撤除防寒设施，土壤开冻时中耕松土，地温提高后灌返青水，并随水施入腐熟畜粪肥2000千克，基肥不足时，每亩加施饼肥50～100千克，开沟集中深施。结合中耕松土及时除草。3月底至4月初重施抽薹肥，每亩沟施腐熟畜粪肥1000～2000千克，4月中下旬再追施一次，

一般 8～10 天浇水一次，保持土壤见干见湿。

③ 抽薹期　每隔 6～7 天浇水一次，结合浇水追施一次腐熟畜粪肥，抽薹期一般不进行中耕除草。及时拔除田间杂草。采薹前 3～4 天停止浇水。

④ 鳞茎膨大期　保持土壤湿润，5 月上旬蒜薹采收后灌水一次，并追施一次催头肥，最好提前到拔薹前最后一次浇水时施用。

6. 及时采收，分级上市

① 青蒜　幼嫩的叶子及假茎作为食用部位。长江流域 7～8 月播种的，10 月至次年春季均可采收。在 8～9 月播种后，到 11～12 月即可采收，直至翌年春暖以前，亩产青蒜 2000 千克。但进入夏季后，叶的组织逐渐老化，纤维含量增加，不再作为青蒜食用。绝大多数都是一次连根拔起，但也可以在冬前，植株 30 厘米高左右，在假茎基部离地面 3～5 厘米收割一次。收割后，加强肥水管理，可以再生新叶，于第二年 2～3 月再采收一次。

② 蒜薹（彩图 72）　于初夏上市，当蒜薹露出叶鞘 5～7 厘米时采收，在取薹前 5～7 天停止浇水，于上午 10 时后温度尚高，蒜薹刚开始伸出鞘打小弯时，用力猛向上提，如果仍难拔出，可从假茎中部即倒数 3～4 叶处用针划破把薹取出，采薹时要尽量保持功能叶，尤其是最上部的 1～2 片叶子。有机蒜薹商品采收要求及分级标准见表 47。

表 47　有机蒜薹商品采收要求及分级标准

作物种类	商品性状基本要求	大小规格	特级标准	一级标准	二级标准
蒜薹	外观相似的品种；完好、无腐烂、变质；外观新鲜、清洁、无异物；薹苞不开散；无糠心；无害虫；无冻伤	长度（厘米）长：>50中：40～50短：<40	质地脆嫩；成熟适度；花茎粗细均匀，长短一致，薹苞以下部分长度差异不超过 1 厘米；薹苞绿色，不膨大；花茎末端断面整齐；无损伤，无病斑点	质地脆嫩；成熟适度；花茎粗细均匀，长短基本一致，薹苞以下部分长度差异不超过 2 厘米；薹苞不膨大，允许薹尖稍有黄绿色；花茎末端断面基本一致；无损伤，无明显病斑点	质地较脆嫩；成熟适度；花茎粗细较均匀，长短较一致，薹苞以下部分长度差异不超过 3 厘米；薹苞稍膨大，允许顶尖发黄或干枯；花茎末端断面基本整齐；有轻微损伤，有轻微斑点

注：摘自 NY/T 945—2006《蒜薹等级规格》。

③ 蒜头　蒜薹采后 20～30 天即可采收蒜头（彩图 73）。如不采收蒜薹，蒜头也会膨大，但产量会下降 15％以上。蒜头采收季节正是长江流域雨水较多季节，如过迟不收，蒜头容易腐烂，采收后也易散开，不耐贮藏。收获季节一般在 5 月中下旬，当大蒜叶片发黄，蒜瓣突出时就可以收获。收获时要用专用工具——蒜别子，不刨破、不撞伤。收获后大蒜要及时晾晒使其干透，又要防止暴晒，防止糠化。通常的方法是：蒜叶掩蒜头在田地里晾晒 10 小时，然后再把蒜须削掉（削时一定要削平、削净，切不可伤蒜体），放通风处继续晾晒，待蒜秆干到八九成时，在蒜头上 2 厘米处剪断蒜秆，装袋，放通风处继续晾晒，但不能直接暴晒。大蒜收获后，及时清除残留的地膜。干透的大蒜头要按蒜头大小和质量分级。有机蒜头采收要求及分级标准见表 48。

表 48　有机蒜头采收要求及分级标准

作物种类	商品性状基本要求	大小规格	特级标准	一级标准	二级标准
蒜头	同一品种或相似品种；成熟、完整；最外层鳞片完全干燥，表皮基本清洁；无霉变、腐烂、变色、虫害、冻害、损伤和异味；无发芽蒜、缺瓣蒜、空腔蒜和外来异物	以蒜头最大横径为划分大蒜规格的指标，横径每间隔 0.5 厘米作为一种规格。4.5～5.0　5.0～5.5　5.5～6.0　≥6.0	同一品种，色泽一致，形状规则，坚实饱满，蒜头外皮完整，无机械伤，无根须、蒜皮、蒜茎、空腔蒜等；梗长 1.5～2.0 厘米	同一品种，色泽基本一致，形状较规则，坚实饱满，蒜头外皮基本完整，无机械伤，无根须、蒜皮、蒜茎、空腔蒜等；梗长 1.0～2.5 厘米	同一品种或相似品种，较坚实饱满，允许外皮有少量裂缝和剥落，允许有少量形状不规则蒜，允许有轻微机械伤以及带少量根须和蒜皮、根须、蒜茎、空腔蒜等；梗长 1.0～3.0 厘米

注：1. 独头蒜梗长小于 1.0 厘米；交易双方对梗长有特殊要求的可按双方协议执行。
　　2. 摘自 NY/T 1791—2009《大蒜等级规格》。

应配置专门的整理、分级、包装等采后商品化处理场地及必要的设施，长途运输要有预冷处理设施。有条件的地区建立冷链系统，实行商品化处理、运输、销售全程冷藏保鲜。有机大蒜产品的采后处理、包装标识、运输销售等应符合 GB/T 19630—2011 有机产品标准要求。

三、有机大蒜病虫害综合防治

大蒜主要病害为叶枯病、干腐病、病毒病，虫害主要有根蛆。防治技术参见有机大葱病虫害综合防治。

第二十六章

有机韭菜栽培技术

一、有机韭菜栽培茬口安排

韭菜自播种后一般可采收多年，可以用种子春播或秋播，以春播较多，以后每年还可分株繁殖，韭菜植株在生长期间，有薹品种一般每年均会在 7～8 月抽薹开花，长日照和高温是其花芽分化和抽薹开花的必要条件。有机韭菜栽培茬口安排见表 49。

表 49　有机韭菜栽培茬口安排（长江流域）

种类	栽培方式	建议品种	播期	定植期	株行距	采收期	亩产量/(千克/年)	亩用种量/克
韭菜	春播	改良 791、雪韭 4 号、平韭 4 号、日本冬韭、四季薹韭	3/下～4/上	6/中～7/上	小丛密植，每丛 6～8 株，宽行 14～17 厘米，窄行 8～10 厘米，丛距 10～12 厘米	2～3 年后多次收割	青韭：3000～4000　韭薹:200	2000～3000
	秋播		8 月 8 日左右	翌年 4 月 4 日左右				

二、有机韭菜栽培

1. 品种选择

选择耐寒耐热，分蘖力强，叶鞘粗壮，质地柔嫩的品种。一般选用宽叶韭菜类型，有机栽培的也有选用细叶类型的，风味更加浓郁。

2. 播种育苗

① 苗床准备　选择土质肥沃、排灌条件好的沙质壤土，忌与葱蒜类蔬菜连作。前茬作物收获后，清洁田园，冻垡晒垡，精细整地，耙平作畦。北方宜作平畦，南方可筑高畦，畦宽 1.5～1.8 米，包沟。

每 10 米² 可施腐熟有机肥 80 千克左右。

②　种子处理　播种前将种子暴晒 2～3 天，每天翻 3～4 次。春季气温低时用干籽播种。塑料薄膜小拱棚或初夏播种，采用浸种催芽，浸种时先用 40℃温水浸泡，不断搅拌至水温下降到 30℃后，再浸泡 24 小时，除去杂质和瘪粒，搓净表面黏液，冲洗干净，晾干后用湿布包好，置 15～20℃温度下催芽，每天用清水冲洗 1～2 次，3～4 天可播种。

③　播种　春播可从 3 月上旬～5 月上旬开始，最适 3 月下旬～4月上旬，6 月中旬～7 月上旬定植。翌年春季定植，应在 6 月中下旬播种。每 10 米² 播种 75 克左右。采用条播或撒播，播前浇足底水，底水下渗后，薄撒一层细土，再播种。播后及时覆细土 1 厘米厚，刮平后轻轻压实。种子将出土时再覆细土 0.5 厘米厚，畦面加盖薄膜或草苫，浇泼 50％的腐熟畜粪尿水，10～20 天种子发芽时撤去覆盖物，可使出苗时间缩短 7～10 天。春季雨水多，最好在苗床上搭防雨棚，发现畦土过干，要连续浇水，促使幼芽出土。

④　苗期管理　保持土壤湿润，一般在真叶生出前不浇水。苗高 8厘米左右及时浇水，以后每隔 5～6 天浇水一次。苗高 10 厘米左右时结合浇水每亩追施腐熟稀粪 2～3 次。苗高 15～18 厘米时，适当控制肥水，蹲苗。根据墒情每 7～10 天浇一次水。

3. 及时定植

实行 2～3 年轮作，一般选前茬非百合科作物的地块，且以保水、保肥能力强，排水良好的沙壤土、壤土或轻黏壤土为宜。前茬作物收获后，要及时清洁田园，并将植株病残体集中销毁。于大田定植前深翻土壤，以深 15～20 厘米为宜，充分暴晒、风化，以减少病菌、消灭杂草。

整地的同时施入基肥，每亩施入腐熟农家肥 3000～4000 千克，或腐熟大豆饼肥 150 千克，或腐熟花生饼肥 150 千克，另加磷矿粉40 千克及钾矿粉 20 千克。掺匀细耙，整平作畦。

一般苗龄 75 天左右，秧苗 6～8 片真叶，即可定植。定植前 1～2 天对苗畦浇一次水，定植时将苗掘起，剪去叶片，留叶鞘以上 3～5厘米，剪短过长的根须，留 6 厘米长，选择根茎粗壮，叶鞘粗的壮苗移栽。采用单株宽窄行密植，宽行 13～14 厘米，窄行 5～7 厘米，株距 4 厘米；或小丛密植，每丛 6～8 株，宽行 14～17 厘米，窄行 8～

10厘米，丛距10～12厘米。栽植时开沟条植，沟深10～15厘米。定植时深栽浅埋，以叶鞘与叶片交接处同地面平齐为度，覆土6～7厘米，覆土后仍留3～4厘米的定植沟或定植穴。栽后及时浇水。

4. 田间管理

① 定植当年的管理　以养根为主。定植后10余天，及时中耕松土，不干不浇水，降雨后或灌水后浅锄。立秋前一般不追肥水，不收割。8月中旬以后，亩追施腐熟饼肥100～200千克，均匀撒在韭行间，浅锄，使肥土混匀，踩实；也可在行间开沟撒施肥料，然后盖土，施肥后浇一次大水，以后每隔5～7天浇一次水。9月中下旬结合中耕追施腐熟粪肥500～800千克。10月上旬减少浇水次数，保持土表见干见湿，下旬开始停水停肥，入冬前应在土壤夜间封冻中午融化时结合浇防冻水，亩施1000～2000千克的腐熟畜粪尿水或沼液。

定植缓苗后注意中耕除草，及时清除地上部枯叶，定植当年，一般培土2～3次，第一次在叶鞘长10厘米左右进行，培土高度不超过叶片与叶鞘相连叉口，第二次在叶鞘叉口高出地面7～10厘米时进行，以后叉口高出地面7～10厘米时再培土，直至定植沟整平。一般培土与重施追肥相结合。

② 第二年以后的管理　春季管理：春季返青前及时清除畦面上枯叶，然后在行间深松土，韭菜萌发后，每亩追一次稀淡畜粪尿水500～1000千克，3～4天后中耕松土一次。一般不浇水，土壤墒情好的可以在收第一刀后浇水，以后维持土表见干见湿。每次浇水后，要中耕松土。每次收割后3～4天每亩追施腐熟畜粪尿1500～2000千克，随水施入或沟施，切忌收割后立即追肥、浇水，以免通过新鲜伤口造成肥害或病害。韭菜收割后把草木灰均匀地撒在上面。春季是韭蛆发生的一个高峰期，需要特别注意防治。

3年以上的植株每年都要培土，在早春土壤解冻、新芽萌发前，选晴天的中午，把土均匀撒在畦面。此外，在早春韭菜萌发前，应进行剔根，将根际土壤挖掘深、宽各6厘米左右，将每丛中株间土壤剔出，深达根部为止，露出根茎，剔除枯死根蘖和细弱分蘖。春季低温阴雨，宜采用盖棚栽培，并注意通风排湿和清沟排水。

夏季管理：夏季一般不收割，高温多雨应及时排涝。大暑后陆续抽生花薹，在抽薹后花薹老化前，摘除所有花薹，此时应连续打薹，从叶鞘上部同叶的连接处把嫩薹掰断。适量追施稀粪水。高温季节应采用遮阳网覆盖。

秋冬管理：增加肥水供应，减少收割次数，及时防治韭蛆。处暑以后，维持地面不干，一般 7～10 天浇一次水，每亩随水追施稀畜粪尿 500～800 千克，寒露以后控制浇水，维持地表见干见湿，停止追肥。从处暑到秋分，收割 1～2 刀，及时施肥浇水，秋分后停止收割。封冻前应适时灌防冻水。冬季严寒，应采用薄膜覆盖，施用草木灰等，保护叶片不受冻。

5. 软化栽培

韭菜软化栽培是通过各种覆盖物，包括草棚、培土及盖瓦筒等使新生的叶子在不见阳光下生长而不形成叶绿素的栽培方式，因而新生出来的叶鞘及叶片均为白色或淡黄色。韭菜等软化后，叶肉组织中的纤维化程度亦大为减弱，叶身中的维管束的木质部较不发达，细胞壁的木质化程度减弱。韭菜经软化后的叶子组织柔嫩，增进了食用价值。生产上，软化后韭菜又可分为韭白、韭芽和韭黄。所谓韭白就是只软化韭菜的假茎，所以叶鞘部分变为白色，叶片部分为绿色。韭芽是指在冬季生产中，用泥土等覆盖，在早春收割长仅 20 厘米左右的小韭菜。而韭黄（彩图 74）则是人为制造黑暗环境条件，让植株在弱光下生长而得到的韭菜。

培土软化是长江流域最普遍的一种方法。各地具体做法大同小异，均在秋、冬季或春季每隔 20 余天进行一次培土，共 3～4 次。夏季温度高，培土以后，容易引起腐烂。

瓦筒软化是一种特别的圆筒形瓦筒，罩在韭菜上，利用瓦筒遮光。瓦筒高 20～25 厘米，上端有一瓦盖或小孔（孔上盖瓦片），这样既不见光又通风，夏季经过 7～8 天后，可以收割；冬季经过 10～12 天也可以收割。一年可以收割 4～5 次。

草片覆盖软化通过培土软化获得韭白后割去青韭，然后搭架 40～50 厘米，用草片进行覆盖。最适宜的时间是在生长最旺盛的春季（3～4 月）及秋季（10～11 月）。夏季盖棚容易造成温度高、湿度大，若通风不良，容易引起烂叶。

黑色塑料拱棚覆盖特别适合于低温期的软化，而在气温高时则易导致棚内温度过高，但可通过加盖遮阳网来降低棚内温度。

6. 及时采收，分级上市

① 青韭（彩图 75）采收标准　一般每年收割 4～6 次。当年不收

割。收割以春韭为主,收割时间,要按当地市场行情和韭菜生长情况而定,一般植株长出第 7 片心叶,株高 30 厘米以上,叶片肥厚宽大可采收。市场价格好时可提早到 5 叶时收割,春季每隔 20～30 天采收一次,共采收 1～3 次,炎夏一般只收韭菜花。秋季每隔 30～40 天采收一次,共采收 1～2 次。收割时留茬高度以鳞茎上 3～4 厘米、在叶鞘处下刀为宜,每刀留茬应较上刀高出 1 厘米左右。收割后及时用耙子把残叶杂物清除,搂平畦面,可以往根茬上撒些草木灰,不但能防治根蛆,避免苍蝇产卵,还能起到追肥作用。

有机青韭商品采收要求及分级标准见表 50。

表 50　有机青韭商品采收要求及分级标准 (供参考)

作物种类	商品性状基本要求	大小规格	限　度
青韭	同一品种,整齐度≥90%,枯梢<2 毫米,符合整修要求,成熟适度,色泽正,新鲜,叶面清洁,无异味,无冷害,无冻害,无病虫害,无机械伤,无腐烂,无抽薹	长度(厘米) 长:株长>30 中:株长 20～30 短:株长<20	每批样品中不符合品质要求的样品按质量计,总不合格率不应超过 5%,其中枯梢率不得超过 0.5%

②韭黄采收标准　韭黄收割适期的标准是以叶尖变圆,韭黄长度为 25～30 厘米,色泽金黄鲜嫩且未倒伏时为适宜采收标准。割口以齐鳞茎上端为宜。

③韭薹采收标准　韭薹采收的标准是韭薹长 25～50 厘米,以花苞紧实未鼓时于清晨露水干后或傍晚采收为宜。收获的韭薹应鲜嫩、青绿、粗壮、匀条、无病斑,无浸水及腐烂现象。

④韭菜花采收标准　韭菜花采收标准是韭菜花序中 50% 的花已开过,发育成嫩果,以 50% 左右的花正在开花时采摘为宜。采收应在每天的露水干后进行,用充分消毒的剪刀将韭菜花从花底部留 2～3 厘米剪下,放入清洁的袋子或筐中待分级,采收韭菜花时应大小花一并采收,但要分级采收,切勿把弱、小花留在田间,白耗植株养分,对生长不利。当天采收,当天交售,采后的韭菜花应及时鲜销或送加工厂统一贮存。有机韭菜花分级标准参见表 51。

应配置专门的整理、分级、包装等采后商品化处理场地及必要的设施,长途运输要有预冷处理设施。有条件的地区建立冷链系统,实行商品化处理、运输、销售全程冷藏保鲜。有机韭菜产品的采后处

表 51　有机韭菜花分级标准（供参考）

作物种类	一级	二级	三级
韭菜花	半籽半花，无老花、死花、烂花，不腐烂，不变质	籽多花较少，无死花、烂花，不腐烂，不变质	全籽无花，不腐烂，不变质

理、包装标识、运输销售等应符合 GB/T 19630—2011 有机产品标准要求。

三、有机韭菜病虫害防治

1. 农业防治

及时摘去并清除病叶、病株，携出田外集中处理，防止病菌蔓延。加强管理，注意透光通风，增强韭菜抗病性。

科学施肥，选择有机质含量高、土壤肥沃、通透性好的地块。按照有机韭菜的生产要求，严禁直接施入人粪尿，要施用充分腐熟的有机肥，注重施用秸秆肥、腐殖酸有机肥。减少肥料臭味，增加土壤的透气性，可有效降低种蝇产卵和蛆虫活动。

硅营养法防韭蛆。硅元素可使作物表皮细胞硅质化，细胞壁加厚，角质层变硬，促进作物茎秆内的通气性增强，茎秆挺直，减少遮阴，增强光合作用，不便于蛆虫为害。同时使卵和蛆虫表皮钙质化，使卵难以破壳孵化，蛆虫活动力弱化，不便于蛆虫的生长发育。主要选择稻壳、麦壳、豆壳（硅氧化物含量达 $14.2\%\sim61.4\%$），其中稻壳中的碳素物中含硅高达 91% 左右，亩施稻壳 $300\sim500$ 千克，麦壳或豆壳 $600\sim1000$ 千克，施入这类壳物质可有效避免蛆虫为害。也可每亩施入赛众 28 硅肥 $25\sim50$ 千克（含钾 20%、硅 42%）。

扒去表层土，露出韭葫芦，晾晒 $5\sim7$ 天，可杀死部分根蛆。合理浇水，雨季及时排涝，减轻疫病。播种前、定植用 70% 的沼液浇灌，水面在地面 $3\sim4$ 厘米上，可较好防治韭蛆和其他地下害虫。生长期用 $50\%\sim60\%$ 的沼液浇灌，水面在地面 $3\sim4$ 厘米上，可较好控制韭蛆为害。

2. 生物防治

糖醋液诱杀。按酒∶水∶糖∶醋为 $1∶2∶3∶4$ 比例配制糖醋液，按 20 米^2 悬挂一块黏虫板，诱杀韭蛆成虫。

在隔离带和田间种植蓖麻等驱虫植物。防治韭蛆地下害虫，可用 0.3%苦参碱水剂 400 倍液灌根或先开沟然后浇药覆土，或于韭蛆发生初盛期施药，每亩用 1.1%苦参碱粉剂 2～2.5 千克，加水 300～400 千克灌根。灌根方法为：扒开韭菜根茎附近的表土，去掉常用喷雾器的喷头，打气，对准韭菜根部喷药，喷后立即覆土；在迟眼蕈蚊成虫或葱地种蝇成虫发生初期，而田间未见被害株时，每亩用 1.1%复方苦参碱粉剂 4 千克，适量对水稀释后，在韭菜地畦口，随浇地水均匀滴入，防治韭蛆。秋季临近盖膜期，选择温暖无风天气，扒开韭墩，晾晒根 2～3 天后，每亩用 25%灭幼脲悬浮剂 250 毫升，对水 50～60 千克，顺垄灌于韭菜根部，然后再浇一次透水，盖膜后一般不再浇水。

生物菌防蛆。日本微生物学专家比嘉照夫发明的 EM 液技术已广泛应用于蔬菜的有机生产。生物菌中的有益菌可将根部臭味转变成酸香味，种蝇不会在此产卵、生蛆，可将卵分解，使卵壳不能硬化而长出若虫，还可使根茎部土壤和植物所需营养调节平衡，增强植株抗虫抗病性。在韭蛆易发阶段，每亩用华通 EM 生物菌液 1 千克，拌红糖 1 千克，对水 10 千克，在 20～35℃环境中存放 3～4 天，冲施后可防治根蛆。

利用害虫天敌。昆虫病原线虫是多种害虫的天敌，它在田间使用后，主动搜寻寄主害虫，从害虫肛门、气孔、节间膜进入，随后释放出共生菌，使寄主害虫在 24～28 小时内患败血症而死亡。昆虫病原线虫贮藏在海绵内，使用时取出海绵，在水中反复挤压，并对挤压出含有线虫的母液进行释释。用时摇匀，在作物根部开沟（穴），去掉喷雾器喷嘴，按 2 亿条/亩的量，将线虫液灌注到作物根部，然后覆土、浇水。

此外，还可用木醋液、烟碱水剂等生物农药灌根防治韭蛆，也有较好的效果。

3. 物理防治

防虫网纱隔离。利用温室、塑料拱棚现有的骨架，覆盖防虫网可有效防止虫害。覆盖要紧密，四周密封，不能留有缝隙，防止害虫进入。

田间使用黄色黏虫板。需选波长 320～680 纳米的宽谱诱虫光源，诱杀半径达 100 米，对双翅目的蝇类可有效诱杀。在成虫期挂，白天关灯，晚上开灯，诱杀种蝇，可起到控制蛆虫为害的作用，适合规模化种植。灯光诱虫是成本最低、用工最少、效果最佳、副作用最小的物理防治方法。

用高锰酸钾 1000 倍液喷雾可防治多种韭菜病害。撤棚膜后，及时扣上 60 目以上防虫网防虫。

第二十七章

有机洋葱栽培技术

一、有机洋葱栽培茬口安排

洋葱在长江流域均为秋播，以幼苗越冬，到第二年 5～6 月收获葱头。有机洋葱栽培茬口安排见表 52。

表 52　有机洋葱栽培茬口安排（长江流域）

种类	栽培方式	建议品种	播期	定植期	株行距/厘米×厘米			采收期	亩产量/千克	亩用种量/克
洋葱	秋露地	红皮、黄皮洋葱	9 月 10～25 日	11/下～12/上	早熟 15×15 中早熟 15×17 中熟(16～18)× (17～18) 晚熟(17～18)×18			5/中下～6/上	2000	200
	秋地膜覆盖	红皮、黄皮洋葱	9/下～10/上中	11/中下						

二、有机洋葱秋露地栽培

1. 播种育苗

洋葱的播种时期，因气候、品种不同而有差异。一般秋播并以幼苗越冬。播种过早，苗期长，幼苗生长过大，越冬后易出现未熟抽薹现象。播种过迟，苗期短，幼苗过小，影响越冬后的缓苗及最终产量。适宜的播期是：长江流域 9 月 10～25 日。自北京以南，秋播的时期，越往南越迟。

播前需要选择土质肥沃、疏松、保水性强、2～3 年未种过葱蒜类蔬菜的地块。每亩需苗床面积 40 米²，播种前 15 天左右，苗床施用腐熟有机肥 5～7 千克，并配以育苗专用肥 1～2 千克。施肥后耕翻耙平，做成 1.2～1.5 米宽的阳畦，四周挖好排水沟。

葱蒜类种子寿命短，必须采用前一年或当年收的新鲜种子。一般采用干籽直播。畦面搂平后，踩实、灌足底墒水，水渗后，将种子均匀撒在畦面上，在 100 厘米² 苗床有种子 60 粒左右。播种后，小心盖土，并在上面盖一层稻草或麦秆，或支架覆膜，覆盖遮阳网。并随时浇水以保持土壤湿润。8～10 天，幼苗可以出土，当大部分的幼苗出土后，可以揭除覆盖物或遮阳网。当幼苗出齐后，间拔一部分密苗及劣苗。应通过控制施肥、灌水的农艺措施，控制幼苗大小，避免幼苗过大绿体春化导致未熟抽薹。原则上冬前应尽量少施肥水。在苗高5 厘米左右时进行间苗，整个生育期及时除草。

2. 整地施肥

洋葱忌重茬，不宜与其他葱蒜类蔬菜连作，最好选择施肥较多的茄果类、瓜类、豆类蔬菜前茬。前茬收获后，及时耕翻土地，施入基肥，并整地作畦。每亩施腐熟土杂肥 3000～4000 千克（或精制有机肥 500～1000 千克，或腐熟大豆饼肥 150 千克，或腐熟花生饼肥 150千克），另加磷矿粉 40 千克及钾矿粉 20 千克。切忌施用未腐熟的肥料，以免发生地蛆。施肥后耙平整细，使土肥充分混合。北方作平畦，南方作高畦，畦宽 1.2～1.5 米。浇足底水。

3. 合理密植

秋栽一般在秋播洋葱苗龄 45～60 天时进行，即掌握在气温不致过低，但又不高于 10℃ 时移栽。此时根系比叶生长快，有利于幼苗在冬前缓苗，根系恢复生长。在长江流域，洋葱一般在 11 月下旬至12 月上旬定植。如果栽植期迟于冬至（12 月 22 日左右）易被冻死。在冬前定植缺苗率高的地区，采用冬前囤苗，春季定植的办法。即头一年在严寒来临前囤苗到翌春土壤解冻后及时定植，这样可争取较长的生育期，在鳞茎膨大前长出较多的功能叶片，有利于获得高产。

在定植前要进行选苗、分级，淘汰病苗、矮化苗、徒长苗、过大苗，选取假茎粗在 0.6～0.8 厘米、3 叶 1 心、株高为 18～20 厘米的适中壮苗。为确保移栽质量，起苗时要少伤根，多带土。起苗后立即定植，尽量做到不使根系干燥。移栽时要做到栽直、栽稳、栽浅。栽后及时镇压、保墒。这样定植后，缓苗快，发苗早，有利于洋葱的高产。

洋葱植株直立，合理密植能显著增产。一般的栽植密度是：考虑到品种的熟性早晚，生育期长短，地力强弱和肥水条件等，定植株行距早熟品种以 15 厘米×15 厘米为宜，中早熟品种 15 厘米×17 厘米，中熟品种（16～18）厘米×（17～18）厘米，晚熟品种（17～18）厘米×18 厘米。栽植深度为 1.5～2.0 厘米。定植 2～3 厘米深，栽得过深，鳞茎全部生长在土中，容易产生畸形；栽得过浅，鳞茎膨大后，露出土面过多，可能引起开裂，影响品质。

4. 田间管理

① 冬前至返青期管理　定植后浇一次缓苗水，并及时中耕 2～3 次，以促进根系恢复生长，快缓苗，早发苗。在土壤封冻之前，浇一次封冻水，最好在晴天中午进行。为保墒保湿，可在浇封冻水 3～5 天后，在畦面上铺盖一层细碎的土杂肥或一层薄草。翌年开春解冻后及时揭草，以利于中耕追肥。葱苗返青后，土温稳定在 10℃左右时，若土壤墒情差，可浇一次返青水，促进返青。为提高地温，促进生长，要加强中耕松土。中耕要细、匀。

② 旺盛生长期管理　翌年 2 月底至 3 月初，葱苗返青时，及时追施提苗肥，即结合浇水每亩施腐熟畜粪尿水 1500 千克左右。3 月底至 4 月初，进入发叶盛期以前，要控制浇水和追肥，防止茎叶生长过旺，促进根群发育，为鳞茎的膨大打下基础。进入发叶盛期，应适当增加肥水量。追肥结合浇水进行。在鳞茎膨大前 15 天左右，深中耕一次，不浇水施肥，进行蹲苗，以减少洋葱对营养成分的吸收，降低洋葱叶身的含氮物质，从而促进鳞茎的形成。

③ 鳞茎膨大期管理　4 月中旬至 6 月上旬，进入鳞茎膨大期（彩图 76）后，植株对水分和养分的需求量大增。此期应增加浇水次数，保持土壤湿润。浇水最好在早晨进行。鳞茎开始膨大是追肥的关键时期，在鳞茎膨大前 10 天浇一次跑马水，结合浇水每亩追施腐熟的沼渣、沼液或经过发酵的畜粪肥 1000～1200 千克。然后适当控苗，促进鳞茎膨大，保持土壤湿润，当鳞茎直径达 3 厘米时，视长势再追施畜粪肥一次。以后保持土壤湿润，遇干旱勤浇水，遇雨水及时排除积水。早期发现抽薹植株，应及时摘除花薹，促使侧芽萌动长成新株形成鳞茎。鳞茎临近成熟期，叶部与根系的生理机能减退，应逐步减少灌水。

④ 后期管理　在收获前 7～15 天，要停止浇水，使鳞茎组织充实，加速成熟，防止鳞茎开裂，以提高产品品质和耐贮性。

5. 及时采收，分级上市

长江流域 5 月中下旬开始采收葱头（彩图 77）。采收过早，鳞茎尚未完全成熟，含水量较高，产量低，不耐贮藏；采收过迟，叶部全部枯死，采收后正是梅雨季节，容易腐烂。一般当洋葱叶子变黄，假茎变软并开始倒伏，鳞茎不再膨大，进入休眠阶段，鳞茎外层鳞片变干时应及时收获。收获选晴天进行。葱头挖出后，在田间晾晒 3～4 天，促其后熟。晾晒时要避免直接暴晒，以免鳞茎受灼伤。当叶子晒至 7～8 成干时，及时选好葱头，去掉伤、劣葱头，按葱头大小分别扎成把，然后置阴凉干燥处挂藏或垛藏。注意防潮防鼠害。

应配置专门的整理、分级、包装等采后商品化处理场地及必要的设施，长途运输要有预冷处理设施。有条件的地区建立冷链系统，实行商品化处理、运输、销售全程冷藏保鲜。有机洋葱产品的采后处理、包装标识、运输销售等应符合 GB/T 19630—2011 有机产品标准要求。有机洋葱商品采收要求及分级标准见表 53。

表 53　有机洋葱商品采收要求及分级标准

作物种类	商品性状基本要求	大小规格	特级标准	一级标准	二级标准
洋葱	同一品种或相似品种；基本完好；最外面两层鳞片完全干燥，表皮基本保清洁；无鳞芽萌发；无腐败、变质、异味；无严重损伤；无冻害	横径（厘米）大：>8 中：6～8 小：<4～6	鳞茎外形和颜色完好，大小均匀，饱满硬实；外层鳞片光滑无裂皮，无损伤；根和假茎切除干净、整齐	鳞茎外形和颜色有轻微的缺陷，大小较均匀，较为饱满硬实；外层鳞片干裂面积最多不超过鳞茎表面的 1/5，基本无损伤；有少许根须，假茎切除基本整齐	鳞茎外形和颜色有缺陷，大小较均匀，不够饱满硬实；外层鳞片干裂面积最多不超过鳞茎表面的 1/3，允许小的愈合的裂缝、轻微的已愈合的外伤；有少许根须，假茎切除不够整齐
		同一包装中的允许误差大：≤2 中：≤1.5 小：≤1.0			

注：摘自 NY/T 1584—2008《洋葱等级规格》。

三、有机洋葱病虫害综合防治

可参见有机大葱病虫害综合防治。

第二十八章

有机马铃薯栽培技术

一、有机马铃薯栽培茬口安排

马铃薯一年四季都有栽培，但各地都必须按照马铃薯结薯时要求的温度安排栽培季节，即把结薯期安排在土温13～20℃的月份，同时要求薯块在出苗后有60～70天的见光期，其中结薯天数至少30天左右，长江流域一年可种植两季，春季1～2月播种，5月份收获，秋季8～9月播种，11～12月收获。有机马铃薯栽培茬口安排见表54。

表54　有机马铃薯栽培茬口安排（长江流域）

种类	栽培方式	建议品种	播期	定植期	株行距/厘米×厘米	采收期	亩产量/千克	亩用种量/克
马铃薯	秋露地	东农303、304，费乌瑞它，大西洋，克新4号、1号	8/下～9/上	直播	25×50	11～12月	1500	125～150
	春露地	早大白，东农303、304，费乌瑞它，大西洋，郑薯5号	1～2月	点播（地膜）	20×（20～80）	4/下～6月	1500～2500	125～150

二、有机马铃薯春露地栽培

1. 品种选择

马铃薯春露地栽培（彩图78）宜选择特早熟和早熟无病伤脱毒种薯或在东北地区调种，也可在海拔较高的冷凉山区留种，主要品种有东农303、304，中薯2号、3号，早大白（菜用型），费乌瑞它，郑薯 5 号（出口型），大西洋（加工型）等。上述品种一般亩产 1500 千克左右，高产可达 2000～3000 千克，齐苗后 60～80 天即可收获。注意不能用自留种，更不能用自行留种多年，品种老化，种性退化严重的本地种。

2. 整地与施肥

马铃薯忌连作，应实行 2～3 年轮作，一般选保水、保肥力强，排水良好的沙壤土、壤土或轻黏壤土为宜。前茬不宜种植十字花科作物，最好与豆类、牧草类 2 年轮作一次。作物收获后，要及时清洁田园，并将植株病残体集中销毁。于大田播种栽植前深翻土地，深度以 30 厘米为宜，并给土壤有充分的时间暴晒、风化，以减少病菌、虫卵，消灭杂草。

整地同时要施入基肥。每亩宜施入腐熟农家肥 3000～4000 千克（或腐熟大豆饼肥 150 千克，或腐熟花生饼肥 150 千克），另加磷矿粉 100 千克，钾矿粉 20 千克（或草木灰 250 千克）。基肥宜浅施或条施。长江流域有机马铃薯地宜每隔 3 年施一次生石灰，每次每亩施用 75～100 千克。土壤耙碎耙平，长江流域雨水多，应采用高畦或高垄栽培，整地要求做到高畦窄厢，冬季开好三沟，做好双行垄畦，畦宽 95 厘米，沟宽 25 厘米，深 25 厘米。

3. 种薯催芽

种薯要精选，严格去杂，要无病斑，无虫眼，无伤口。种薯如果是秋薯春播，应进行催芽，催芽时间一般在当地马铃薯适宜播种期前 20～30 天进行。种薯先用 0.01%～0.1% 高锰酸钾浸种，然后进行催芽。催芽的方法有切块催芽和整薯催芽。切块催芽因为打破了种薯的顶端优势，切块后各切块上的芽眼得到了相似的养分条件，萌芽速度快，大小也一致。切块也是淘汰病薯的过程。可用开水把沾有青枯病、环腐病菌的刀刃和切板擦净消毒。切薯的方法：用刀从块茎头尾纵切为两半，再从尾芽下刀切成每块带 1 个芽眼、质量 25～30 克的切块。切块时间以催芽前 1～2 天为宜，若过早切块失水多或引起烂种。切后应尽早播种。切块催芽可以采用温床催芽、竹筐催芽等。

春季催芽的关键是温度和湿度。温床催芽数量大，底面要平整、湿润。一层切块一层土（潮润土），一般可摆多层。摆层太多，因下边温度低，出芽较慢，易使薯芽不整齐。最上层的封土应稍厚，并定期喷水。温床内温度掌握在 18～20℃，最高不超过 25℃。整薯催芽可在大棚、温室或室内进行，温度不超过 20℃，否则芽尖容易坏死、变黄。整薯催芽以薯块堆放 2～3 层为宜，并且每周翻一次，使受光均匀，待下部薯芽萌动时，或切薯或整薯播均可。

见芽后为避免幼芽黄化徒长和栽种时碰断，应将出芽后的种薯放在散射光或阳光下晒，保持 15℃ 左右的低温，让芽绿化粗壮，约需 20 天时间。在这个过程中虽幼芽停止伸长，但却不断地发生叶原基和形成叶片，以及形成匍匐茎和根的原基，使发育提早。同时，晒种能限制顶芽生长而促使侧芽发育，使薯块上各部位的芽都能大体发育一致。暖晒种薯一般增产 20%～30%，但暖晒种薯时间不应过长，否则造成芽衰老，引起早衰，易受早疫病侵染。为了节省种薯或前作尚未收获时应采用育苗移植。

4. 适时栽植

① 播种期　马铃薯块茎在地面下 10 厘米深的温度达 7～8℃ 幼芽即可生长，10～12℃ 幼芽苗壮成长，并很快出土，种薯在终霜前 20～30 天播种，因此，南方播种期可在 1 月中旬～2 月上旬，如已大量发芽的种薯，宁稍晚而勿过早，确保在终霜后齐苗即可。如过早播种，植株易遭 3 月下旬和 4 月上旬的晚霜和倒春寒为害，导致茎叶冻死，造成减产；若播种过迟，植株营养生长期缩短，不利于块茎膨大，也达不到优质高产的目的。冬季从播种到齐苗约需 30 天。

② 播种　栽植前低温锻炼幼苗几天。播种密度因品种、栽培条件等而定。早熟品种一般株型较矮，密度可稍大，以每亩 5000～6000 穴为宜。若采用大小垄双行栽培，大垄行距 80 厘米，小垄行距 20 厘米，株距 20 厘米左右，每穴 1～2 个带芽切块，或 50 克左右的整薯。播种深度对产量和薯块质量影响很大。应以土壤墒情和土壤种类而定，一般情况下深度为 7～10 厘米。若过浅，地下匍匐茎就会钻出地面，变成一根地上茎的枝条，不结薯。块茎露出地面，顶芽见光会抽生新的枝条，或见光变绿，失去商品价值。覆土后加盖地膜效果显著。有条件的应进行单膜或采用地膜加小拱膜双膜覆盖栽培，大中薯率提高 10%～30%，并可提早上市 10～20 天。

5. 田间管理

① 浇水　春马铃薯发芽期内温度较低，且蒸发量少，在墒情比较好时不必浇水。幼苗期应结合施肥早浇水，发棵期内不旱不浇，干旱年份浇 2～3 次。结薯期是块茎主要生长期，需水量较大，土壤应

保持湿润，一般情况下应连续浇水。早熟品种在初花、盛花和终花期，晚熟品种在盛花、终花期和花后，连续浇水 3 次，对产量的形成有决定意义。农民总结的规律是"头水晚，二水赶，三水四水压高产"。对块茎易感染腐烂病害的品种如克新 4 号等，结薯后应少浇水或及早停止浇水。同时，防止田间积水，否则块茎容易腐烂。

②　施肥　在施足基肥的基础上，马铃薯应进行追肥，幼苗期要早追肥，以追施沼液等速效肥为主，施肥后浇水。发棵期追肥要慎重，一般情况下不追肥。若需要追肥可在发棵早期，或等到结薯初期，切忌发棵中期追肥，否则会引起植株伸长。最后一次追肥要在现蕾期进行。

③　中耕培土　马铃薯出苗后应进行中耕松土，提高地温，促进根系的生长。幼苗期浇水后应立即中耕培土，待植株拔高封垄时进行大培土，培土时注意保护茎及功能叶。特别是费乌瑞它品种，注意用稻草覆盖，以防青头。

6. 及时采收，分级上市

一般情况下，植株达到生理成熟期即可及时收获（彩图 79）。生理成熟期的标志是大部分茎叶由绿变黄，块茎停止膨大，块茎容易从植株上脱落。实际上马铃薯的收获期并不严格，不像禾谷类作物那样必须等到生理成熟才能收获，而是可以根据栽培目的、品种成熟度、市场需求、经济效益情况而决定收获期。达到生理成熟期的马铃薯抗不良环境能力很差，遇到大雨浸泡会发生大量烂薯，不好贮藏。所以，马铃薯应在雨季到来之前尽早收获。长江流域春马铃薯宜在 5 月底收获。收获时要避免损伤，及时剔除有机械损伤的薯、腐烂薯，装筐运回，不能放在露地，要防止雨淋和阳光暴晒。刚刚收获的薯块带有大量的田间热和自身呼吸而产生的热量，要求贮藏场所阴凉、通风，薯块不宜堆积过高，堆高以 30～50 厘米为宜。贮藏期间应翻动几次，拣去病、烂、残薯，然后再装入透气的筐和袋子里架起来贮藏，有条件的可采用冷库贮存。

应配置专门的整理、分级、包装等采后商品化处理场地及必要的设施，长途运输要有预冷处理设施。有条件的地区建立冷链系统，实行商品化处理、运输、销售全程冷藏保鲜。有机马铃薯产品的采后处理、包装标识、运输销售等应符合 GB/T 19630—2011 有机产品标准要求。有机马铃薯商品采收要求及分级标准见表 55。

表55　有机马铃薯商品采收要求及分级标准

作物种类	商品性状基本要求	大小规格	特级标准	一级标准	二级标准
马铃薯	同一品种或相似品种；完好；无腐烂；无冻伤、黑心、发芽、绿薯；无严重畸形和严重损伤；无异常外来水分；无异味	单薯质量（克）大：＞300中：100～300小：＜100	大小均匀；外观新鲜；硬实；清洁，无泥土，无杂物；成熟度好；薯形好；基本无表皮破损，无机械损伤；无内部缺陷及外部缺陷造成的损伤。单薯质量不低于150克	大小较均匀；外观新鲜；硬实；清洁，无泥土，无杂物；成熟度较好；薯形较好；轻度表皮破损及机械损伤；无内部缺陷及外部缺陷造成的轻度损伤。单薯质量不低于100克	大小较均匀；外观较新鲜；较清洁，允许有少量泥土和杂物；中度表皮破损；无严重畸形；无内部缺陷及外部缺陷造成的严重损伤。单薯质量不低于50克

注：摘自 NY/T 1066—2006《马铃薯等级规格》。

三、有机马铃薯秋露地栽培

1. 播种季节

秋马铃薯露地栽培，播种不宜过早过迟。播种过早，温度高，幼苗徒长而细弱，且由于多雨，极容易烂薯缺苗，病毒病和疮痂病严重；播种过迟，生育期受霜期限制而缩短，霜来了还未形成产量，因而总产量低。在长江流域，宜于8月上中旬浸种催芽，种薯摊放在阴凉的地方，8月下旬种植于大田。秋季马铃薯采用育苗移栽效果最好，9月上旬栽种到大田。

2. 品种选择

选用耐高温干旱、结薯早，块茎膨大快，产量高，商品性好，对光不敏感，休眠期短的品种。早熟品种有费乌瑞它，东农303，中迟熟品种有大西洋、克新4号和克新1号（紫花白）。

3. 种薯处理

8月上旬选择单个重30～50克，无病害，无虫伤和无机械损伤的小整薯，置于室内阴凉处摊开，厚度不超过15厘米，上覆湿沙或湿草苫，10～15天可出全芽。

4. 播种方法

种薯切块播种易腐烂，严重的会造成绝收，故应选用经处理后，薯芽0.2厘米以上的单个小整薯播种，薯芽朝上。提倡浅开沟浅播种，培高垄，覆土 8 厘米以上。一般亩栽 5000~5500 穴，株行距 25 厘米×50 厘米。播后遮阴覆盖。可在 5 月中旬播种玉米，在玉米行间留马铃薯播种行，利用间作玉米遮阴避开高温，效益更佳。

5. 施足基肥

一般亩施腐熟禽畜肥 1500 千克左右、磷矿粉 30~50 千克、钾矿粉 20 千克（或草木灰 150~200 千克），开沟条施后覆土，注意种肥隔离。

6. 追肥抗旱

视土壤湿度与苗情浇水或浸灌，保持湿润，浇水时可配合追肥。遇雨或浇水后及时中耕除草，看苗追肥和培土，一般情况每亩追施腐熟粪肥或沼液 2000~2500 千克，旺长苗可适当少追或不追。

四、有机马铃薯病虫害综合防治

马铃薯主要病害有病毒病、晚疫病、环腐病、疮痂病及青枯病，虫害有蚜虫、茶黄螨、地下害虫、二十八星瓢虫、甜菜夜蛾等。

1. 农业防治

要根据当地种植中主要病虫害发生情况，尽可能选用相对应的抗性品种。设法选用无病毒或少病毒的种薯，推广抗病毒品种，或通过茎尖脱毒培养的方法培育幼苗。尽量选用整薯播种。如果用切块作种薯，注意严格消毒刀具。注意茬口的选择，实现 3~5 年轮作，勿与根菜类蔬菜连作。不要在碱性土壤上种植秋薯，施用有机肥必须腐熟，不可用马铃薯病株残体沤制土杂肥。实行起垄种植、高培土。调整适宜播种期，避开蚜虫发病高峰。加强生长期间的肥水管理，不施带病肥料，用净水灌溉，雨季注意排水。田间发现中心病株和发病中心后，应立即割去病秧，用袋子把病秧带出大田后深埋，病穴处撒石灰消毒。及时清除田间杂草，浅松土，锄草尽量不伤到根系，减少传病机会。

2. 物理防治

利用灯光、糖醋液诱杀害虫。利用地老虎、蝼蛄等成虫的趋光性，在田间安装黑光灯诱杀成虫。在蝼蛄为害的地块边上堆积新鲜的马粪，集中诱杀。有条件的设置防虫网，或采用银灰膜避蚜，预防病毒病。利用昆虫性信息素或黄板诱杀成虫。

3. 人工防治

由于二十八星瓢虫成虫和幼虫均有假死习性，可以拍打植株使之坠落在盆中，人工捕杀。卵也是集中成块状在叶背上，且颜色鲜艳，易于发现，可及时摘除叶片。

4. 生物防治

保护天敌，创造有利于天敌的环境条件，选用对天敌无伤害的生物制剂。

5. 药剂防治

青枯病、黑胫病，可选用青枯病拮抗菌灌根，有一定效果，但不能根治。

晚疫病和早疫病，可使用 77％氢氧化铜可湿性粉剂 500 倍液，或波尔多液类药剂 300～400 倍液，或 30％碱式硫酸铜悬浮剂视病情喷雾防治 1～3 次。

病毒病，可用 10％混合脂肪酸乳剂喷雾防治。

蚜虫、茶黄螨、蓟马、二十八星瓢虫等害虫，可用 0.3％印楝素乳油 800 倍液，或苏云金杆菌可湿性粉剂 500～1000 倍液、0.3％苦参碱水剂或鱼藤酮等喷雾防治，重点喷植株上部，尤其是嫩叶背面和嫩茎。

第二十九章

有机生姜栽培技术

一、有机生姜栽培茬口安排

生姜的栽植时期，长江流域一般在4月内，春暖较迟的山区在5月上旬才能栽植。生产上种姜经催芽后可提早出芽，而且出芽整齐，易获高产。一般在6月下旬，苗有4~5片叶时，小心扒开土壤将种姜采下，也可待新姜成熟后一并采收。嫩姜一般在8月就可以开始采收，但采收越早产量越低，一般在9~10月采收，霜降（10月23日或24日）前收完。老姜在11月中下旬，待地上部开始枯黄，根茎充分膨大老熟时采收。有机生姜栽培茬口安排见表56。

表56　有机生姜栽培茬口安排（长江流域）

种类	栽培方式	建议品种	播期	定植期	株行距/厘米×厘米	采收期	亩产量/千克	亩用种量/千克
生姜	春露地	地方品种	4/下~5/上	直播	(17~19)×(48~50)	9月~11/中下	2000~3000	300~500
	春露地＋地膜	地方品种	3/下~4/上	直播	(17~19)×(48~50)	9月~11/中下	2500~3500	300~500
	春大棚	地方品种	1月中下旬	直播	(18~20)×60	11月上旬	3000~4000	350~500

二、有机生姜露地栽培

1. 品种选择

露地栽培的生姜（彩图80）各地都有地方特色品种可供选用，如山东莱芜大姜、安徽铜陵生姜、江西兴国生姜、湖南隆回生姜等。

2. 适时播种

全年气候温暖、冬季无霜的地区播种期不甚严格，1～4月均可播种。华北一带多在谷雨至立夏播种，长江流域露地栽培一般于3月中下旬催芽，4月下旬至5月上旬播种。播种过早，地温低，出苗慢，易死苗，播种越迟，生长期越短，产量显著降低。

3. 培育壮芽

为了防治腐烂病，应选留无病植株的根茎作种。从外地调进的种姜，宜在播种或催芽前用1:1:120倍的波尔多液浸种20分钟，或用20%草木灰溶液浸种20分钟，凡肉质变色、有水渍状、表皮容易脱落的种姜已感染病害，应予淘汰。

在大田种植前20天左右从贮藏窖中取出老姜，经反复晒2～3次，选取颜色鲜艳、有光泽、组织紧密、芽口紧密、无"发汗"现象的姜块作种。在最后一次晒姜后，趁热堆排到室内地上或缸中（大面积种植的可用加温苗床催芽），四周用麦糠、稻草等覆盖，温度保持在18～20℃进行催芽，当芽长1.0～1.5厘米时为最适播期。

也可采用阳畦催芽，即在避风向阳处建阳畦，深0.6米，宽1.2米，长依种姜多少而定，在底部及四周铺10厘米厚的干草，将晒好的姜摆放其中，姜的厚度以30～35厘米为宜，在姜块上盖15厘米厚干草，保持黑暗和疏松透气，最后拱上拱架，盖好塑料薄膜，夜间加盖草帘，保证畦温20～25℃。催芽时应注意姜种保湿，在保证透气的条件下，尽量增加覆盖物厚度，以减少水分蒸发。催芽标准为芽长1.0～1.5厘米，粗0.5～1.0厘米。

南方温暖地区，种姜出窖后，多已现芽，可不经催芽即可播种。而多数地区春季仍低温多雨，应进行催芽。

4. 整地施基肥

选择土层深厚、有机质丰富、保水保肥、能灌能排、松软透气、呈微酸性的肥沃壤土，深翻30厘米以上，亩施腐熟有机肥3000～4000千克（或腐熟大豆饼肥150千克，或腐熟花生饼肥150千克），另加磷矿粉40千克及钾矿粉20千克。南方种姜的施肥多采用盖粪，即先摆放姜种，然后盖上一层细土，每亩再撒入5000千克有机肥，最后盖土2厘米左右。

整平耙细。高畦栽培，畦宽1.5米包沟，高20厘米以上，畦面上开3行10厘米深的沟，可种3行。

5. 播种

由于姜的地上茎叶的生长量与根茎的生长量有密切的正相关关系，而且种姜可以回收，因此，宜用较大的种姜，使发芽早，地上茎叶生长良好，根茎肥大，产量高。一定范围内，种块越大，出苗越早，姜苗生长旺，产量高，若种块太小，出苗迟，幼苗弱，单株产量低，商品性差，一般姜种块以 50～75 克为宜，每块姜种上只留一个短壮芽，其余芽全部抹除，掰姜时发现芽基部或姜块断面变褐，应剔除。

播种前 1 小时应浇足底水，但不可把垄湿透，以利于操作，用平播法排入种姜，即将姜块水平放入沟内，使幼芽方向保持一致。东西沟向，芽一致向南；南北沟向，芽朝西，也可无论什么沟向，芽一律向上，若将来准备及早回收种姜，则芽面朝下。放好姜种后用手轻轻按入泥中，使姜芽与沟面相平，种姜播后立即覆土 4～5 厘米厚。不宜过厚过薄，过厚地温低，不利于发苗出苗；过薄则土壤表层易干，影响出苗。一般亩栽 7500～8000 株，株行距（17～19）厘米×（48～50)厘米，用种量 300～500 千克。

6. 田间管理

① 遮阴 生姜不耐强光和高温，苗期必须遮阴，以散射光为好。长江流域大多在 6 月上中旬，当苗高 12～15 厘米，有 1～2 个分枝时进行。方法是在畦面用竹竿搭成 1 米高的平架。架上覆盖 60％～70％遮阳率的遮阳网，然后用绳固定。到白露（9 月 7～9 日）前后气温渐低光照强度减弱时，撤除遮阳网，此时需要阳光，以利于根茎肥大。也可采用在行间插高杆或套种瓜类搭架遮阴，一般遮阴 60％较适宜，遮阴不够，作用减少，遮阴过大，植株徒长，产量大幅度下降。

② 追肥 生姜在施足基肥的同时，应多次追肥。一般在苗高10～12 厘米时开始追肥，以后每隔 20 天左右追肥一次，可追施沼渣或沼液等腐熟有机肥。

③ 浇水 生姜在出苗前，土壤可较干燥，以提高土温，促进种姜萌芽，出苗后至收获前，土壤不能干旱。特别是 7～9 月高温期间，若遇干旱应及时灌水，灌水深度不能超过根茎高度，可在畦沟保持3～7 厘米的水位，实行晚灌早排，切忌在中午灌水或淋水，以免引起烂姜。立秋后进入旺盛生长期需水较多，应 4～6 天浇水一次，保

持土壤相对湿度 75%～80%。下雨天及时排除积水。

④ 中耕培土 生姜的根系浅，主要分布在土壤表层，不宜多次中耕，一般只在出苗后结合除草，浅中耕 1～2 次，划破地皮即可，以后有草宜随时拔除，生姜生长期长，为避免根茎露出地表，应分次培土，一般培土 3 次，每次厚 3～7 厘米。这样长出的姜，皮薄、节间长、品质好。

7. 及时采收，分级上市

收姜分子姜、老姜和种姜 3 种。立秋（8 月 7 日或 8 日）后，植株旺盛生长，形成株丛时可开始收子姜，子姜鲜嫩，含水多，辣味轻，不耐贮藏，可作糖、醋、酱等加工原料和鲜食的佳品。

霜降（10 月 23 日或 24 日）前后，叶部开始转黄时，姜已成熟，可选择晴天掘收，切除茎叶，抖净泥土，随运随贮存（彩图 81）。

种姜因从播种发芽到长出新姜，营养物质并未完全消耗，质量只比播种时减少 10%～12%。组织变粗，辣味更浓，可回收，回收时期可在姜生长中期，多于夏至（6 月 21 日或 22 日），4～5 片叶子时进行，也可与老姜一起收获。为避免伤根和引起烂姜，也有不收种姜的。老姜的贮藏，利用沙藏，温度高于 10℃，湿度较高时，可贮藏 6 个月以上。

应配置专门的整理、分级、包装等采后商品化处理场地及必要的设施，长途运输要有预冷处理设施。有条件的地区建立冷链系统，实行商品化处理、运输、销售全程冷藏保鲜。有机生姜产品的采后处理、包装标识、运输销售等应符合 GB/T 19630—2011 有机产品标准要求。

三、有机生姜大棚栽培

生姜利用大棚进行栽培（彩图 82），可提早播种，延迟收获，延长生姜生长期，极大地提高生姜产量，高产田块达 6000 千克以上，经济效益显著。

1. 提早播种

大棚提早播种是获得生姜高产的关键。一般华北地区宜在 3 月中下旬播种，如果配合地膜覆盖可提前到 3 月上中旬播种。在长江流域，大棚栽培可在 11 月下旬至 12 月上旬进行催芽，翌年 1 月中下旬播种。在冬春季温度较高的地区，可在 12 月下旬至 1 月上旬催芽播种。

2. 加温催芽

必须提早采用加温方法催芽，且催芽时间比播期提早 25 天左右。常用的有酿热温床育苗法、电热温床催芽法和电热毯催芽法等。利用电热温床及电热毯催芽时，姜种排放高度在 50 厘米以内为佳，上面铺一层稻草，盖上塑料薄膜保温，开始保持姜温 25～30℃，待姜芽萌动时，保持温度 22～25℃，姜芽达 1 厘米左右时播种。

3. 整地施肥

生姜根系弱，既怕旱又怕涝，忌连作，大棚早熟栽培生姜应选择地势稍高，排灌方便，土层深厚、疏松、肥沃的沙壤土种植。有条件的最好冬前深翻土壤、晒白、风化。定植前 30 天搭棚扣膜，并深翻一次。

生姜产量高，需肥大，必须施足基肥。地膜覆盖栽培施肥不便，应加大基肥施用量。一般每亩施充分腐熟鸡粪 10 米^3，深翻后开沟起垄，在沟底施入饼肥 100 千克、磷矿粉 100 千克、钾矿粉 25 千克。

4. 宽垄稀播

钢架大棚空间大，可采用机械开沟。大棚生姜的种植沟有竖沟和横沟 2 种，竖沟与大棚的长边平行，沟距 40～50 厘米，沟深 30～33 厘米，沟底宽 10～16 厘米。横沟与大棚的长边垂直，幅宽 160 厘米，沟距 35～40 厘米，沟底宽 10～14 厘米，走道 40～50 厘米。定植时要求每块姜种 50～70 克，带 1～2 个短壮芽。用种量 350～500 千克。将姜种平放在定植穴内，姜芽稍向下倾斜，定植后覆土 4～5 厘米。

5. 温光调节

播种后尽量保持大棚的密闭状态，发现破损漏风应及时补救，以保证姜苗在适宜温度条件下正常生长。出苗前棚内温度达 25℃ 以上时，应及时揭开大棚两端棚膜通风降温，防止高温烧伤姜种，影响发芽。姜芽顶土后，及时撤除地膜。生姜茎叶生长的适宜温度为 20～28℃。开春后棚内最高温度可以达到 35℃ 以上，高温容易造成姜苗徒长甚至烧伤姜苗，因此棚温达到 35℃ 以上时应揭开部分棚膜通风降温。生姜生长前期通风量要少，生长中后期要逐渐加大通风量。棚内气温白天保持在 25～30℃，夜间保持在 18～20℃。棚外气温稳定在 25℃ 左右时，可将大棚膜全部拆除。也可在气温高时，撤膜换上透光率 60% 的遮阳网，也可继续利用棚膜作遮阴物，但必须注意顶部与基部均进行大通风。采用了地膜覆盖的，顶土时要进行破膜处理，引出幼苗，防止灼伤幼芽，等多数苗长出后，应撤除地膜。

6. 肥水管理

大棚栽培浇水次数比露地少，一般出苗前不得浇水；出苗后浇一次透水，之后始终保持地面湿润。撤除地膜及棚膜后，生长量大，需水量多，一般应每隔 4～6 天浇一次水，经常保持土壤相对湿度 75%～80%。收获前两三天浇最后一次水。

追肥适当较露地早。第一次提苗肥，在姜苗大部分开始出土、拆除地膜后，每亩用腐熟畜粪水 1000 千克浇施。第二次壮苗肥，姜苗达到 3 个以上分枝后，生姜吸肥量迅速增加，可结合除草和培土，每亩用沼肥或腐熟农家肥 800 千克对适量清水，加腐熟的细碎饼肥 50 千克施入。第三次壮姜肥，姜苗长至 5～6 个分枝，此时为根茎旺盛生长期，需肥量大，也是栽培管理的关键时期，每亩施腐熟畜粪水 3000 千克，以促使姜块迅速膨大。5 月份气温回升较快，生姜生长需水量较多，应经常保持土壤湿润，出现旱情及时补充水分，以满足生姜对水分的需求。

7. 除草培土

生姜幼苗生长速度往往比杂草缓慢，如不及时防控，杂草可能将整个大棚内的土地覆盖，严重影响姜苗的正常生长，因此大棚栽培生姜，前期除草是首要任务。大棚生姜栽培需中耕培土 3 次。第一次在幼苗出现 3 个分枝后进行浅培土，第二次在施壮根肥之后进行，培土深度以覆盖地上茎与地下茎连接处为宜，第三次在 5 月底培土，培土深度要求 3 次累计达到 33 厘米左右，以确保根茎不露出地面，为根茎生长创造有利条件。大棚生姜的行间距离较小，可采用 5 厘米宽的窄锄头培土，避免伤及生姜根茎。在培土的同时还要深挖厢沟，避免大雨造成田间积水。

8. 适时收获

大棚栽培既可提早上市，抢市场空档应市，也可适当延后上市，据实验，生姜在霜降后，每晚收一天，每亩可增产 30～60 千克，因此应提前在 10 月上旬扣膜，进行延迟生产。扣棚后，白天温度控制在 25～30℃，夜间 15～18℃，适当控制浇水，也不适宜再进行追肥，可延迟至 11 月上旬前后，根据下茬耐寒性蔬菜的栽植适时收获。

采收时多采用锄头采挖大棚生姜，为了不损伤根茎，应从姜株旁边下锄挖出全株，清理掉根茎上的泥土后，用刀具削除茎基部以上的茎秆。采收后冲洗嫩姜，应尽量采用高压水枪冲洗，以提高冲洗效率，减少生姜破损。

四、有机生姜病虫害综合防治

生姜的主要病害有姜腐烂病、姜斑点病、姜炭疽病。主要虫害有姜螟、小地老虎、异形眼蕈蚊、姜弄蝶等。

1. 农业防治

实行 2～3 年轮作，避免连作，生姜的前茬以葱蒜茬为好，小麦、玉米亦可，但不能是番茄、辣椒、茄子、马铃薯等茄科植物，尤其是发生过青枯病的地块不宜种姜。严格选种，姜收获前，先在姜田里选无病健壮的植株留种，收获后单独贮藏，第二年催芽前再严格选种，杜绝姜种带菌隐患。选择地势高燥、排水良好的壤土，精选无病害姜种，有机肥使用前要进行发酵腐熟，平衡施肥。最好用井水灌溉，不浇有害的污水，浇水应控制水量，切不可大水漫灌。及时清除病株残体，集中烧毁，然后将病株四周 0.5 米以内的健株一并去除，并挖去带菌土壤，在病穴内及其四周撒上消石灰，每穴施消石灰 1 千克，然后用无菌土掩埋，并及时改变浇水渠道，防止病害蔓延。人工摘除虫苞。清除田埂、路边及姜田周围的杂草，以破坏害虫产卵场所，消灭虫卵及幼虫。

2. 物理防治

根据害虫生物学特性，采用杀虫灯、黑光灯、糖醋液等方法诱杀甜菜夜蛾、地老虎等害虫，使用防虫网隔绝虫源，人工扑杀害虫。

3. 生物防治

保护和利用姜田中草蛉、瓢虫和寄生蜂等天敌昆虫，以及蜘蛛、蛙类等有益生物，减少人为因素对天敌的伤害。通过人工大量繁殖和释放天敌，如七星瓢虫、蜘蛛、草蛉、赤眼蜂等，可有效控制姜田中的螟虫、蚜虫等害虫的为害。

4. 药剂防治

防治姜腐烂病，掰姜前用 1∶1∶100 的波尔多液浸种 20 分钟，或 30% 氧氯化铜 800 倍液浸种 6 小时，掰姜后将掰口蘸新鲜、清洁的草木灰后播种。发现病株及时拔除，并在病株周围用硫酸铜 500 倍液灌根，每穴灌 0.5～1 千克。在普遍发病始期，叶面喷施 30% 氧氯化铜 800 倍液，或 1∶1∶100 波尔多液，或 50％琥胶肥酸铜可湿性粉剂 500 倍液，每亩喷 75～100 升，每隔 5～7 天喷一次，或用上述药剂灌根，连续 2～3 次，对防止病害继续发生有一定防效。

防治姜炭疽病或姜瘟病，定植后用 0.1 亿 cfu/克多黏类芽孢杆菌细粒剂（康地蕾得）1000 倍液灌根，每株灌 200～250 毫升，在苗期、旺盛生长期各灌根一次。

防治姜螟，在卵孵盛期前后喷洒苏云金杆菌制剂（孢子含量大于 100 亿个/毫升）2～3 次，每次间隔 5～7 天。田间喷施 0.3％苦参碱水剂 800 倍液，或用 3％除虫菊水剂 800 倍液喷雾 1～2 次。

防治蚜虫，用 0.5％印楝素水剂 800 倍液，或 0.3％苦参碱水剂 600 倍液，或 3％除虫菊水剂 800 倍液等植物源农药喷雾防治。

防治小地老虎，在 1～3 龄幼虫期，用 3％除虫菊素水剂 1000 倍液灌根，兼治姜蛆、蝼蛄等地下害虫。

第三十章

有机芋头栽培技术

一、有机芋头栽培茬口安排

芋（也称芋头）的生长期长，种芋一般要在 $13\sim15℃$ 才能发芽，为了延长生长时间，在出苗后不受霜冻的前提下，播种越早越好。长江流域一般都在清明（4月4～6日）前后栽种，春暖早的地区可在3月上中旬栽种。目前生产上普遍采用提早育苗和催芽，然后栽植。芋一般到秋末芋叶变黄，根系枯萎时开始采收，也可留在土中，随时收获，以延长供应时间。有机芋头栽培茬口安排见表57。

表57　有机芋头栽培茬口安排（长江流域）

种类	栽培方式	建议品种	播期	定植期	株行距/厘米×厘米	采收期	亩产量/千克	亩用种量/千克
芋头	露地	湖南桃川香芋、福建槟榔芋、香梗芋等地方品种	4月4～6日	直播	（30～40）×（70～80）	10月下旬	1500～2000	50～200

二、有机芋头露地栽培

1. 品种选择

芋头露地栽培（彩图83）可选用广西荔蒲芋、湖南桃川香芋、福建槟榔芋等魁芋类品种，也可选用绿秆芋、白梗芋、香梗芋、红芽芋等多子芋品种。

2. 整地施肥

芋头对土壤的适应性比较广，为获得高产优质的产品，以选择土层深厚、疏松透气、排水良好、保水力强、富含有机质的壤土或黏土为宜。冬前进行深翻，可使土壤疏松透气、保墒，并可有效地防治地下害虫。深度以 25～30 厘米为宜。土壤黏重者，施肥较多时，可以深些，反之可以浅些。每亩结合翻地施入草木灰、鸡粪等充分腐熟的有机肥 2000～2500 千克，磷矿粉 40 千克，钾矿粉 20 千克。栽培水芋除可施用以上堆厩肥外，也可施用肥沃无污染的沟河泥及绿肥。芋头一般均实行 3 年以上的轮作。

3. 选种催芽

应从无病地块中健壮的植株上选择母芋中部的子芋作种。要求种芋球茎饱满，无外伤和病虫害，顶芽要充实饱满。球茎顶端无鳞片毛的"白头"、顶芽已经长出叶片的"露青芋头"以及着生于母芋基部的"长柄球茎"均不宜作种。多头芋因母芋、子芋、孙芋不易区分，一般切块作种。每个种芋的重量在 50 克左右即可，随栽植密度的不同亩用种量为 50～200 千克。

芋头收获后可以通过冬季贮藏自然度过休眠状态，也可用人工打破休眠的办法。目前生产上多在播种前 1 个月晾晒种芋 3～5 天，使芋头球茎适度失水，通过增强芋头的呼吸作用和酶的活性来打破休眠，使芋头易发芽。

芋头播种前进行催芽，可以保证苗齐、苗壮，也可以使芋头提前出苗，相对延长植株的生长发育期，使产量提高。在适宜播种期前 15～20 天，利用温床或冷床进行催芽。种芋贮藏在室内的窖中，由于温度较高，可不必晒种；若在室外一般的窖中贮藏，则必须晒种 4～5 天后催芽。将种芋密排在催芽床上，厚度 13 厘米左右，上铺 2～3 厘米湿沙后浇温水，温度约 40℃，后盖上塑料薄膜，保持温床温度为 20～25℃，10～15 天即可发芽，芽长 1～2 厘米，露地无霜冻时及早栽植。

4. 栽植

芋头一般在气温稳定在 10℃以上或 5 厘米地温稳定在 12℃以上时即可播种。旱芋可直播，也可根据实际需要提前 20～30 天进行催芽或育苗移栽。宜深栽，一般采用开深沟栽培，株距 30～40 厘米，行距 70～80 厘米，沟深 20 厘米左右，每亩栽 2400～3000 株，也可采用宽窄行栽植，株距为 30～35 厘米，小行距为 30 厘米左右，大行距为 50 厘米左右。宽窄行种植可大幅度提高芋头产量。芋头播种时要按照规定的株距，将芋头深栽 15 厘米左右，将顶芽向上摆好，上覆含堆厩肥的细土，使刚好没过顶芽。另外，若芋头种植采取地膜覆盖的方式，也可以使芋头栽植提早成熟。

5. 田间管理

① 追肥浇水　旱芋在出苗前应使土壤水分充足，忌浇水，否则降低地温，影响发根出苗，幼苗期土壤宜见干见湿；幼苗期追 2 次提苗肥，分别于第一片叶展开和第三、第四片叶时进行，每亩追施腐熟畜粪尿 1300 千克左右，并结合施肥进行中耕。发棵和球茎生长盛期可于初期、中期共追肥 2～3 次，每亩追施饼肥 50 千克或腐熟畜粪尿 1500 千克，施入行间。叶面追肥可在苗期、生长期选用生物有机叶面肥，如得利 500 倍液、亿安神力 500 倍液喷洒，每隔 7～10 天一次，连喷 2～3 次。

幼苗期生长缓慢，且气温不高，耗水量小，应保持土壤见干见湿。发棵期和球茎生长盛期，需水量大，且气温高，要求有充分的水分供应，要经常浇水保持土壤湿润。盛夏季节浇水应在早晚进行，忌中午浇水，以免土温骤降，影响根系吸收。雨天要及时排水。

水芋在定植成活后，可以进行晒田，即将田中的水放干。晒田后每亩追施腐熟畜粪尿 1000 千克，然后灌水，保持田间水深 18 厘米左右。经过 20 天左右，结合植株生长状况进行第二次追肥，追肥前也要放干田水，每亩追施饼肥 50 千克或腐熟畜粪尿 1500 千克。追肥后灌水保持田间水深 5～6 厘米。15～20 天后第三次追肥时，每亩施入腐熟畜粪尿 2000～2500 千克，追肥后培土并灌水，保持水深 15 厘米左右。在气候炎热的 7～8 月份应适当降低地温，增加田水深度，促进芋头球茎膨大。9 月上中旬天气转凉后即可放水，只保持土壤湿润状态即可，直到收获。

② 破膜助苗出土　播种后 20 天左右开始破土出苗，当幼苗出土时，及时将地膜破小孔，并在孔上压土以助出苗，若破膜不及时幼芽会被太阳烤伤。破膜以下午为好，因上午幼芽含水多，易造成幼芽伤断。至生长中期（6～7 月下旬），子芋、孙芋上萌发出芽，称为儿芽，后长成儿叶。当儿芽出土时，及时破膜助其出苗，使儿叶早形成展开叶，以扩大光合面积。

③ 中耕培土　子芋及孙芋分别从母芋及子芋中下部着生并向上生长，若任其自然生长，新芋顶芽易抽叶片，或者露出地面，经日晒，产生叶绿素，皮色、肉色均变绿，球茎细长，膨大速度减慢，即

所谓的青芋。栽培上应采取培土等措施防止青芋的产生。整个期间培土2～3次，一般在地下芋头形成时开始培土，以后每20天培土一次，厚约6厘米。

6. 及时采收，分级上市

当5厘米深地层的地温降到12℃时收获，长江流域多在10月下旬，当地上部变黄枯萎，养分全部转移到球茎中，收获最宜，过早影响产量，过晚易受冷害，不便贮藏。如作种用，应选健株、芋型正常、充分成熟、组织充实者，不拔子芋，整个贮藏，以免造成伤口。采收前6～7天需在叶柄基部6～10厘米处割去地上部，待切口干燥愈合后于晴天采收，采收时用大镢把芋头植株整株全部挖起，摊平晾干芋头表面水分，将土轻轻抖掉，去掉须根和残叶，晾晒1～2天后选地势高燥、温暖的贮藏窖，用干土层积法堆藏，堆顶部盖上隔热的谷糠、麦秸等，最后封土35厘米左右，保持堆内温度稳定在10～15℃即可。

商品芋头（彩图84）要求无散落小芋，无泥，无梗，无刀伤，无虫洞，无须根，个头均匀。

应配置专门的整理、分级、包装等采后商品化处理场地及必要的设施，长途运输要有预冷处理设施。有条件的地区建立冷链系统，实行商品化处理、运输、销售全程冷藏保鲜。有机芋头产品的采后处理、包装标识、运输销售等应符合GB/T 19630—2011有机产品标准要求。

三、有机芋头病虫害综合防治

芋生长期主要病害有软腐病、芋疫病、病毒病、干腐病、污斑病、叶斑病等。播种前，对土壤进行消毒。从无病田留种，选用抗耐病良种，播种时进行种芋消毒，可有效减轻或防治病虫害的发生。合理密植，利于芋头的通风透光。采用以有机肥为主的平衡施肥技术，施用的肥料必须腐熟，发现病株后要及时放水晒田。芋头收获后彻底清除田间的植株病残体，集中异地烧埋，细菌性病害严重地块实行1～2年以上的轮作，在患病部位喷施1%的波尔多液防治。

芋在整个生长期内，虫害发生率较低，所发生的虫害主要是芋螨、斜纹夜蛾、红蜘蛛等。如发生虫害，可选用高效、低毒、低残留的药剂进行防治。采用频振式杀虫灯、黑光灯、高压汞灯、双波灯等诱杀成虫，昆虫性信息素、黄板均可以诱杀。红蜘蛛和蚜虫可用苦参碱喷雾防治。用植物源农药，如蚜虫宜用苦参碱或鱼藤酮防治。草木灰浸泡后的滤液叶面喷施防治蚜虫。沼液或堆肥提取液防治蚜虫。

参 考 文 献

[1] GB/T 19630—2011.

[2] 杜相革. 有机农业原理和技术. 北京：中国农业大学出版社，2008.

[3] 高振宁，赵克强，肖兴基，邰崇妹. 有机农业与有机食品. 北京：中国环境科学出版社，2009.

[4] 曹志平，乔玉辉. 有机农业. 北京：化学工业出版社，2010.

[5] 汪李平，周国林，刘义满. 有机蔬菜——茄果类生产技术规程. 长江蔬菜，2013，5：4-8.

[6] 汪李平，周国林，刘义满. 有机蔬菜——瓜类生产技术规程. 长江蔬菜，2013，6：6-12.

[7] 汪李平，周国林，刘义满. 有机蔬菜——豆类生产技术规程. 长江蔬菜，2013，7：5-9.

[8] 汪李平，周国林，刘义满. 有机蔬菜——绿叶类生产技术规程. 长江蔬菜，2013，8：4-7.

[9] 汪李平，姚明华，梅明勇. 有机蔬菜——根菜类生产技术规程. 长江蔬菜，2013，9：3-7.

[10] 汪李平，杨静. 有机蔬菜——白菜类生产技术规程. 长江蔬菜，2013，10：4-11.

[11] 汪李平，杨静. 有机蔬菜——葱蒜类生产技术规程. 长江蔬菜，2013，11：4-8.

[12] 汪李平，杨静. 有机蔬菜——薯芋类生产技术规程. 长江蔬菜，2013，12：4-9.

[13] 赵冰，郭仰东. 新农村有机蔬菜生产实用手册. 北京：人民出版社，2009.

[14] 刘世琦，张自坤. 有机蔬菜生产大全. 北京：化学工业出版社，2010.

[15] 陈声明，陆国权. 有机农业与食品安全. 北京：化学工业出版社，2006.

[16] 王迪轩. 有机蔬菜科学用药与施肥技术. 北京：化学工业出版社，2011.

[17] 王迪轩. 农民科学施肥必读. 北京：化学工业出版社，2013.